新时代高职数学系列教材

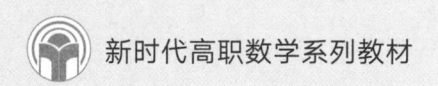

应用数学 专业模块

中国职业技术教育学会 组编

- 主　编　李　青　冯　娜　李　蕊
- 副主编　刘　颖　赵　兹　杨雯雯
- 主　审　杨小平

中国教育出版传媒集团
高等教育出版社·北京

内容简介

本书是新时代高职数学系列教材之一。本书是在总结了近年来高职数学教学的改革成果，深入调研分析了高职的具体学情、生源现状的基础上，依据专业人才培养方案对数学课程的具体要求编写的。

本书包括多元函数微积分、常微分方程、线性代数、概率统计初步、无穷级数和数学实验内容，有机融入了党的二十大精神，凝练了数学核心素养，坚持立德树人根本任务。全书以"学以致用"为主线进行内容整合，体现理实一体的教学思想；遵循学生学习特点及认知规律，契合高职教育教学特色。本书重要知识点配有讲解视频，读者可通过移动终端扫描二维码获取。本书配有教学课件（PPT）等数字化资源，教师可登录"高等教育出版社产品信息检索系统"（https://xuanshu.hep.com.cn/）免费下载。

本书可作为职业院校、应用型本科院校通用数学教材，也可供工程技术人员学习参考。

图书在版编目（CIP）数据

应用数学：专业模块 / 中国职业技术教育学会组编；李青，冯娜，李蕊主编. -- 北京：高等教育出版社，2025.3. -- ISBN 978-7-04-064349-7

Ⅰ.O29

中国国家版本馆 CIP 数据核字第 20252H9317 号

YINGYONG SHUXUE：ZHUANYE MOKUAI

项目总策划　贾瑞武

策划编辑　崔梅萍	封面设计　王　洋	责任绘图　邓　超	版式设计　童　丹
责任校对　窦丽娜	责任印制　赵　佳		

出版发行	高等教育出版社	网　　址	http：//www.hep.edu.cn
社　　址	北京市西城区德外大街4号		http：//www.hep.com.cn
邮政编码	100120	网上订购	http：//www.hepmall.com.cn
印　　刷	北京中科印刷有限公司		http：//www.hepmall.com
开　　本	850mm×1168mm　1/16		http：//www.hepmall.cn
印　　张	16		
字　　数	340千字	版　　次	2025年3月第1版
购书热线	010-58581118	印　　次	2025年3月第1次印刷
咨询电话	400-810-0598	定　　价	39.80元

本书如有缺页、倒页、脱页等质量问题，请到所购图书销售部门联系调换
版权所有　侵权必究
物　料　号　64349-00

新时代高职数学系列教材
编审委员会

主任

鲁　听　中国职业技术教育学会　会长
　　　　教育部　原副部长

顾问

袁亚湘　中国科学院　院士

执行主任

刘建同　中国职业技术教育学会　常务副会长兼秘书长
郝志峰　汕头大学　校长、教授
贾瑞武　高等教育出版社　副总编辑、编审

副主任（按姓氏笔画排序）

王天泽　华北水利水电大学　教授
方文波　华中师范大学　教授
严守权　中国人民大学　教授
李忠华　同济大学　教授
李继成　西安交通大学　教授
徐　兵　北京航空航天大学　教授

委员（按姓氏笔画排序）

马凤敏　河北工业职业技术大学　教授
马明环　淄博职业学院　教授
王荣琴　云南交通职业技术学院　教授
尧青阳　江西现代职业技术学院　副教授
毕渔民　黑龙江教师发展学院　副教授
朱文明　深圳信息职业技术学院　副教授
李　青　陕西交通职业技术学院　副教授
张云霞　山西省财政税务专科学校　教授
张海妮　陕西交通职业技术学院　教授
陈莉敏　常州工程职业技术学院　副教授
陈笑缘　浙江商业职业技术学院　教授
金跃强　南京工业职业技术大学　教授
侯风波　河北石油职业技术大学　教授
骈俊生　南京信息职业技术学院　教授
袁安锋　北京联合大学　副教授
钱椿林　苏州市职业大学　教授
黄国建　南京信息职业技术学院　副教授
龚飞兵　江苏工程职业技术学院　副教授
蒲冰远　成都纺织高等专科学校　教授
雷田礼　深圳职业技术大学　教授
蔡鸣晶　南京信息职业技术学院　教授

总 序

党的二十大报告指出:"教育、科技、人才是全面建设社会主义现代化国家的基础性、战略性支撑。"学习贯彻党的二十大精神,要求职业教育必须坚持以习近平新时代中国特色社会主义思想为指导,全面贯彻党的教育方针,着眼推进中国式现代化,扎根中国大地办教育,培养一代又一代拥护中国共产党领导和我国社会主义制度、立志为中国特色社会主义事业奋斗终身的有用人才。进入新时代以来,党和国家进一步加强了职业教育工作,先后出台了一系列推动现代职业教育体系建设改革的政策举措,印发了《关于加快发展现代职业教育的决定》《国家职业教育改革实施方案》《关于推动现代职业教育高质量发展的意见》《关于深化现代职业教育体系建设改革的意见》等重要文件,为新征程上我国现代职业教育的改革发展指明了方向。

2023年5月29日,在二十届中央政治局第五次集体学习会上,习近平总书记强调指出,要把服务高质量发展作为建设教育强国的重要任务。统筹职业教育、高等教育、继续教育,推进职普融通、产教融合、科教融汇,源源不断培养高素质技术技能人才、大国工匠、能工巧匠。这是新征程上党和国家事业对职业教育提出的新要求,落实这一要求,职业教育必须进行深刻的变革。加强基础理论学习,补齐知识化短板是这一变革的应有之义。数学课程作为高职院校学生的公共基础课程,具有基础性、应用性、职业性和发展性的特点,是补齐知识化短板的重要内容。教材是实施课程教学的主要工具,高职数学教材应反映类型特色和人才培养目标,反映新时代对高素质技术技能人才的要求,成为学生获得数学基础知识和基本技能、掌握基本数学思想、积累基本数学活动经验、形成理性思维和科学精神的重要载体。

为贯彻落实2022年全国教育工作会议精神,大力发展适应新技术和产业变革需要的职业教育,2022年1月,中国职业技术教育学会专门组织了加强职业教育文化基础课程体系建设的说课研讨会,提出要聚焦新技术和产业变革,补齐职业教育文化知识短板,着力提高职业教育内涵质量,以更好落实职业教育立德树人根本任务,为此建议组织编写"新时代高职数学系列教材"。

本系列教材全面贯彻党的教育方针,牢牢把握正确政治方向和价值导向,以打造培根铸魂、启智增慧的精品教材为目标。系列教材注重中高本衔接和一体化设计,包括高等数学、线性代数、概率论与数理统计等多本教材,涵盖高职专科和职业本科领域的数学知识。同时,教材的编写也充分考虑了学生的实际需求和学习特点,注重理论与实践相结合,注重教材的可读性和实用性。系列教材充分体现了深化职业教育"三教"改革的精神,编写理念独具匠心,内容、体例焕然一新。具体特色如下:

1. 落实立德树人根本任务,贯彻党的二十大精神

系列教材紧紧围绕为党育人、为国育才根本目标,全面落实立德树人根本任务,着力深化课程思政建设。教材融入了我国数学家的伟大贡献,介绍了中国传统的数学文化,宣传了我国新时代取得的科学技术的卓越成就,精选党的二十大报告中提出的关键核心技术,战略性新兴产业,载人航天、探月探火、深海深地探测、超级计算机、卫星导航、量子信息、核电技术、新能源技术、大飞机制造、生物医药等重大成果,以小切口展现大时代,以小故事反映大主题,增强学生民族自豪感,厚植学生爱国主义情怀,培养学生的责任担当和使命感。

2. 坚持课程标准指导,重构知识体系,加强文化素质教育

系列教材编写遵照最新课程标准要求,深刻体现数学学科核心素养的内涵、育人价值、表现形式和层次水平,将教材知识内容、逻辑结构、数字资源等聚焦于培养和发展学生的数学核心素养。教材强化知识与技能、过程与方法、情感态度与价值观的整合;强化数学与其他学科以及现实社会的联系;强化学生发现与提出问题并加以分析、解决实际问题的综合素质。

3. 体现职业教育类型定位,凸显与产业、专业的紧密联系

系列教材内容加强了与产业活动、专业课程和职业应用相关的教学情境,注重选择和设计与行业企业相关联的教学案例,注重跨学科交叉与融合,增强学生应用数学的意识。通过选择或建立合适的数学模型解决生产生活中的问题,培养学生运用数学工具解决实际问题的能力,以帮助学生养成用数学的眼光观察世界、用数学的思维分析世界、用数学的语言表达世界的能力。

4. 加大数字技术赋能,融合丰富的课程资源

系列教材充分体现数字技术的应用,介绍数学软件,利用数学软件或计算工具进行数据的计算、统计和分析,绘制函数曲线和统计图表等,帮助学生理解数学知识,使学生感悟利用信息技术学习数学的优势,丰富研究问题的方法。以新形态教材为核心,提供数字学习资源、在线自测和题库等,高效、直观、生动地呈现教学内容。充分利用"智慧职教""爱课程(中国大学MOOC)"平台获取教学资源,提高课堂教学的信息化程度,改变传统的教学方式和学习方式,让学生在开放、个性化、有趣味性、交互性的学习氛围中快乐学习。

系列教材由中国职业技术教育学会担纲策划,高等教育出版社牵头组织,邀请普通本科、职业本科、高职"双高"院校的30余位数学学科专家、教研专家和骨干教师承担编审工作,在认真学习我国职业教育相关政策文件,总结近年来高职数学教育改革成果以及吸收多种较为成熟的数学教学改革成功经验的基础上,按照相关专业人才培养方案和课程标准的要求编写。可以相信,凝聚了各方智慧和经验的"新时代高职数学系列教材"必将担当起培养高素质技术技能人才的重任,必将肩负起落实党的教育方针、传承民族文化、服务国家发展战略、办好人民满意教育的使命。

我们相信,随着系列教材的不断推广和普及,更多的高职学生的文化素质必将会有一个大的提升,尤其在数学方面取得新进展,由此带动职业教育质量的进一步提高。同时,我们也期望系列教材能够成为学校和企业推进产教深度融合的重要抓手,为我国职业教育高质量发展做出积极的贡献。

2023 年 6 月

前　言

随着科学技术的不断进步和大数据分析的日趋重要,应用数学作为一门重要的素质课、工具课,在高职教育中占据着重要地位。在经过了前期大量的调研,以及认真研读我国高职教育发展导向、要求等相关政策文件的基础上编写了《应用数学　基础模块》和《应用数学　专业模块》。旨在全面介绍应用数学的基本概念、基本理论、主要方法、主要思想和应用领域,帮助学生打好数学基础,提升解决专业问题、实际问题的能力。本套书具有如下特色。

1. 融入数学文化与思想方法,凝练数学核心素养,注重立德树人

数学不仅是运算和推理的工具,也是研究其他领域的有效语言,是交叉学科研究必不可少的基础元素,更承载了独特的思想和文化,是人类文明的重要组成部分,具有对学生进行思维训练和能力培养等综合素养的培育功能。通过对数学基础概念及定理形成的背景介绍,让学生领悟知识的起源及发展历程,渗透"守正创新、持之以恒"的科学研究精神。

2. 案例教学设计重构教材内容,循循善诱,注重思维培养

将各知识点的重要数学思想、方法、理论的形成过程等蕴含在案例、例题讲解之中,重难点内容适时地以"小贴士"的形式点拨该知识点所涉及的数学文化元素或问题背景,旨在强调"严谨、治学"的逻辑思维,提升学生的思维品质和科学精神,激发学生的民族自豪感,从而激发学生学习数学的兴趣。

3. 突出数字化应用,以"学以致用"为主线进行内容整合,体现理实一体教学思想

本教材以问题驱动理念设计,按照"学以致用"的主线编写内容,每个知识点都遵循"案例引入—概念讲解—精讲计算—软件应用—知识拓展"的逻辑顺序编写。以专业或生活情境案例引入,引导学生抽象出本章要解决的数学问题,通过学习解决该问题需要掌握的数学知识和运算技能,提高学生的数学建模和逻辑推理能力,从而解决案例中的数学问题,达到预定的学习目标。

4. 遵循学生认知规律,契合高职教学特色,突出应用性特点

本教材内容结合各专业特点,理论少、例题多,以各知识点由浅及深、由专射广的思想编排内容。为满足不同专业及不同基础学生的需求,教材内容的取舍都是建立在精心调研及充分了解部分专业课程的基础上,由专业数学问题辐射至更广泛领域的其他学科问题,突出了数学教学的应用性教学理念。

5. 小版块的设计形式,体现数学核心素养的多样性、综合性

本教材以"学习目标"强调章节内容应实现的教学效果;以"小贴士"栏目着重强调重点内容,并对该知识重点进行补充说明或对知识点和解题方法进行归纳整理;以"想一想"栏目激发学生深化知识能力;除了核心知识点,"应用与实践"栏目的目的是对相关知识进行应用,主要解决专业或生活中的实际问题,以数学建模的思想引导学生学以致用,为学有余力的同学提供进一步提升学习兴趣的平台。针对全国大学生数学建模竞赛的需求,本教材也深入介绍了数学实验中的 MATLAB 软件。通过融合大数据处理、复杂运算及图形绘制等现代计算技术于教材内容,培养学生掌握数学建模的思维方式和解决实际问题的能力。

6. 配套教学资源的建设,搭建教材一体化成效,为学习提供便利

与教材一体化设计,配套建设了省级精品在线开放课程等教学资源,形成了"纸数"互融互通的一体化优质教学资源。学生可在教学平台上进行线上学习,为线上线下混合式教学创造了条件,有效拓展了教与学的时空区域。

本教材由陕西交通职业技术学院李青、冯娜以及杨凌职业技术学院李蕊担任主编;由陕西交通职业技术学院刘颖、陕西国防工业职业技术学院赵兹以及延安职业技术学院杨雯雯担任副主编。具体编写分工如下:第六章由刘颖编写;第七章由陕西交通职业技术学院翟羿江编写;第八章由陕西交通职业技术学院张嘉璇编写;第九章由冯娜编写;第十章由陕西交通职业技术学院江立程编写;第十一章以及附录由李青编写;全书的发展史况以及案例分析由陕西交通职业技术学院牛曦辰编写;全书的专业案例由陕西交通职业技术学院蔺宏良教授悉心指导,课程思政案例由陕西交通职业技术学院李腾指导,全书的统稿由李青完成;赵兹、杨雯雯参与了书稿的核对工作,杨小平教授审阅了全稿,提出了宝贵的建议和意见。

在此,我们对热情关心和指导教材编写的领导、专家、同行和编辑致以最诚挚的谢意!敬请各专家、同行和广大读者继续关心支持本教材建设,为进一步提升教材质量提出宝贵意见!

编者
2024 年 12 月

目 录

第六章　多元函数微积分　1

第一节　多元函数的基本概念 …………………………………………… 2
　一、平面区域的概念 …………………………………………………… 2
　二、多元函数的概念 …………………………………………………… 3
　三、二元函数的极限 …………………………………………………… 5
　四、二元函数的连续性 ………………………………………………… 6
　习题 6.1 ………………………………………………………………… 7

第二节　偏导数 …………………………………………………………… 8
　一、偏导数的概念及其计算 …………………………………………… 8
　二、高阶偏导数 ………………………………………………………… 10
　习题 6.2 ………………………………………………………………… 12

第三节　全微分 …………………………………………………………… 12
　一、全微分的概念 ……………………………………………………… 13
　二、全微分在近似计算中的应用 ……………………………………… 15
　习题 6.3 ………………………………………………………………… 16

第四节　多元复合函数与隐函数求导 …………………………………… 17
　一、多元复合函数求导 ………………………………………………… 17
　二、隐函数的求导 ……………………………………………………… 19
　习题 6.4 ………………………………………………………………… 21

第五节　多元函数的极值 ………………………………………………… 21
　一、二元函数的极值 …………………………………………………… 22
　二、二元函数的最值问题 ……………………………………………… 24
　习题 6.5 ………………………………………………………………… 26

第六节　二重积分 ………………………………………………………… 26
　一、二重积分的概念与性质 …………………………………………… 27
　二、直角坐标系下二重积分的计算 …………………………………… 30
　习题 6.6 ………………………………………………………………… 36

本章小结 …………………………………………………………………… 37
复习题六 …………………………………………………………………… 41

第七章 常微分方程 43

第一节 常微分方程的概念 …………………………… 44
一、微分方程的基本概念 …………………………… 44
二、可分离变量的微分方程 ………………………… 46
习题 7.1 …………………………………………… 47

第二节 一阶微分方程 ……………………………… 48
一、齐次微分方程 …………………………………… 48
二、一阶线性微分方程 ……………………………… 50
习题 7.2 …………………………………………… 54

第三节 一阶常微分方程的应用 …………………… 54
习题 7.3 …………………………………………… 56

第四节 二阶常系数线性齐次微分方程 …………… 57
一、二阶常系数线性齐次微分方程解的结构 ……… 58
二、二阶常系数线性齐次微分方程的求解 ………… 58
习题 7.4 …………………………………………… 61

本章小结 …………………………………………… 61
复习题七 …………………………………………… 67

第八章 线性代数 69

第一节 矩阵 …………………………………………… 70
一、矩阵的概念 ……………………………………… 71
二、矩阵的运算 ……………………………………… 73
习题 8.1 …………………………………………… 80

第二节 矩阵的初等变换与矩阵的秩 ……………… 81
一、矩阵的初等变换 ………………………………… 81
二、矩阵的秩 ………………………………………… 84
三、逆矩阵 …………………………………………… 84
习题 8.2 …………………………………………… 87

第三节 线性方程组及其解 ………………………… 88
习题 8.3 …………………………………………… 95

本章小结 …………………………………………… 96
复习题八 …………………………………………… 101

第九章 概率统计初步 103

第一节　随机事件与概率 …………………………………… 104
一、随机事件与样本空间 …………………………………… 104
二、事件间的关系和运算 …………………………………… 105
三、随机事件的概率 ………………………………………… 108
习题 9.1 ……………………………………………………… 111

第二节　概率的基本公式 …………………………………… 112
一、概率的加法公式 ………………………………………… 112
二、条件概率 ………………………………………………… 114
三、概率的乘法公式 ………………………………………… 115
四、事件的独立性 …………………………………………… 116
五、重复独立试验概型 ……………………………………… 117
习题 9.2 ……………………………………………………… 118

第三节　随机变量及其分布 ………………………………… 119
一、随机变量的概念 ………………………………………… 120
二、离散型随机变量及其分布 ……………………………… 120
三、连续型随机变量及其分布 ……………………………… 123
习题 9.3 ……………………………………………………… 128

第四节　随机变量的数字特征 ……………………………… 129
一、随机变量的数学期望 …………………………………… 130
二、随机变量的方差 ………………………………………… 132
三、常见的随机变量的数学期望和方差 …………………… 134
习题 9.4 ……………………………………………………… 134

第五节　数理统计的基本概念 ……………………………… 135
一、总体与样本 ……………………………………………… 135
二、统计量 …………………………………………………… 136
三、抽样分布 ………………………………………………… 137
习题 9.5 ……………………………………………………… 141

第六节　参数估计 …………………………………………… 141
一、估计量的评价标准 ……………………………………… 141
二、参数的点估计 …………………………………………… 142
三、参数的区间估计 ………………………………………… 143
习题 9.6 ……………………………………………………… 146

本章小结 ……………………………………………………… 147
复习题九 ……………………………………………………… 151

第十章 无穷级数 153

第一节 常数项级数的概念和性质 …………………… 154
一、常数项级数的概念 …………………………………… 154
二、收敛级数的基本性质 ………………………………… 157
习题 10.1 …………………………………………………… 159

第二节 常数项级数敛散性的判别法 …………………… 160
一、正项级数的敛散性判别法 …………………………… 161
二、交错级数的敛散性判别法 …………………………… 164
三、绝对收敛与条件收敛 ………………………………… 165
习题 10.2 …………………………………………………… 167

第三节 幂级数 …………………………………………… 168
一、幂级数的概念 ………………………………………… 169
二、幂级数的运算性质 …………………………………… 172
三、函数展开成幂级数 …………………………………… 173
四、幂级数的应用 ………………………………………… 178
习题 10.3 …………………………………………………… 180

本章小结 ……………………………………………………… 181
复习题十 ……………………………………………………… 186

第十一章 数学实验 189

第一节 MATLAB 软件简介 ……………………………… 190
一、MATLAB 软件的基础知识 …………………………… 190
二、MATLAB 软件的运算基础 …………………………… 191
习题 11.1 …………………………………………………… 194

第二节 MATLAB 图形绘制 ……………………………… 195
一、二维图形绘制 ………………………………………… 195
二、三维曲线的绘制 ……………………………………… 198
习题 11.2 …………………………………………………… 200

第三节 利用 MATLAB 软件求极限、导数和积分 ……… 200
一、利用 MATLAB 软件求极限 …………………………… 200
二、利用 MATLAB 软件求导数 …………………………… 202
三、利用 MATLAB 软件求积分 …………………………… 204

习题 11.3 ………………………………………… 206

第四节　利用 MATLAB 软件求解微分方程 …………… 206

习题 11.4 ………………………………………… 209

第五节　MATLAB 软件在线性代数中的应用 ………… 209

一、利用 MATLAB 软件生成矩阵及矩阵的运算 … 210

二、利用 MATLAB 软件解线性方程组 ………… 213

习题 11.5 ………………………………………… 215

第六节　MATLAB 软件在概率统计中的简单应用 …… 216

一、常见分布的概率计算 ………………………… 216

二、随机变量数字特征的计算 …………………… 219

习题 11.6 ………………………………………… 221

第七节　利用 MATLAB 软件求级数运算 …………… 222

一、级数求和 ……………………………………… 222

二、函数的幂级数 ………………………………… 223

习题 11.7 ………………………………………… 224

附录　　227

附录 1　全国大学生数学建模竞赛专科组竞赛题
　　　　（2022—2024 年） ………………………… 227

附录 2　常用分布表 ………………………………… 235

参考文献　　241

第六章 多元函数微积分

前面我们研究的函数都是一个自变量的函数,这种函数称为一元函数,但在自然科学和工程技术中的很多问题都受多个因素影响,因此,我们往往需要考虑多个变量之间的关系.反映到数学上,就是要考虑一个变量(因变量)与另外多个变量(自变量)之间的相互依赖关系,由此引入多元函数以及多元函数的微积分问题.本章将在一元函数微积分学的基础上,进一步讨论多元函数的微积分学.在讨论中将以二元函数为主要对象,这是因为与二元函数有关的概念和方法大多有比较直观的解释,便于理解,而且这些概念和方法大多能自然推广到二元以上的多元函数.

☆☆☆学习目标

（1）理解二元函数的概念,了解多元函数的概念,能求出二元函数的定义域并说明其对应的图形;能建立生活中二元函数的关系,了解二元函数极限和连续的概念,并能求出简单的二元函数的极限;

（2）理解偏导数与全微分的概念,掌握偏导数和全微分的求法,并能应用全微分进行简单的近似计算;

（3）理解二元函数极值和最值的定义,并能应用极值和最值求解实际问题;

（4）理解二重积分的概念,能求解直角坐标系下的二重积分,并能进行简单的应用.

第一节 多元函数的基本概念

一元函数研究一个自然量对因变量的影响,但在很多自然现象及实际问题中,经常会遇到多个变量之间的依赖关系,即多元函数.对于多元函数,我们将着重讨论二元函数的相关内容.为了把一元函数推广到二元函数,在这里,我们首先介绍平面区域的概念.

一、平面区域的概念

在我们的日常生活中,经常见到一些单位或学校的平面示意图,如图 6.1.1 和图 6.1.2 所示,这些图形都给我们一种直观的平面区域的感觉.

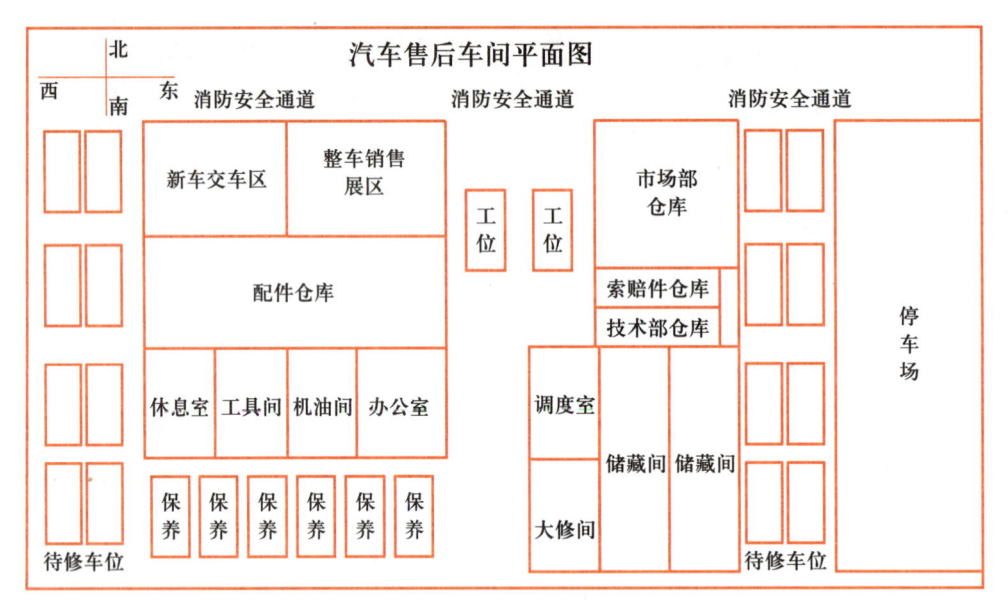

图 6.1.1

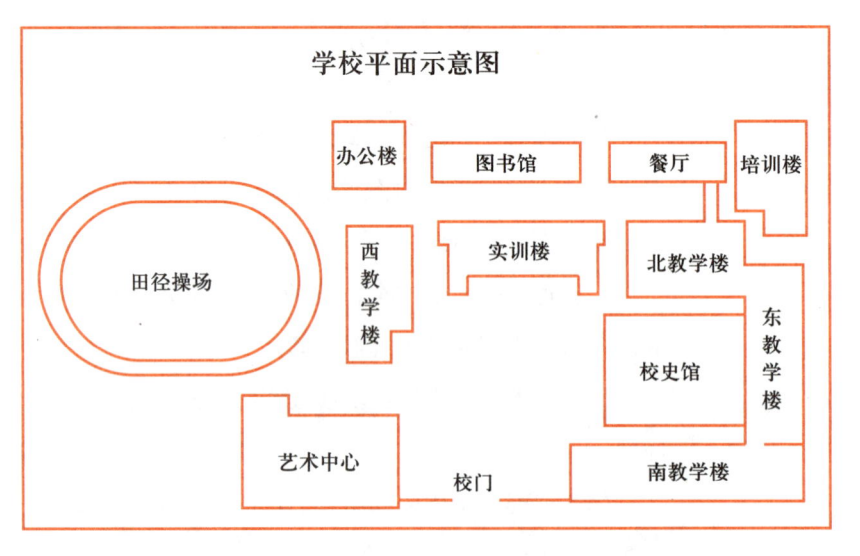

图 6.1.2

由平面上的一条或几条曲线围成的具有连通性的部分平面点集称为**平面区域**,通常记作 D. 围成平面区域的曲线称为该区域的**边界**,边界上的点称为**边界点**. 包括边界在内的平面区域称为**闭区域**,不包括边界在内的平面区域称为**开区域**. 如果一个区域延伸到无穷远处,则称此区域为**无界区域**,否则称其为**有界区域**.

常见的区域有矩形区域 $a<x<b$ 且 $c<y<d$ 和圆形区域 $(x-x_0)^2+(y-y_0)^2<r^2$.

例如,点集 $\{(x,y)\mid 1<x^2+y^2<4\}$ 是一个开区域,并且是一个有界区域,如图 6.1.3 所示;点集 $\{(x,y)\mid 1\leq x^2+y^2\leq 4\}$ 是一个闭区域,并且是一个有界闭区域,如图 6.1.4 所示;而点集 $\{(x,y)\mid x+y>0\}$ 是一个无界开区域,如图 6.1.5 所示.

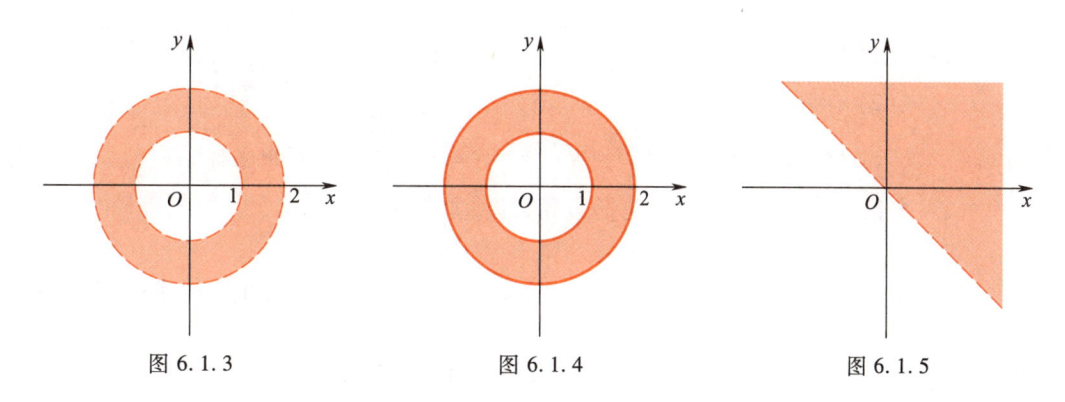

图 6.1.3   图 6.1.4   图 6.1.5

二、多元函数的概念

【情境与问题】

引例 1 圆锥的体积公式为

$$V=\frac{1}{3}\pi r^2 h\ (r>0,h>0),$$

该公式描述了圆锥的体积 V 与其底半径 r 和高 h 之间的确定关系.

引例 2 设 R 是电阻 R_1,R_2 并联后的总电阻,由电学知识知道,它们之间的关系式为 $R=\dfrac{R_1 R_2}{R_1+R_2}$. 对于 R_1,R_2 在一定范围内取一对确定的值,R 都有唯一确定的值与之对应.

引例 3 某汽配厂销售两种配件,甲配件每个 200 元,乙配件每个 300 元,现需购买甲配件 x 个,乙配件 y 个,设 z 为所需费用,则 $z=200x+300y$.

这几个引例中的数量关系,虽然实际意义不同,但有着共同的特性,抽出这些共性就可得出二元函数的概念.

定义 1 设 D 是平面上的一个非空集合,如果对于 D 内的任一点 (x,y),按照某种对应法则 f,都有唯一确定的数值 z 与之对应,则称 z 为 x,y 的二元函数,记为 $z=f(x,y)$,其中,x,y 称为**自变量**,z 称为**因变量**. 点集 D 称为该函数的**定义域**,数集 $\{z\mid z=f(x,y),(x,y)\in D\}$ 称为该函数的**值域**.

> **小贴士**
>
> 一元函数的定义域一般来说是一个或几个区间,而二元函数的定义域通常是一个或几个平面区域. 二元函数定义域的求法与一元函数定义域的求法类似,就是找出使函数有意义的自变量的取值范围.

类似地,可定义三元及三元以上的函数,当 $n \geq 2$ 时,n 元函数统称为**多元函数**.

例1 求下列函数的定义域,并画出定义域所表示的图形.

(1) $z = \sqrt{1-x^2-y^2}$;

(2) $z = \ln(9-x^2-y^2) + \sqrt{x^2+y^2-1}$.

解 (1) 显然定义域为 $D = \{(x,y) \mid x^2+y^2 \leq 1\}$. 在平面直角坐标系中,它表示以原点为圆心,半径为1的圆的内部且包括边界圆周,如图6.1.6所示.

(2) 由 $\begin{cases} 9-x^2-y^2 > 0, \\ x^2+y^2 \geq 1, \end{cases}$ 得 $\{(x,y) \mid 1 \leq x^2+y^2 < 9\}$. 在平面直角坐标系中,它表示以原点为中心,半径为3的圆与单位圆所围成的环形区域,包括边界曲线内圆 $x^2+y^2=1$,但不包括边界外圆 $x^2+y^2=9$,是半开半闭的有界区域,如图6.1.7所示.

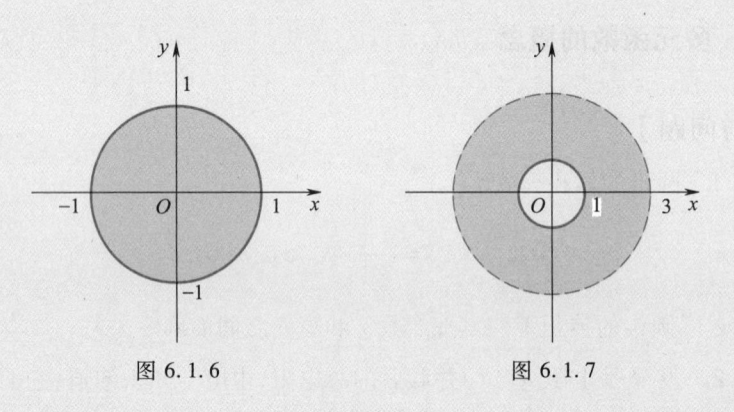

图 6.1.6   图 6.1.7

例2 求二元函数 $f(x,y) = \dfrac{\arcsin(3-x^2-y^2)}{\sqrt{x-y^2}}$ 的定义域.

解 要使函数的表达式有意义,必须

$$\begin{cases} |3-x^2-y^2| \leq 1, \\ x-y^2 > 0, \end{cases} \quad 即 \begin{cases} 2 \leq x^2+y^2 \leq 4, \\ x > y^2. \end{cases}$$

故所求函数的定义域为

$$D = \{(x,y) \mid 2 \leq x^2+y^2 \leq 4, x > y^2\},$$

如图6.1.8所示.

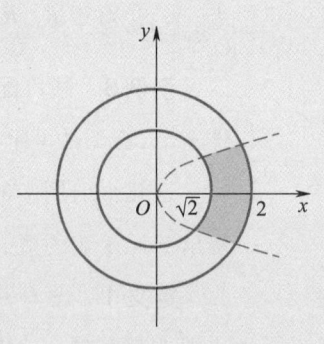

图 6.1.8

三、二元函数的极限

类似于一元函数极限的定义,我们可给出二元函数极限的定义.

【情境与问题】

引例 4 设路灯与地面的垂直高度为 H,当一个人走向路灯正下方某一点时,其影子的长度逐渐趋近 0,且无论以何种方式逐渐接近于路灯正下方该点时均如此. 这是为什么呢?

在引例 4 中,如果一动点 $P(x,y)$ 在无论以何种方式逐渐接近于一定点 $P_0(x_0,y_0)$ 的过程中,对应的二元函数值 $f(x,y)$ 无限接近于一个确定的常数 A,我们就说 A 是此二元函数在 $(x,y)\to(x_0,y_0)$ 时的**极限**.

平面上,以某一定点 $P_0(x_0,y_0)$ 为圆心,某一正数 δ 为半径的圆的内部就是一个开区域,用集合表示为 $\{(x,y)\mid\sqrt{(x-x_0)^2+(y-y_0)^2}<\delta\}$,称为点 P_0 的 δ 邻域,记作 $U(x_0,\delta)$. 若将圆心 P_0 去掉,剩下的部分用集合表示为 $\{(x,y)\mid 0<\sqrt{(x-x_0)^2+(y-y_0)^2}<\delta\}$,称为点 P_0 的去心邻域,记作 $\overset{\circ}{U}(x_0,\delta)$.

定义 2 设函数 $z=f(x,y)$ 在点 $P_0(x_0,y_0)$ 的某一去心邻域内有定义,如果当点 $P(x,y)$ 无限趋近于点 $P_0(x_0,y_0)$ 时,函数 $f(x,y)$ 无限趋近于一个常数 A,则称 A 为函数 $z=f(x,y)$ 在 $(x,y)\to(x_0,y_0)$ 时的极限,记为

$$\lim_{\substack{x\to x_0\\y\to y_0}}f(x,y)=A \quad \text{或} \quad (x,y)\to(x_0,y_0),f(x,y)\to A.$$

小贴士

因为平面上由一点到另一点有无数条路径,如图 6.1.9 所示,所以上述定义 2 中要求点 $P(x,y)$ 沿任意路径趋向于点 $P_0(x_0,y_0)$ 时,函数值都趋向于同一个数值 A,才能说二元函数的极限存在. 因此,仅当点 $P(x,y)$ 按某些特殊路径趋于点 $P_0(x_0,y_0)$ 时,函数值趋近于一个常数,并不能断定函数极限存在. 但是,若当点 P 沿不同路径趋向于点 P_0 时,函数值趋近于不同的值,则函数极限必不存在.

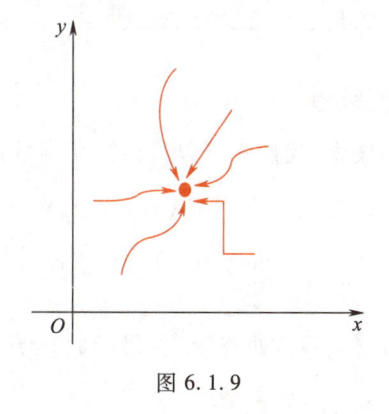

图 6.1.9

二元函数的极限是一元函数极限的推广,与一元函数的极限有许多相同的性质和运算

法则(如四则运算法则等),在此不再详述. 为了区别于一元函数的极限,我们称二元函数的极限为二重极限.

例3 求极限 $\lim\limits_{\substack{x\to 0\\y\to 0}}\dfrac{\sqrt{xy+1}-1}{xy}$.

解 $\lim\limits_{\substack{x\to 0\\y\to 0}}\dfrac{\sqrt{xy+1}-1}{xy}=\lim\limits_{\substack{x\to 0\\y\to 0}}\dfrac{xy+1-1}{xy(\sqrt{xy+1}+1)}=\lim\limits_{\substack{x\to 0\\y\to 0}}\dfrac{1}{\sqrt{xy+1}+1}=\dfrac{1}{2}$.

例4 求极限 $\lim\limits_{\substack{x\to 0\\y\to 0}}\dfrac{\sin(x^2-y^2)}{x+y}$.

解 $\lim\limits_{\substack{x\to 0\\y\to 0}}\dfrac{\sin(x^2-y^2)}{x+y}=\lim\limits_{\substack{x\to 0\\y\to 0}}\dfrac{\sin(x^2-y^2)(x-y)}{x^2-y^2}=\lim\limits_{\substack{x\to 0\\y\to 0}}\dfrac{\sin(x^2-y^2)}{x^2-y^2}\cdot\lim\limits_{\substack{x\to 0\\y\to 0}}(x-y)=1\times 0=0$.

例5 极限 $\lim\limits_{\substack{x\to 0\\y\to 0}}\dfrac{xy}{x^2+y^2}$ 是否存在?

解 当点 $P(x,y)$ 沿直线 $y=0$ 趋于点 $(0,0)$ 时,有

$$\lim\limits_{\substack{x\to 0\\y\to 0}}\dfrac{xy}{x^2+y^2}=\lim\limits_{\substack{x\to 0\\y\to 0}}\dfrac{x\cdot 0}{x^2+0}=\lim\limits_{\substack{x\to 0\\y\to 0}}0=0.$$

而当点 $P(x,y)$ 沿直线 $y=x$ 趋于点 $(0,0)$ 时,有

$$\lim\limits_{\substack{x\to 0\\y\to 0}}\dfrac{xy}{x^2+y^2}=\lim\limits_{\substack{x\to 0\\y\to 0}}\dfrac{x^2}{x^2+x^2}=\lim\limits_{\substack{x\to 0\\y\to 0}}\dfrac{1}{2}=\dfrac{1}{2}.$$

若取 $y=kx$,则有

$$\lim\limits_{\substack{x\to 0\\y\to 0}}\dfrac{xy}{x^2+y^2}=\lim\limits_{x\to 0}\dfrac{kx^2}{x^2+k^2x^2}=\dfrac{k}{1+k^2},$$

该值随 k 的不同而变化. 因此函数 $f(x,y)$ 在点 $(0,0)$ 处的极限不存在.

四、二元函数的连续性

有了二元函数极限的概念,我们就可以给出二元函数连续性的定义.

定义3 设二元函数 $z=f(x,y)$ 在点 $P_0(x_0,y_0)$ 的某一邻域内有定义,如果

$$\lim\limits_{\substack{x\to x_0\\y\to y_0}}f(x,y)=f(x_0,y_0),$$

则称函数 $z=f(x,y)$ 在点 $P_0(x_0,y_0)$ 处**连续**. 如果函数 $z=f(x,y)$ 在点 $P_0(x_0,y_0)$ 处不连续,则称函数 $z=f(x,y)$ 在点 $P_0(x_0,y_0)$ 处**间断**.

例如,从例5可知,极限 $\lim\limits_{\substack{x\to 0\\y\to 0}}\dfrac{xy}{x^2+y^2}$ 不存在,所以不论怎样定义 $f(x,y)=\dfrac{xy}{x^2+y^2}$ 在点 $(0,0)$ 处

的值,$f(x,y)$在点$(0,0)$处都不连续,即在点$(0,0)$处间断.

二元函数间断的情况要比一元函数复杂,它除了有间断点外,还可能有间断线.例如,$z=\dfrac{1}{\sqrt{x^2+y^2-1}}$在圆周$x^2+y^2=1$上每一点都是间断点,因为在圆周上的每点函数均无定义,因此圆周$x^2+y^2=1$是该函数的一条间断线.

如果函数$z=f(x,y)$在区域D内每一点都连续,则称该函数在区域D内连续,在区域D内连续的二元函数的图形是区域D上的一张连续曲面.

与一元函数类似,二元连续函数经过四则运算和复合运算后仍为二元连续函数. 由x和y的基本初等函数经过有限次的四则运算和复合运算所构成的可用一个式子表示的二元函数称为二元初等函数. 一切二元初等函数在其定义域内是连续的. 利用这个结论,在求某个二元初等函数在其定义区域内一点的极限时,只要计算出函数在该点的函数值即可.

例6 求极限$\lim\limits_{\substack{x\to 0\\y\to 1}}\left[\ln(y-x)+\dfrac{y}{\sqrt{1-x^2}}\right]$.

解 先求定义域:$\begin{cases}y-x>0,\\1-x^2>0,\end{cases}$解得$D=\{(x,y)\mid -1<x<1,y>x\}$.

因为$(0,1)\in D$,所以该函数在点$(0,1)$处连续. 所以
$$\lim_{\substack{x\to 0\\y\to 1}}\left[\ln(y-x)+\dfrac{y}{\sqrt{1-x^2}}\right]=\left[\ln(1-0)+\dfrac{1}{\sqrt{1-0^2}}\right]=1.$$

与闭区间上一元连续函数的性质相似,在有界闭区域上,二元函数也有如下性质.

性质1（最大值和最小值定理） 在有界闭区域D上的二元连续函数,在D上必有最大值和最小值.

性质2（有界性定理） 在有界闭区域D上的二元连续函数在D上一定有界.

性质3（介值定理） 在有界闭区域D上的二元连续函数,若在D上取得两个不同的函数值,则它在D上必可取得介于这两个数值之间的任何值.

习题6.1

A. 基础巩固

1. 设$z=x+y+f(x-y)$,且当$y=0$时,$z=x^2$,求$f(x)$.

2. 求下列各函数的定义域.

(1) $z=\ln(y^2-3x+2)$；　　(2) $z=\sqrt{x-\sqrt{y}}$；　　(3) $z=\ln(y-x)+\dfrac{\sqrt{x}}{\sqrt{1-x^2-y^2}}$.

3. 求下列各极限.

(1) $\lim\limits_{\substack{x\to 0\\y\to 1}}\dfrac{1-xy}{x^2+y^2}$;   (2) $\lim\limits_{\substack{x\to 2\\y\to 0}}\dfrac{\sin xy}{3y}$;   (3) $\lim\limits_{(x,y)\to(0,0)}\dfrac{2-\sqrt{xy+4}}{xy}$.

B. 能力提升

1. 设 $f(x,y)=x^2+y^2-xy\tan\dfrac{x}{y}$,求 $f(tx,ty)$.

2. 设 $f(x,y)=\dfrac{xy}{x^2+y^2}$,求 $f\left(1,\dfrac{y}{x}\right)$.

3. 证明极限 $\lim\limits_{(x,y)\to(0,0)}\dfrac{x+y}{x-y}$ 不存在.

4. 指出下列函数的间断点.

(1) $z=\dfrac{x+y}{y-2x^2}$;   (2) $z=\ln(x^2+y^2-1)$.

第二节 偏导数

在研究一元函数时,我们从研究函数的变化率引入了导数的概念. 对于二元函数同样需要讨论它的变化率,但二元函数的自变量有两个,因变量与自变量的关系比一元函数复杂得多. 实际问题中,我们常常需要了解一个受到多种因素制约的变量,在其他因素固定不变的情况下,该变量只随一种因素变化的变化率问题,反映在数学上就是多元函数在其他自变量固定不变时,函数随一个自变量变化的变化率问题,这就是偏导数.

一、偏导数的概念及其计算

【情境与问题】

引例 在生产中,产量 Q 与投入的劳动力 L 和资金 K 之间有如下关系式:
$$Q=AL^\alpha K^\beta,$$
其中,A,α,β 均为大于零的常数. 此函数叫作柯布-道格拉斯生产函数.

假设资金 K 保持不变,则产量 Q 可以看作劳动力 L 的一元函数,由一元函数求导公式,可得
$$Q'_L=\alpha AL^{\alpha-1}K^\beta.$$

类似地,假设劳动力 L 保持不变,则产量 Q 可以看作资金 K 的一元函数,且有
$$Q'_K=\beta AL^\alpha K^{\beta-1}.$$

这种由一个变量变化、其余变量保持不变所得到的导数,称为多元函数的偏导数.

以二元函数 $z=f(x,y)$ 为例,如果固定自变量 $y=y_0$,则函数 $z=f(x,y_0)$ 就是 x 的一元函数. 该函数对 x 的导数,就称为二元函数 $z=f(x,y)$ 对 x 的**偏导数**. 一般地,我们有如下

定义.

定义 设函数 $z=f(x,y)$ 在点 (x_0,y_0) 的某一邻域内有定义,当 y 固定在 y_0,而 x 在 x_0 处有增量 Δx 时,相应地,函数有增量

$$f(x_0+\Delta x, y_0)-f(x_0,y_0),$$

称为对 x 的**偏增量**,记作 Δz_x.

如果 $\lim\limits_{\Delta x \to 0}\dfrac{f(x_0+\Delta x,y_0)-f(x_0,y_0)}{\Delta x}$ 存在,则称此极限为函数 $z=f(x,y)$ 在点 (x_0,y_0) 处对 x 的**偏导数**,记为

$$\left.\frac{\partial z}{\partial x}\right|_{\substack{x=x_0\\y=y_0}} 或 \left.\frac{\partial f}{\partial x}\right|_{\substack{x=x_0\\y=y_0}} 或 \left.z'_x\right|_{\substack{x=x_0\\y=y_0}} 或 f'_x(x_0,y_0).$$

类似地,将 $f(x_0,y_0+\Delta y)-f(x_0,y_0)$ 称为对 y 的**偏增量**,记作 Δz_y.

对 x 和对 y 的**偏增量**统称为**偏增量**.

函数 $z=f(x,y)$ 在点 (x_0,y_0) 处对 y 的偏导数为

$$\lim_{\Delta y \to 0}\frac{f(x_0,y_0+\Delta y)-f(x_0,y_0)}{\Delta y},$$

记为

$$\left.\frac{\partial z}{\partial y}\right|_{\substack{x=x_0\\y=y_0}} 或 \left.\frac{\partial f}{\partial y}\right|_{\substack{x=x_0\\y=y_0}}, \left.z'_y\right|_{\substack{x=x_0\\y=y_0}}, f'_y(x_0,y_0).$$

如果函数 $z=f(x,y)$ 在区域 D 内的每一点 (x,y) 处对 x 的偏导数都存在,那么这个偏导数仍然是 x,y 的函数,则称它为函数 $z=f(x,y)$ 对自变量 x 的**偏导函数**,记作

$$\frac{\partial z}{\partial x}, \frac{\partial f}{\partial x}, z'_x, f'_x(x,y).$$

类似地,可以定义函数 $z=f(x,y)$ 对 y 的**偏导函数**,并记作

$$\frac{\partial z}{\partial y}, \frac{\partial f}{\partial y}, z'_y, f'_y(x,y).$$

与一元函数的导函数一样,偏导函数可简称为偏导数. 由偏导数的概念可知,函数 $f(x,y)$ 在点 (x_0,y_0) 处对 x 的偏导数 $f'_x(x_0,y_0)$,就是偏导函数 $f'_x(x,y)$ 在点 (x_0,y_0) 处的函数值;$f'_y(x_0,y_0)$ 就是偏导函数 $f'_y(x,y)$ 在点 (x_0,y_0) 处的函数值.

二元偏导函数的概念可以推广到三元及三元以上的函数.

> **小贴士**
>
> 上述定义表明,在求多元函数对某个自变量的偏导数时,只需将其余自变量看作常数,然后直接用一元函数的求导法则即可.

例1 求函数 $z=x^2+xy+y^2$ 在点 $(1,2)$ 处的偏导数.

解 把 y 看作常量,得

$$\frac{\partial z}{\partial x}=2x+y.$$

把 x 看作常量,得

$$\frac{\partial z}{\partial y}=x+2y.$$

因此,所求的偏导数为

$$\left.\frac{\partial z}{\partial x}\right|_{\substack{x=1\\y=2}}=2\times1+2=4,$$

$$\left.\frac{\partial z}{\partial y}\right|_{\substack{x=1\\y=2}}=1+2\times2=5.$$

例2 求 $z=x^y(x>0,x\neq1)$ 的偏导数.

解 $\dfrac{\partial z}{\partial x}=yx^{y-1},\dfrac{\partial z}{\partial y}=x^y\ln x.$

例3 求 $r=\sqrt{x^2+y^2+z^2}$ 的偏导数.

解 把 y 和 z 看作常数,对 x 求导,得

$$\frac{\partial r}{\partial x}=\frac{(x^2)'}{2\sqrt{x^2+y^2+z^2}}=\frac{x}{\sqrt{x^2+y^2+z^2}}=\frac{x}{r}.$$

同理可得

$$\frac{\partial r}{\partial y}=\frac{y}{r},\quad \frac{\partial r}{\partial z}=\frac{z}{r}.$$

> **小贴士**
>
> 对一元函数而言,导数 $\dfrac{dy}{dx}$ 可看作函数的微分 dy 与自变量的微分 dx 的商,而偏导数的记号 $\dfrac{\partial z}{\partial x}$ 是一个整体.

二、高阶偏导数

设函数 $z=f(x,y)$ 在区域 D 内具有偏导数

$$\frac{\partial z}{\partial x}=f'_x(x,y),\quad \frac{\partial z}{\partial y}=f'_y(x,y),$$

则在区域 D 内 $f'_x(x,y)$ 和 $f'_y(x,y)$ 都是 x,y 的函数,如果这两个函数仍存在对 x,y 的偏导数,则称它们是函数 $z=f(x,y)$ 的**二阶偏导数**. 按照对变量求导次序的不同,共有下列四个二阶偏导数:

$$\frac{\partial}{\partial x}\left(\frac{\partial z}{\partial x}\right) = \frac{\partial^2 z}{\partial x^2} = f''_{xx}(x,y), \quad \frac{\partial}{\partial y}\left(\frac{\partial z}{\partial x}\right) = \frac{\partial^2 z}{\partial x \partial y} = f''_{xy}(x,y),$$

$$\frac{\partial}{\partial x}\left(\frac{\partial z}{\partial y}\right) = \frac{\partial^2 z}{\partial y \partial x} = f''_{yx}(x,y), \quad \frac{\partial}{\partial y}\left(\frac{\partial z}{\partial y}\right) = \frac{\partial^2 z}{\partial y^2} = f''_{yy}(x,y).$$

其中，$f''_{xy}(x,y)$，$f''_{yx}(x,y)$ 称为二阶混合偏导数.

类似地，可以定义三阶、四阶以及 n 阶偏导数. 我们把二阶及二阶以上的偏导数统称为高阶偏导数.

例 4 设函数 $z = x^2 y + xy^2$，求它的二阶偏导数.

解 函数的一阶偏导数为

$$\frac{\partial z}{\partial x} = 2xy + y^2, \frac{\partial z}{\partial y} = x^2 + 2xy.$$

所以函数的二阶偏导数为

$$\frac{\partial^2 z}{\partial x^2} = \frac{\partial}{\partial x}\left(\frac{\partial z}{\partial x}\right) = \frac{\partial}{\partial x}(2xy + y^2) = 2y,$$

$$\frac{\partial^2 z}{\partial x \partial y} = \frac{\partial}{\partial y}\left(\frac{\partial z}{\partial x}\right) = \frac{\partial}{\partial y}(2xy + y^2) = 2x + 2y,$$

$$\frac{\partial^2 z}{\partial y \partial x} = \frac{\partial}{\partial x}\left(\frac{\partial z}{\partial y}\right) = \frac{\partial}{\partial x}(x^2 + 2xy) = 2x + 2y,$$

$$\frac{\partial^2 z}{\partial y^2} = \frac{\partial}{\partial y}\left(\frac{\partial z}{\partial y}\right) = \frac{\partial}{\partial y}(x^2 + 2xy) = 2x.$$

视频 6.2.2

高阶偏导数

例 5 求函数 $z = x\ln(x+y)$ 的二阶偏导数.

解 函数的一阶偏导数为

$$\frac{\partial z}{\partial x} = \ln(x+y) + \frac{x}{x+y}, \frac{\partial z}{\partial y} = \frac{x}{x+y}.$$

所以函数的二阶偏导数为

$$\frac{\partial^2 z}{\partial x^2} = \frac{\partial}{\partial x}\left(\frac{\partial z}{\partial x}\right) = \frac{1}{x+y} + \frac{x+y-x}{(x+y)^2} = \frac{x+2y}{(x+y)^2},$$

$$\frac{\partial^2 z}{\partial x \partial y} = \frac{\partial}{\partial y}\left(\frac{\partial z}{\partial x}\right) = \frac{1}{x+y} + \frac{-x}{(x+y)^2} = \frac{y}{(x+y)^2},$$

$$\frac{\partial^2 z}{\partial y \partial x} = \frac{\partial}{\partial x}\left(\frac{\partial z}{\partial y}\right) = \frac{(x+y)-x}{(x+y)^2} = \frac{y}{(x+y)^2}$$

$$\frac{\partial^2 z}{\partial y^2} = \frac{\partial}{\partial y}\left(\frac{\partial z}{\partial y}\right) = \frac{-x}{(x+y)^2}.$$

【想一想】

我们发现,例 4、例 5 中的两个混合偏导数分别相等,这是偶然的吗?

定理 如果函数 $z=f(x,y)$ 的两个二阶混合偏导数 $\dfrac{\partial^2 z}{\partial y \partial x}$ 及 $\dfrac{\partial^2 z}{\partial x \partial y}$ 在区域 D 内连续,那么在区域 D 内这两个二阶混合偏导数必相等.

例 4、例 5 中的两个混合偏导数都分别相等,这并不是偶然的,可以证明,当混合偏导数 $\dfrac{\partial^2 z}{\partial x \partial y}, \dfrac{\partial^2 z}{\partial y \partial x}$ 连续时,它们必相等,即二阶混合偏导数在连续的条件下与求偏导数的顺序无关,这给混合偏导数的计算带来了方便.

对二元以上的多元函数,高阶混合偏导数在偏导数连续的条件下也与求偏导的顺序无关.

习题 6.2

A. 基础巩固

1. 求下列各函数的一阶偏导数.

(1) $z = x^2 \ln(x^2+y^2)$;　　(2) $z = e^{xy}$;　　(3) $z = xy + \dfrac{x}{y}$.

2. 设 $f(x,y) = x^2 + 2xy + y^2$,求 $f'_x(1,1), f'_y(1,1)$.

3. 求下列各函数的二阶偏导数.

(1) $z = \ln(x^2+y^2)$;　　(2) $z = x\sin(x+y) + y\cos(x+y)$;

(3) $z = \sin^2(2x+3y)$;　　(4) $z = x^2 + 3y^3 - x^2 y$.

B. 能力提升

1. 求下列各函数的一阶偏导数.

(1) $z = \arctan \dfrac{y}{x}$;　　(2) $z = \dfrac{xy}{x^2+y^2}$.

2. 设 $z = \ln(\sqrt{x} + \sqrt{y})$,证明: $x\dfrac{\partial z}{\partial x} + y\dfrac{\partial z}{\partial y} = \dfrac{1}{2}$.

3. 设 $f(x,y,z) = xy^2 + yz^2 + zx^2$,求 $f''_{xx}(0,0,1), f''_{xz}(0,0,1), f''_{yz}(0,0,1)$.

第三节　全微分

在一元函数微分学中,我们知道,若一元函数 $y = f(x)$ 在点 $x = x_0$ 处有增量,且相应函数的增量可以表示为 $\Delta y = f(x_0 + \Delta x) - f(x_0) = A\Delta x + o(\Delta x)$,则称函数 $y = f(x)$ 在点 $x = x_0$ 处可微,且微分 $dy = A\Delta x$.

类似地,我们来考察多元函数的增量. 设二元函数 $z = f(x,y)$ 在点 $P_0(x_0, y_0)$ 的某一邻域内有定义,当自变量 x,y 在点 $P_0(x_0,y_0)$ 处分别有增量 $\Delta x,\Delta y$ 时,有 $\Delta z=f(x_0+\Delta x,y_0+\Delta y)-f(x_0,y_0)$,则称 Δz 为函数的**全增量**.

与一元函数类似,我们也希望将 Δz 用关于自变量的增量 $\Delta x,\Delta y$ 的线性函数来近似代替,我们通过下面的引例来考虑.

一、全微分的概念

【情境与问题】

引例 设矩形金属薄板的长为 x,宽为 y,则面积 $z=xy$,薄板受热膨胀,长自 x 增加 Δx,宽自 y 增加 Δy,其面积相应地增加 Δz,如图 6.3.1 所示,则

$$\Delta z = (x+\Delta x)(y+\Delta y)-xy$$
$$= y\Delta x+x\Delta y+\Delta x\Delta y.$$

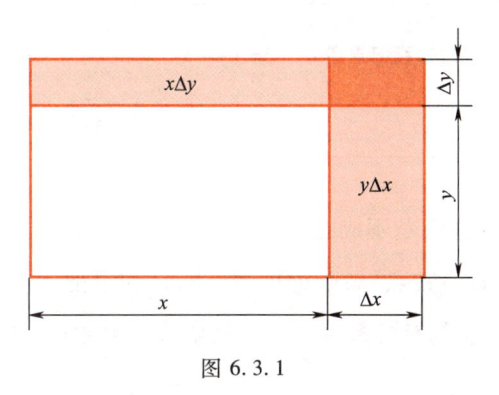

图 6.3.1

全增量 Δz 由两部分组成. 第一部分 $y\Delta x+x\Delta y$ 是关于 $\Delta x,\Delta y$ 的线性函数,在 Δz 中占主要地位,称为 Δz 的线性主部;第二部分为 $\Delta x\Delta y$,是当 $(\Delta x,\Delta y)\to(0,0)$ 时,比 $\rho=\sqrt{(\Delta x)^2+(\Delta y)^2}$ 高阶的无穷小.

事实上,

$$\lim_{\substack{\Delta x\to 0\\ \Delta y\to 0}}\frac{\Delta x\Delta y}{\sqrt{(\Delta x)^2+(\Delta y)^2}}=\lim_{\substack{\Delta x\to 0\\ \Delta y\to 0}}\frac{1}{\sqrt{\left(\frac{1}{\Delta x}\right)^2+\left(\frac{1}{\Delta y}\right)^2}}=0,$$

所以

$$\Delta z\approx y\Delta x+x\Delta y.$$

我们把 $y\Delta x+x\Delta y$ 称为矩形面积 $z=xy$ 的全微分,记作

$$\mathrm{d}z\approx y\Delta x+x\Delta y.$$

一般地,有如下定义.

定义 如果函数 $z=f(x,y)$ 在点 (x,y) 的某一邻域内有定义,若全增量

$$\Delta z=f(x+\Delta x,y+\Delta y)-f(x,y)$$

可以表示为

$$\Delta z = A\Delta x + B\Delta y + o(\rho), \tag{6.3.1}$$

其中, A,B 与 $\Delta x,\Delta y$ 无关, 仅与 x,y 有关, $\rho = \sqrt{(\Delta x)^2 + (\Delta y)^2}$, $o(\rho)$ 是当 $\rho \to 0$ 时比 ρ 高阶的无穷小量, 则称函数 $z = f(x,y)$ 在点 (x,y) 处**可微**, $A\Delta x + B\Delta y$ 称为函数 $z = f(x,y)$ 在点 (x,y) 处的**全微分**, 记为 dz, 即

$$dz = A\Delta x + B\Delta y. \tag{6.3.2}$$

若函数在区域 D 内的各点处均可微分, 则称该函数在 D 内**可微分**.

定理 1（可微的必要条件） 如果函数 $z = f(x,y)$ 在点 (x,y) 处可微, 则它在该点处连续, 同时两个偏导数存在, 并且

$$A = \frac{\partial z}{\partial x}, \quad B = \frac{\partial z}{\partial y}, \quad dz = \frac{\partial z}{\partial x}\Delta x + \frac{\partial z}{\partial y}\Delta y.$$

小贴士

与一元函数相同, 我们规定 $dx = \Delta x, dy = \Delta y$, 则

$$dz = \frac{\partial z}{\partial x}dx + \frac{\partial z}{\partial y}dy.$$

但此定理的逆命题不成立, 即当二元函数 $z = f(x,y)$ 在点 (x,y) 处的两个偏导数存在, 并不能保证 $z = f(x,y)$ 在点 (x,y) 处可微. 不过, 如果把条件加强, 就可保证全微分的存在.

定理 2（可微的充分条件） 二元函数的可微性、连续性与导数之间存在如下关系：

如果函数 $z = f(x,y)$ 在点 (x,y) 的某一邻域内有连续偏导数 $\frac{\partial z}{\partial x}$ 和 $\frac{\partial z}{\partial y}$, 则 $z = f(x,y)$ 在点 (x,y) 处可微, 且

$$dz = \frac{\partial z}{\partial x}\Delta x + \frac{\partial z}{\partial y}\Delta y = \frac{\partial z}{\partial x}dx + \frac{\partial z}{\partial y}dy. \tag{6.3.3}$$

上述关于二元函数全微分的结论, 可以完全类似地推广到三元及三元以上的多元函数中. 例如, 三元函数 $u = f(x,y,z)$ 的全微分可表示为

$$du = \frac{\partial u}{\partial x}dx + \frac{\partial u}{\partial y}dy + \frac{\partial u}{\partial z}dz. \tag{6.3.4}$$

例 1 求函数 $z = x^3 y - 3x^2 y^3$ 的全微分.

解 因为

$$\frac{\partial z}{\partial x} = 3x^2 y - 6xy^3, \quad \frac{\partial z}{\partial y} = x^3 - 9x^2 y^2,$$

并且它们在 xOy 平面上处处连续, 所以函数在点 (x,y) 处的全微分为

$$dz = \frac{\partial z}{\partial x}dx + \frac{\partial z}{\partial y}dy = (3x^2 y - 6xy^3)dx + (x^3 - 9x^2 y^2)dy.$$

例2 求函数 $z=e^{xy}$ 在点 $(2,1)$ 处的全微分.

解 由于 $\dfrac{\partial z}{\partial x}=ye^{xy}, \dfrac{\partial z}{\partial y}=xe^{xy}$ 是连续函数,且

$$\dfrac{\partial z}{\partial x}\bigg|_{\substack{x=2\\y=1}}=e^2, \quad \dfrac{\partial z}{\partial y}\bigg|_{\substack{x=2\\y=1}}=2e^2,$$

所以函数在点 $(2,1)$ 处的全微分为

$$dz\bigg|_{\substack{x=2\\y=1}}=e^2 dx+2e^2 dy.$$

例3 求函数 $u=x+\sin\dfrac{y}{2}+e^{yz}$ 的全微分.

解 因为

$$\dfrac{\partial u}{\partial x}=1, \quad \dfrac{\partial u}{\partial y}=\dfrac{1}{2}\cos\dfrac{y}{2}+ze^{yz}, \quad \dfrac{\partial u}{\partial z}=ye^{yz}$$

是连续函数,所以所求的全微分

$$du=dx+\left(\dfrac{1}{2}\cos\dfrac{y}{2}+ze^{yz}\right)dy+ye^{yz}dz.$$

二、全微分在近似计算中的应用

设函数 $z=f(x,y)$ 在点 (x_0,y_0) 处可微,则当 $\Delta x\to 0,\Delta y\to 0$ 时,函数的全增量与全微分之差是一个比 ρ 高阶的无穷小量,因此,当 $|\Delta x|,|\Delta y|$ 都较小时,全增量可用全微分近似代替,即

$$\Delta z\approx f'_x(x_0,y_0)\Delta x+f'_y(x_0,y_0)\Delta y.$$

于是,有

$$f(x_0+\Delta x,y_0+\Delta y)\approx f(x_0,y_0)+f'_x(x_0,y_0)\Delta x+f'_y(x_0,y_0)\Delta y. \tag{6.3.5}$$

利用公式(6.3.5)可以计算函数 $z=f(x,y)$ 在点 (x_0,y_0) 附近的点 $(x_0+\Delta x,y_0+\Delta y)$ 处的近似值.

例4 求 $\sqrt[3]{(2.02)^2+(1.97)^2}$ 的近似值.

解 设函数 $z=f(x,y)=\sqrt[3]{x^2+y^2}$,则计算的数值就是函数值 $f(2.02,1.97)$. 取 $x_0=2,y_0=2$,$\Delta x=0.02,\Delta y=-0.03$,

$$\dfrac{\partial z}{\partial x}=\dfrac{2x}{3(\sqrt[3]{x^2+y^2})^2}, \quad \dfrac{\partial z}{\partial y}=\dfrac{2y}{3(\sqrt[3]{x^2+y^2})^2},$$

代入公式(6.3.5),可得

$$f(2.02,1.97)\approx f(2,2)+f'_x(2,2)\Delta x+f'_y(2,2)\Delta y$$

$$=2+\dfrac{2\times 2}{3(\sqrt[3]{2^2+2^2})^2}\times 0.02+\dfrac{2\times 2}{3(\sqrt[3]{2^2+2^2})^2}\times(-0.03)$$

$$\approx 2-0.00333=1.99667.$$

例5 计算 $1.04^{2.02}$.

解 设 $f(x,y)=x^y$，则只需计算 $f(1,2)$.

取 $x_0=1, \Delta x=0.04, y_0=2, \Delta y=0.02$，

$$\frac{\partial f}{\partial x}=yx^{y-1}, \quad \frac{\partial f}{\partial y}=x^y\ln x,$$

代入公式(6.3.5)，得

$$f(1.04,2.02)\approx f(1,2)+f'_x(1,2)\Delta x+f'_y(1,2)\Delta y$$
$$=1^2+2\times1^{2-1}\times0.04+1^2\times\ln 1\times0.02=1+0.08=1.08.$$

【应用与实践】

案例 如图 6.3.2 所示是一个圆柱形的铁罐，内半径为 5 cm，内高为 12 cm，壁厚为 0.2 cm，那么制作这个铁罐所需材料的体积大约是多少(包括上、下底面)？

解 设底半径为 R，高为 h 的圆柱的体积为 $V=\pi R^2 h$. 所以

$$\frac{\partial V}{\partial R}=2\pi Rh, \quad \frac{\partial V}{\partial h}=\pi R^2.$$

因为 $R=5$ cm，$h=12$ cm，又有 $\Delta V\approx dV$，所以

$$\Delta V\approx\frac{\partial V}{\partial R}\Delta R+\frac{\partial V}{\partial h}\Delta h$$
$$=5\pi(24\times0.2+5\times0.4)$$
$$=34\pi\approx 106.8(\text{cm}^3).$$

因此，所需材料的体积大约是 106.8 cm³.

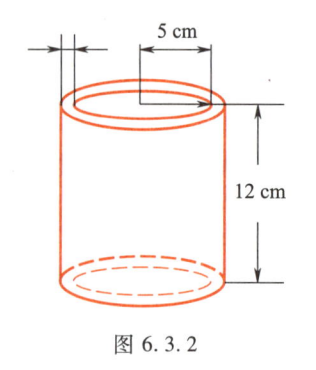

图 6.3.2

习题 6.3

A. 基础巩固

1. 求 $z=x^2y+\dfrac{x}{y}$ 的全微分.

2. 求函数 $z=\ln(3+x^2+y^2)$ 在 $x=1, y=1$ 时的全微分.

3. 求函数 $z=\dfrac{y}{x}$ 在 $x=2, y=1, \Delta x=0.2, \Delta y=-0.1$ 时的全增量 Δz 和全微分 dz.

4. 计算 $\sqrt{(1.01)^3+(1.99)^3}$ 的近似值.

5. 计算 $(1.002)^{2.99}$ 的近似值.

B. 能力提升

1. 设 $f(x,y,z)=\sqrt[z]{\dfrac{x}{y}}$，求 $df(1,1,1)$.

2. 求下列函数的全微分.

(1) $z = \sin(x\sin y)$； (2) $u = x^{yz}$.

第四节 多元复合函数与隐函数求导

在一元函数中,我们知道,复合函数的求导公式在求导中起到了重要的作用. 对于多元函数,情况也是如此. 下面对二元复合函数进行讨论.

一、多元复合函数求导

1. 复合函数的中间变量为一元函数的情形

设函数 $z = f(u,v)$, $u = u(t)$, $v = v(t)$ 构成 $z = f[u(t), v(t)]$,其变量间的相互依赖关系可用如图 6.4.1 来表达,于是有如下定理.

定理 1 如果函数 $u = u(t)$, $\varphi = \varphi(t)$ 都在点 t 处可导,函数 $z = f(u,v)$ 在对应点 (u,v) 处具有连续偏导数,则复合函数 $z = f[u(t), v(t)]$ 在点 t 处可导,且其导数的计算公式为

图 6.4.1

$$\frac{\mathrm{d}z}{\mathrm{d}t} = \frac{\partial z}{\partial u}\frac{\mathrm{d}u}{\mathrm{d}t} + \frac{\partial z}{\partial v}\frac{\mathrm{d}v}{\mathrm{d}t}, \tag{6.4.1}$$

式中,导数 $\dfrac{\mathrm{d}z}{\mathrm{d}t}$ 称为全导数.

2. 复合函数的中间变量为二元函数的情形

设 $z = f(u,v)$ 是 u,v 的二元函数,u,v 分别是 x,y 的二元函数: $u = u(x,y)$, $v = v(x,y)$,那么 z 通过中间变量 u,v 成为 x,y 的复合函数 $z = f[u(x,y), v(x,y)]$,则有如下定理.

定理 2 设函数 $u = u(x,y)$, $v = v(x,y)$ 在点 (x,y) 处对 x 及 y 的偏导数存在,$z = f(u,v)$ 在对应于 (x,y) 的点 (u,v) 处对 u 及 v 有连续的偏导数,则复合函数 $z = f[u(x,y), v(x,y)]$ 在点 (x,y) 处对 x 及 y 的偏导数存在,且有

$$\frac{\partial z}{\partial x} = \frac{\partial z}{\partial u}\frac{\partial u}{\partial x} + \frac{\partial z}{\partial v}\frac{\partial v}{\partial x}, \tag{6.4.2}$$

$$\frac{\partial z}{\partial y} = \frac{\partial z}{\partial u}\frac{\partial u}{\partial y} + \frac{\partial z}{\partial v}\frac{\partial v}{\partial y}. \tag{6.4.3}$$

这个定理也称为**二元复合函数的链式求导法则**.

为了记忆和正确使用上述两个公式,可以用变量关系图(图 6.4.2)来表达. 从图中可以看出,x,y 是自变量,u,v 是中间变量,在求复合函数 z 对其中一个自变量(如 x)的偏导数时,

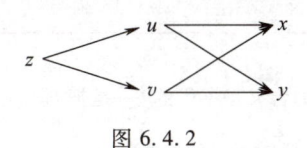

图 6.4.2

视频 6.4.1

复合函数求导法则（1）

可从图中找到由 z 经过中间变量到达 x 的所有路径,共有两条: $z\to u\to x$ 和 $z\to v\to x$. 沿第一条路径,有 $\dfrac{\partial z}{\partial u}\cdot\dfrac{\partial u}{\partial x}$,沿第二条路径,有 $\dfrac{\partial z}{\partial v}\cdot\dfrac{\partial v}{\partial x}$,两项相加即得式(6.4.2). 类似地,由图 6.4.2 也可得式(6.4.3).

> **小贴士**
> 利用这一方法就可以对各种复杂的情形正确运用链式法则,而不必死记硬背.

例如,设 $z=f(u,v,w)$, $u=u(x,y)$, $v=v(x,y)$, $w=w(x,y)$,构成复合函数
$$z=f[u(x,y),v(x,y),w(x,y)],$$
其变量间的依赖关系如图 6.4.3 所示.

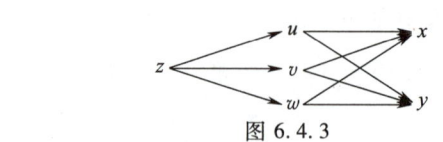

图 6.4.3

则 z 关于 x,y 的偏导数分别为

$$\frac{\partial z}{\partial x}=\frac{\partial z}{\partial u}\frac{\partial u}{\partial x}+\frac{\partial z}{\partial v}\frac{\partial v}{\partial x}+\frac{\partial z}{\partial w}\frac{\partial w}{\partial x}, \tag{6.4.4}$$

$$\frac{\partial z}{\partial y}=\frac{\partial z}{\partial u}\cdot\frac{\partial u}{\partial y}+\frac{\partial z}{\partial v}\cdot\frac{\partial v}{\partial y}+\frac{\partial z}{\partial w}\cdot\frac{\partial w}{\partial y}. \tag{6.4.5}$$

设 $z=f(x,y,u)$,而 $u=u(x,y)$, u 是中间变量,构成复合函数
$$z=f[x,y,u(x,y)],$$
其变量间的依赖关系如图 6.4.4 所示.

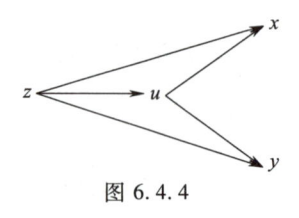

图 6.4.4

则 z 对自变量 x,y 的偏导数分别为

$$\frac{\partial z}{\partial x}=\frac{\partial f}{\partial x}+\frac{\partial f}{\partial u}\frac{\partial u}{\partial x}, \tag{6.4.6}$$

$$\frac{\partial z}{\partial y}=\frac{\partial f}{\partial y}+\frac{\partial f}{\partial u}\frac{\partial u}{\partial y}. \tag{6.4.7}$$

> **小贴士**
> 式(6.4.6)中, $\dfrac{\partial z}{\partial x}$ 和 $\dfrac{\partial f}{\partial x}$ 的含义是不同的, $\dfrac{\partial z}{\partial x}$ 是把 $f[x,y,u(x,y)]$ 中的 y 看作常数对 x 的偏导数, $\dfrac{\partial f}{\partial x}$ 是把 $f(x,y,u)$ 中的 y,u 看作常数对 x 的偏导数.

同样地，$\dfrac{\partial z}{\partial y}$ 和 $\dfrac{\partial f}{\partial y}$ 也有类似的区别，但是 $\dfrac{\partial z}{\partial u}$ 和 $\dfrac{\partial f}{\partial u}$ 的含义是相同的.

例 1 设 $z = u^2 v$，而 $u = e^x, v = \cos x$，求导数 $\dfrac{dz}{dx}$.

解 与复合函数的结构图 6.4.1 类似，得

$$\dfrac{dz}{dx} = \dfrac{\partial z}{\partial u}\dfrac{du}{dx} + \dfrac{\partial z}{\partial v}\dfrac{dv}{dx} = 2uv e^x - u^2 \sin x$$

$$= 2e^{2x}\cos x - e^{2x}\sin x = e^{2x}(2\cos x - \sin x).$$

例 2 设 $z = (x^2 - 2y)^{xy}$，求 $\dfrac{\partial z}{\partial x}, \dfrac{\partial z}{\partial y}$.

解 设 $u = x^2 - 2y, v = xy$，则 $z = u^v$，所以有

$$\dfrac{\partial z}{\partial u} = vu^{v-1}, \qquad \dfrac{\partial z}{\partial v} = u^v \ln u.$$

$$\dfrac{\partial u}{\partial x} = 2x, \dfrac{\partial u}{\partial y} = -2, \dfrac{\partial v}{\partial x} = y, \dfrac{\partial v}{\partial y} = x.$$

由复合函数的结构图 6.4.2，得

$$\dfrac{\partial z}{\partial x} = \dfrac{\partial z}{\partial u}\dfrac{\partial u}{\partial x} + \dfrac{\partial z}{\partial v}\dfrac{\partial v}{\partial x} = vu^{v-1} \cdot 2x + u^v \ln u \cdot y$$

$$= 2x^2 y(x^2 - 2y)^{xy-1} + y(x^2 - 2y)^{xy}\ln(x^2 - 2y),$$

$$\dfrac{\partial z}{\partial y} = \dfrac{\partial z}{\partial u}\dfrac{\partial u}{\partial y} + \dfrac{\partial z}{\partial v}\dfrac{\partial v}{\partial y} = vu^{v-1} \cdot (-2) + u^v \ln u \cdot x$$

$$= -2xy(x^2 - 2y)^{xy-1} + x(x^2 - 2y)^{xy}\ln(x^2 - 2y).$$

例 3 设 $z = \ln(\tan x + xy)$，求 $\dfrac{\partial z}{\partial x}, \dfrac{\partial z}{\partial y}$.

解 设 $u = \tan x, v = xy$，则 $z = \ln(u+v)$. 各变量间的依赖关系如图 6.4.5 所示.

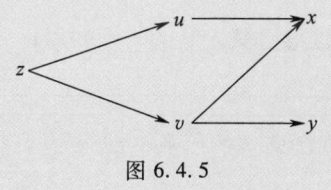

图 6.4.5

所以

$$\dfrac{\partial z}{\partial x} = \dfrac{\partial z}{\partial u} \cdot \dfrac{du}{dx} + \dfrac{\partial z}{\partial v} \cdot \dfrac{\partial v}{\partial x} = \dfrac{1}{u+v}\sec^2 x + \dfrac{1}{u+v} \cdot y = \dfrac{y + \sec^2 x}{\tan x + xy},$$

$$\dfrac{\partial z}{\partial y} = \dfrac{\partial z}{\partial v} \cdot \dfrac{\partial v}{\partial y} = \dfrac{1}{u+v} \cdot x = \dfrac{x}{\tan x + xy}.$$

二、隐函数的求导

在一元微分学中,我们曾引入了隐函数的概念,并介绍了求由方程 $F(x,y)=0$ 所确定的隐函数 $y=f(x)$ 的导数的方法,这类问题也可用二元复合函数的链式法则求导解决.

将由方程 $F(x,y)=0$ 所确定的隐函数 $y=f(x)$ 代入方程,得

$$F[x,f(x)]=0.$$

它的左边可看作由 $z=F(x,y)$, $y=f(x)$ 复合而成的 x 的复合函数, y 看作中间变量,各变量间的依赖关系如图 6.4.6 所示. 于是,利用二元复合函数链式法则在上述方程两端对 x 求导,得

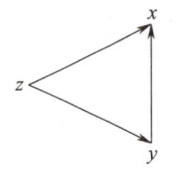

$$\frac{dz}{dx}=F'_x+F'_y \cdot \frac{dy}{dx}=0.$$

图 6.4.6

如果 $F'_y \neq 0$,则

$$\frac{dy}{dx}=-\frac{F'_x}{F'_y}. \tag{6.4.8}$$

这就是隐函数的求导公式.

类似地,把三元方程 $F(x,y,z)=0$ 所确定的函数 $z=f(x,y)$ 称为二元隐函数. 如果一个三元方程 $F(x,y,z)=0$ 确定了二元隐函数 $z=f(x,y)$,则有

$$F[x,y,f(x,y)]=0.$$

它的左边可看作由 $u=F(x,y,z)$, $z=f(x,y)$ 复合而成的 x,y 的复合函数, z 看作中间变量,各变量间的关系如图 6.4.7 所示. 于是,利用二元复合函数链式法则在方程两边分别对 x,y 求导,得

$$\frac{\partial u}{\partial x}=F'_x+F'_z \cdot \frac{\partial z}{\partial x}=0, \quad \frac{\partial u}{\partial y}=F'_y+F'_z \cdot \frac{\partial z}{\partial y}=0.$$

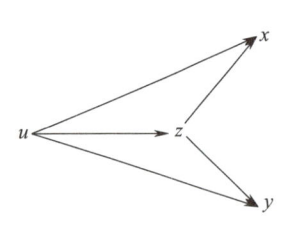

图 6.4.7

如果 $F'_z \neq 0$,则

$$\frac{\partial z}{\partial x}=-\frac{F'_x}{F'_z}, \quad \frac{\partial z}{\partial y}=-\frac{F'_y}{F'_z}. \tag{6.4.9}$$

这就是二元函数隐函数的偏导公式.

例 4 求由方程 $y-xe^y+x=0$ 所确定的函数 $y=f(x)$ 的导数.

解 令 $F=y-xe^y+x$,则

$$\frac{\partial F}{\partial x}=-e^y+1, \quad \frac{\partial F}{\partial y}=1-xe^y,$$

所以

$$\frac{dy}{dx}=-\frac{-e^y+1}{1-xe^y}=\frac{e^y-1}{1-xe^y}.$$

例 5 设 $x^2+y^2+z^2=0$,求 $\frac{\partial z}{\partial x}, \frac{\partial z}{\partial y}$.

解 令 $F(x,y,z)=x^2+y^2+z^2$，则

$$F'_x=2x, F'_y=2y, F'_z=2z,$$

所以

$$\frac{\partial z}{\partial x}=-\frac{F'_x}{F'_z}=-\frac{x}{z}, \quad \frac{\partial z}{\partial y}=-\frac{F'_y}{F'_z}=-\frac{y}{z}.$$

习题 6.4

A. 基础巩固

1. 设 $z=u\ln v$，而 $u=\dfrac{x}{y}$，$v=x\cos y$，求 $\dfrac{\partial z}{\partial x}, \dfrac{\partial z}{\partial y}$.

2. 设 $z=x^3+y^3$，而 $x=3t^2$，$y=4t^3$，求 $\dfrac{dz}{dt}$.

3. 设 $z=(x^2+y^2)^{xy}$，求 $\dfrac{\partial z}{\partial x}, \dfrac{\partial z}{\partial y}$.

4. 求由 $e^z=xyz$ 所确定的隐函数的偏导数.

B. 能力提升

1. 设 $z=\dfrac{x^2}{y^2}\ln(x-y)$，求 $\dfrac{\partial z}{\partial x}, \dfrac{\partial z}{\partial y}$.

2. 求由 $xyz+\ln(x-2y+3z)=4$ 所确定的隐函数的偏导数.

第五节 多元函数的极值

我们曾用导数解决了一元函数的极值问题，从而解决了实际问题中一元函数的最大值和最小值问题．按照这种思路，我们可以研究二元函数极值的求法，进而解决实际问题中二元函数的最大值和最小值问题．

【情境与问题】

引例 1 某汽车销售商计划利用电视广告和户外广告宣传他的新牌轿车，经过市场调研，预测这种新牌轿车的销售额 R（单位：万元）与两种广告宣传费用 x 和 y（单位：万元）之间的函数关系为

$$R(x,y)=\frac{200x}{5+x}+\frac{100y}{10+y}.$$

净利润为销售额的 $\dfrac{1}{5}$ 减去广告费，广告预算为 25 万元，试确定应如何分配广告费才能使净利润最大.

分析 净利润是销售额的 $\dfrac{1}{5}$ 减去广告费，所以净利润为

$$L(x,y)=\dfrac{1}{5}\left(\dfrac{200x}{5+x}+\dfrac{100y}{10+y}\right)-(x+y).$$

于是题设问题转化为研究二次函数 $L(x,y)$ 的最大值问题.

要解决这类问题，需要用到二元函数极值与最值的相关概念，下面首先给出二元函数极值的概念及判别方法.

一、二元函数的极值

1. 二元函数极值的概念

定义 函数 $z=f(x,y)$ 在点 (x_0,y_0) 的某一邻域内有定义，对于该邻域内异于点 (x_0,y_0) 的任意一点 (x,y)，如果

$$f(x,y)<f(x_0,y_0),$$

则称函数在点 (x_0,y_0) 处有**极大值**，点 (x_0,y_0) 称为极大值点.

如果

$$f(x,y)>f(x_0,y_0),$$

则称函数在点 (x_0,y_0) 处有**极小值**，点 (x_0,y_0) 称为极小值点.

极大值、极小值统称为**极值**，极大值点与极小值点统称为**极值点**.

引例 2 函数 $z=2x^2+3y^2$ 在点 $(0,0)$ 处有极小值，因为对于点 $(0,0)$ 的邻域内任意异于点 $(0,0)$ 的点 (x,y)，都有 $f(x,y)>0=f(0,0)$. 从几何上看也是显然的，$z=2x^2+3y^2$ 表示一个开口向上的椭圆抛物面，而点 $(0,0,0)$ 是它的顶点，如图 6.5.1 所示.

引例 3 函数 $z=-\sqrt{x^2+y^2}$ 在点 $(0,0)$ 处有极大值. 因为对于点 $(0,0)$ 的邻域内任意异于点 $(0,0)$ 的点 (x,y)，都有 $f(x,y)<0=f(0,0)$. 从几何上看也是显然的，$z=-\sqrt{x^2+y^2}$ 表示一个开口向下的半圆锥面，点 $(0,0,0)$ 是它的顶点，如图 6.5.2 所示.

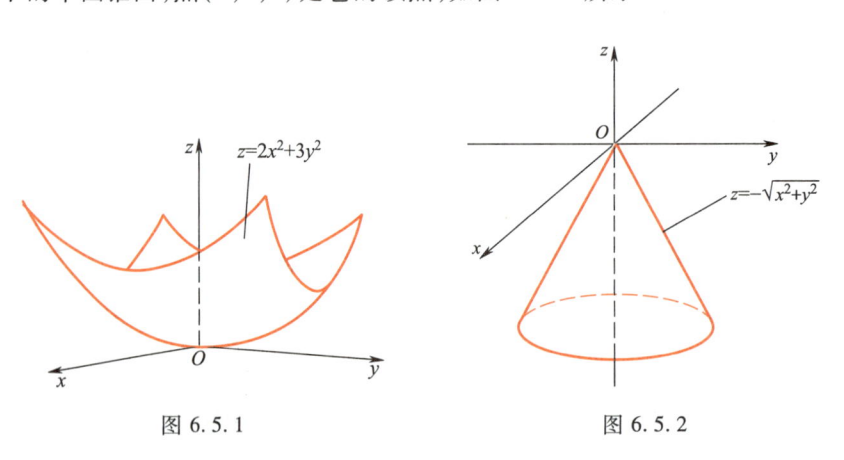

图 6.5.1

图 6.5.2

引例 4 函数 $z=y^2-x^2$ 在点 $(0,0)$ 处无极值. 因为对于点 $(0,0)$ 的邻域内任意异于点 $(0,0)$ 的点 (x,y)，既有比 $f(0,0)=0$ 大的值，也有比 $f(0,0)$ 小的值. 从几何上也比较容易

看出,它表示双曲抛物面(马鞍面),如图 6.5.3 所示.

与导数在一元函数极值研究中的作用一样,偏导数也是研究多元函数极值的主要手段.

如果二元函数 $z=f(x,y)$ 在点 (x_0,y_0) 处取得极值,那么固定 $y=y_0$,一元函数 $z=f(x,y_0)$ 在点 $x=x_0$ 处必取得相同的极值;同理,固定 $x=x_0$,$z=f(x_0,y)$ 在点 $y=y_0$ 处也必取得相同的极值.因此,由一元函数极值的必要条件,我们可以得到二元函数极值的必要条件.

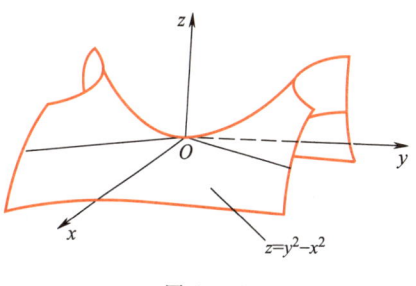

图 6.5.3

2. 极值判定定理与求法

定理 1(极值存在的必要条件)　设函数 $z=f(x,y)$ 在点 (x_0,y_0) 处具有偏导数,且在点 (x_0,y_0) 处有极值,则必有

$$f'_x(x_0,y_0)=0, \quad f'_y(x_0,y_0)=0. \tag{6.5.1}$$

与一元函数的情形类似,把能使 $f'_x(x_0,y_0)=0,f'_y(x_0,y_0)=0$ 同时成立的点 (x_0,y_0) 称为函数 $z=f(x,y)$ 的驻点.

由定理 1 可知,对偏导数存在的函数,极值点必是驻点,但驻点不一定是极值点.例如,点 $(0,0)$ 是函数 $z=xy$ 的一个驻点,但非极值点.因为在点 $(0,0)$ 处函数值为零,而在点 $(0,0)$ 的附近,既有大于 0 的点,也有小于 0 的点.

另外,极值点也可能是一阶偏导数不存在的点,如引例 3 中,点 $(0,0)$ 是 $z=-\sqrt{x^2+y^2}$ 的极大值点,但函数在点 $(0,0)$ 处的偏导数却不存在.

那么,一个驻点在什么情况下是极值点呢?下面给出判定极值点的充分条件.

定理 2(极值存在的充分条件)　设函数 $z=f(x,y)$ 在点 (x_0,y_0) 的某邻域内有直到二阶的连续偏导数,又 $f'_x(x_0,y_0)=0,f'_y(x_0,y_0)=0$,令

$$f''_{xx}(x_0,y_0)=A, f''_{xy}(x_0,y_0)=B, f''_{yy}(x_0,y_0)=C.$$

(1) 当 $B^2-AC<0$ 时,点 (x_0,y_0) 是极值点,且当 $A<0$ 时,在点 (x_0,y_0) 处取得极大值 $f(x_0,y_0)$;当 $A>0$ 时,在点 (x_0,y_0) 处取得极小值 $f(x_0,y_0)$.

(2) 当 $B^2-AC>0$ 时,点 (x_0,y_0) 不是极值点.

(3) 当 $B^2-AC=0$ 时,点 (x_0,y_0) 可能是极值点,也可能不是极值点.(是否为极值点需要进一步用其他方法判断)

根据定理 2,如果函数 $f(x,y)$ 具有二阶连续偏导数,则求 $z=f(x,y)$ 的极值的一般步骤如下.

第一步　求驻点:解方程组

$$\begin{cases} f'_x(x,y)=0, \\ f'_y(x,y)=0, \end{cases}$$

求出所有驻点;

第二步 求二阶偏导数:对于每个驻点(x_0,y_0),求出二阶偏导数$f''_{xx}(x_0,y_0)$,$f''_{xy}(x_0,y_0)$,$f''_{yy}(x_0,y_0)$的值,即得出A,B,C的值;

第三步 用定理2判断:求出B^2-AC的值,进而判断是否为极值,若是,判断是极大值还是极小值.

例1 求函数$f(x,y)=x^3-y^3+3x^2+3y^2-9x$的极值.

解 先解方程组

$$\begin{cases} f'_x(x,y)=3x^2+6x-9=0, \\ f'_y(x,y)=-3y^2+6y=0, \end{cases}$$

得驻点$(1,0),(1,2),(-3,0),(-3,2)$.再求出二阶偏导数:

$$A=f''_{xx}(x_0,y_0)=6x+6, B=f''_{xy}(x_0,y_0)=0, C=f''_{yy}(x_0,y_0)=-6y+6.$$

在点$(1,0)$处,$B^2-AC=-72<0$,又$A>0$,故函数在该点处有极小值$f(1,0)=-5$;

在点$(1,2),(-3,0)$处,$B^2-AC=72>0$,故函数在这两点处没有极值;

在点$(-3,2)$处,$B^2-AC=-72<0$,又$A<0$,故函数在该点处有极大值$f(-3,2)=31$.

例2 求函数$f(x,y)=x^3+y^3-6x^2+3y^2+9x$的极值.

解 解方程组

$$\begin{cases} f'_x(x,y)=3x^2-12x+9=0, \\ f'_y(x,y)=3y^2+6y=0, \end{cases}$$

得驻点$(1,0),(1,-2),(3,0),(3,-2)$.再求出二阶偏导数:

$$A=f''_{xx}(x_0,y_0)=6x-12, \quad B=f''_{xy}(x_0,y_0)=0, \quad C=f''_{yy}(x_0,y_0)=6y+6.$$

在点$(1,0)$处,$B^2-AC=36>0$,所以点$(1,0)$不是极值点;

在点$(1,-2)$处,$B^2-AC=-36<0$,又$A<0$,所以函数在点$(1,-2)$处取得极大值$f(1,-2)=8$;

在点$(3,0)$处,$B^2-AC=-36<0$,又$A>0$,所以函数在点$(3,0)$处取得极小值$f(3,0)=0$.

在点$(3,-2)$处,$B^2-AC=36>0$,所以点$(3,-2)$不是极值点.

二、二元函数的最值问题

与闭区间上一元连续函数的性质类似,由本章第一节可知,若函数$z=f(x,y)$在有界闭区域D上连续,则在该区域上必有最大值和最小值.要求二元函数$z=f(x,y)$在区域D上的最大值和最小值,只需将函数$z=f(x,y)$在区域D内的一切驻点处的函数值与函数$z=f(x,y)$在区域D边界上的最大值、最小值相比较,其中最大者就是最大值,最小者就是最小值.

例3 求函数 $z=f(x,y)=xy(x+y-3)$ 在区域 $\{(x,y)\mid 0\leqslant x\leqslant 4-y, 0\leqslant y\leqslant 4\}$ 上的最大值与最小值.

解 作出区域 D,如图 6.5.4 所示,先求函数一阶偏导数为零的点,得方程组

$$\begin{cases} f'_x(x,y)=y(x+y-3)+xy=0, \\ f'_y(x,y)=x(x+y-3)+xy=0. \end{cases}$$

解方程组可得驻点为 $(0,0),(1,1),(0,3),(3,0)$,且
$f(0,0)=0,\quad f(1,1)=-1,\quad f(0,3)=0,\quad f(3,0)=0.$

再讨论函数在区域 D 的边界上的最大值和最小值.

(1) 在线段 OA 上,$y=0$,则 $f(x,y)=0$;

(2) 在线段 OB 上,$x=0$,则 $f(x,y)=0$;

(3) 在线段 AB 上,$y=4-x, 0\leqslant x\leqslant 4$. 于是有

$$f(x,4-x)=x(4-x),$$

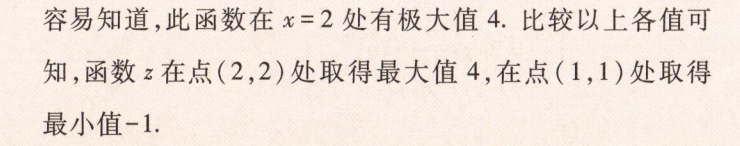

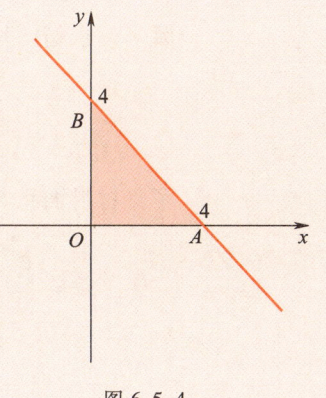

容易知道,此函数在 $x=2$ 处有极大值 4. 比较以上各值可知,函数 z 在点 $(2,2)$ 处取得最大值 4,在点 $(1,1)$ 处取得最小值 -1.

图 6.5.4

小贴士

在实际问题中,也常常要求一个函数 $f(x,y)$ 在定义域 D 上的最大值或最小值,对于实际问题中的最值问题,若从问题本身能判断它的最大值或最小值一定存在,且在定义域 D 内部取得,并且函数在定义域 D 内只有一个驻点,则可判定该驻点的函数值就是所要求的最大值或最小值.

【应用与实践】

案例1 某工厂生产甲、乙两种产品,其销售价格为 10 千元/台和 9 千元/台,生产甲产品 x 台和乙产品 y 台的总成本是 $C(x,y)=0.03x^2+0.01xy+0.03y^2+2x+3y+400$(单位:千元). 求生产这两种产品各多少台时,可获得最大利润,最大利润是多少?

解 生产甲产品 x 台及乙产品 y 台的总收入是

$$R(x,y)=10x+9y(单位:千元),$$

则总利润

$$L(x,y)=R(x,y)-C(x,y)=8x+6y-0.03x^2-0.01xy-0.03y^2-400(单位:千元).$$

对利润函数求一阶导数,得方程组

$$\begin{cases} L'_x(x,y)=8-0.06x-0.01y=0, \\ L'_y(x,y)=6-0.01x-0.06y=0, \end{cases}$$

解方程组,得 $x=120, y=80$,则驻点为 $(120,80)$.

由于总利润的最大值必定存在,且利润函数在定义域 $D=\{(x,y)|x\geq 0,y\geq 0\}$ 内只有一个驻点,故在 $(120,80)$ 处的函数值就是它的最大值.

也就是说,生产甲产品 120 台,乙产品 80 台时,可获得最大利润,最大利润为 $L(120,80)=320$(千元).

案例 2 某厂要用铁板制作一个体积为 8m^3 的有盖长方体水箱,问:长、宽、高各取怎样的尺寸,才能使所用材料最省?

解 设水箱的长为 x,宽为 y,则其高应为 $\dfrac{8}{xy}$,此水箱所用材料的面积为

$$S=2\left(xy+y\cdot\dfrac{8}{xy}+x\cdot\dfrac{8}{xy}\right)=2\left(xy+\dfrac{8}{x}+\dfrac{8}{y}\right) \quad (x>0,y>0).$$

可见材料面积 S 是 x 和 y 的二元函数,按题意,我们要求这个函数的最小值点 (x,y). 解方程组

$$\begin{cases} \dfrac{\partial S}{\partial x}=2\left(y-\dfrac{8}{x^2}\right)=0, \\ \dfrac{\partial S}{\partial y}=2\left(x-\dfrac{8}{y^2}\right)=0, \end{cases}$$

得唯一驻点 $(2,2)$.

根据题意可断定,水箱所用材料面积的最小值一定存在,并且在区域 $D=\{(x,y)|x>0,y>0\}$ 内取得,又函数在 D 内有唯一的驻点 $(2,2)$,因此该驻点即为所求的最小值点,从而当水箱的长、宽、高均为 2m 时,水箱所用的材料最省.

习题 6.5

A. 基础巩固

1. 求函数 $f(x,y)=x^3-y^3-3xy$ 的极值.

2. 求函数 $f(x,y)=4(x-y)-x^2-y^2$ 的极值.

3. 求函数 $f(x,y)=xy+\dfrac{50}{x}+\dfrac{20}{y}(x>0,y>0)$ 的极值.

B. 能力提升

1. 求 $z=f(x,y)=x^2y(4-x-y)$ 在直线 $x+y=6$ 与 x 轴、y 轴所围成的区域 D 上的最大值和最小值.

2. 求 $z=\dfrac{x+y}{x^2+y^2+1}$ 的最大值和最小值.

第六节 二重积分

与定积分类似,重积分的概念也是从实践中抽象出来的,它是定积分的推广,其中的数

学思想与定积分一样,也是一种"和式的极限".所不同的是,定积分的被积函数是一元函数,积分范围是一个区间;而重积分的被积函数是多元函数,积分范围是平面或空间中的一个区域.它们之间存在着密切的联系,重积分可以通过定积分来计算.

一、二重积分的概念与性质

【情境与问题】

引例【曲顶柱体的体积】 曲顶柱体是指这样的立体:它的底是 xOy 平面上的有界闭区域 D,它的侧面是以 D 的边界曲线为准线,母线平行于 z 轴的柱面,它的顶是由二元函数 $z=f(x,y)$ 所表示的曲面,如图 6.6.1 所示.当 $f(x,y) \geqslant 0$ 时,求该曲顶柱体的体积.

如果柱体的顶部不是曲的,而是水平的,那么体积 V 通过公式"$V=$ 底面积×高"即可求得.为了把这一公式应用于曲顶柱体,我们仿照求曲边梯形面积的方法,按照以下步骤进行计算:

(1) **分割** 我们把区域 D 任意分成 n 个小区域 $\Delta\sigma_i (i=1,2,\cdots,n)$,各小区域的面积也记作 $\Delta\sigma_i (i=1,2,\cdots,n)$. 以这些小区域的边界曲线为准线作母线平行于 z 轴的柱面,这些柱面把原来的曲顶柱体对应分为以 $\Delta\sigma_i (i=1,2,\cdots,n)$ 为底的 n 个小曲顶柱体.它们的体积分别记作 $\Delta V_1, \Delta V_2, \cdots, \Delta V_n$.

(2) **取近似** 在 $\Delta\sigma_i$ 上任取一点 (ξ_i, η_i),$\Delta\sigma_i$ 很小时,它所对应的小曲顶柱体的体积 ΔV_i 就可用以 $\Delta\sigma_i$ 为底,以 $f(\xi_i, \eta_i)$ 为高的平顶柱体的体积来近似代替,如图 6.6.2 所示,从而有

$$\Delta V_i \approx f(\xi_i, \eta_i) \Delta\sigma_i \quad (i=1,2,\cdots,n).$$

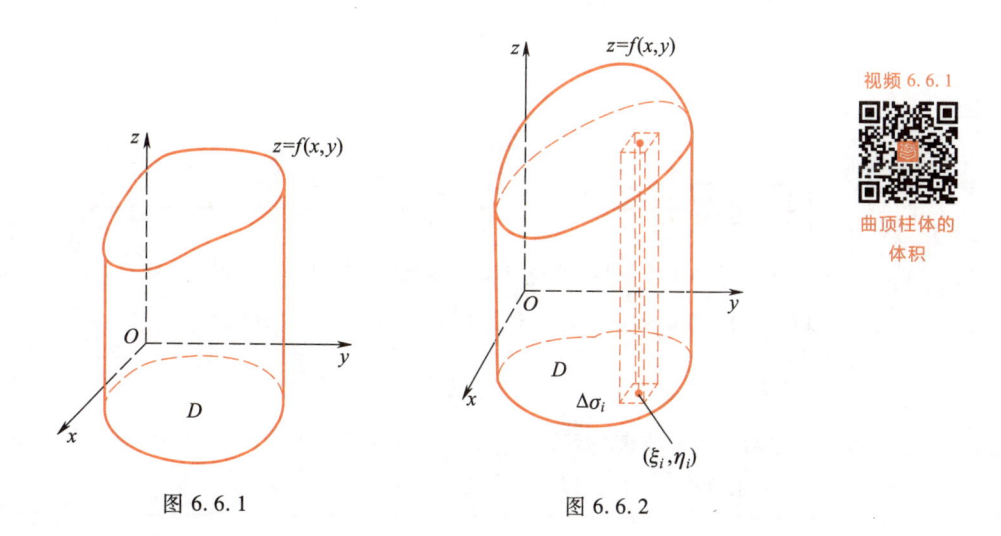

图 6.6.1

图 6.6.2

(3) **求和** 把这些小曲顶柱体体积的近似值 $f(\xi_i, \eta_i) \Delta\sigma_i$ 加起来,就得到所求的曲顶柱体的体积 V 的近似值,即

$$V = \sum_{i=1}^{n} \Delta V_i \approx \sum_{i=1}^{n} f(\xi_i, \eta_i) \Delta \sigma_i.$$

(4) **取极限** 显然,如果区域 D 分得越细密,上述和式就越接近于曲顶柱体的体积 V,若用 λ 表示 n 个小区域的直径的最大值(有界闭区域的直径是指该区域中任意两点间的距离的最大值),则当 $\lambda \to 0$ 时(即把区域 D 无限细分时),上述和式的极限就是所求的曲顶柱体的体积 V,即

$$V = \lim_{\lambda \to 0} \sum_{i=1}^{n} f(\xi_i, \eta_i) \Delta \sigma_i.$$

实际问题中,这种方法应用得很广泛,抛开实际意义,我们抽象出二重积分的概念.

1. 二重积分的定义

定义 设函数 $z = f(x, y)$ 是有界闭区域 D 上的有界函数,将区域 D 任意分割成 n 个小区域:

$$\Delta \sigma_1, \Delta \sigma_2, \cdots, \Delta \sigma_n.$$

其中, $\Delta \sigma_i$ 表示第 i 个小区域,也表示它的面积. 在每个小区域 $\Delta \sigma_i$ 上任取一点 (ξ_i, η_i),作乘积 $f(\xi_i, \eta_i) \Delta \sigma_i (i = 1, 2, 3, \cdots, n)$,并作和式 $\sum_{i=1}^{n} f(\xi_i, \eta_i) \Delta \sigma_i$. 如果当各小区域的直径中的最大值 $\lambda \to 0$ 时,此和式的极限存在,则称此极限值为函数 $f(x, y)$ 在闭区域 D 上的**二重积分**,记作 $\iint_D f(x, y) \, d\sigma$,即

$$\iint_D f(x, y) \, d\sigma = \lim_{\lambda \to 0} \sum_{i=1}^{n} f(\xi_i, \eta_i) \Delta \sigma_i.$$

其中, $\iint$ 称为**二重积分号**, $f(x, y)$ 称为**被积函数**, x 和 y 称为**积分变量**, D 称为**积分区域**, $d\sigma$ 称为**面积元素**或**积分元素**, $f(x, y) \, d\sigma$ 称为**被积表达式**.

根据上述定义,我们把曲顶柱体体积表示为

$$V = \iint_D f(x, y) \, d\sigma.$$

小贴士

(1) 二重积分 $\iint_D f(x, y) \, d\sigma$ 的值仅与被积函数 $f(x, y)$ 及积分区域 D 有关,而与区域 D 的划分方法及 (ξ_i, η_i) 的取法无关,也与积分变量用何字母表示无关,即有

$$\iint_D f(x, y) \, d\sigma = \iint_D f(u, v) \, d\sigma.$$

(2) 只有当和式的极限 $\lim_{\lambda \to 0} \sum_{i=1}^{n} f(\xi_i, \eta_i) \Delta \sigma_i$ 存在时, $f(x, y)$ 在 D 上的二重积分才存在,这时称 $f(x, y)$ 在 D 上可积.

---

2. 二重积分的几何意义

当 $f(x, y) \geq 0$ 时, $\iint_D f(x, y) \, d\sigma$ 在几何上表示以 $z = f(x, y)$ 为曲顶的曲顶柱体的体积;当

$f(x,y)<0$ 时，$\iint\limits_{D}f(x,y)\mathrm{d}\sigma$ 在几何上表示曲顶柱体体积的相反数；当 $f(x,y)$ 在 D 上的取值有正有负时，$\iint\limits_{D}f(x,y)\mathrm{d}\sigma$ 在几何上就是 xOy 面上方的曲顶柱体的体积之和减去 xOy 面下方的曲顶柱体体积之和的差值.

3. 二重积分的性质

二重积分与定积分有类似的性质，现叙述如下.

性质 1 常数因子可以提到积分号外面，即

$$\iint\limits_{D}kf(x,y)\mathrm{d}\sigma = k\iint\limits_{D}f(x,y)\mathrm{d}\sigma. \tag{6.6.1}$$

性质 2 函数的代数和的二重积分等于各个函数的二重积分的代数和，即

$$\iint\limits_{D}[f(x,y) \pm g(x,y)]\mathrm{d}\sigma = \iint\limits_{D}f(x,y)\mathrm{d}\sigma \pm \iint\limits_{D}g(x,y)\mathrm{d}\sigma. \tag{6.6.2}$$

性质 3 若将积分区域 D 分割成 D_1 与 D_2 两部分，则有

$$\iint\limits_{D}f(x,y)\mathrm{d}\sigma = \iint\limits_{D_1}f(x,y)\mathrm{d}\sigma + \iint\limits_{D_2}f(x,y)\mathrm{d}\sigma. \tag{6.6.3}$$

这个性质表明二重积分对积分区域具有可加性.

性质 4 如果在闭区域 D 上，$f(x,y)=1$，D 的面积为 σ，则

$$\iint\limits_{D}f(x,y)\mathrm{d}\sigma = \iint\limits_{D}1\mathrm{d}\sigma = \sigma. \tag{6.6.4}$$

性质 5 如果在闭区域 D 上，有 $f(x,y) \leq g(x,y)$，则

$$\iint\limits_{D}f(x,y)\mathrm{d}\sigma \leq \iint\limits_{D}g(x,y)\mathrm{d}\sigma. \tag{6.6.5}$$

这个性质经常用来对同一区域 D 上的两个二重积分进行大小比较.

性质 6 设 M,m 分别是 $f(x,y)$ 在闭区域 D 上的最大值与最小值，σ 为 D 的面积，则

$$m\sigma \leq \iint\limits_{D}f(x,y)\mathrm{d}\sigma \leq M\sigma. \tag{6.6.6}$$

这个性质经常用来对二重积分进行估值.

性质 7 设函数 $f(x,y)$ 在闭区域 D 上连续，σ 为 D 的面积，则在 D 上至少存在一点 (ξ,η)，使得

$$\iint\limits_{D}f(x,y)\mathrm{d}\sigma = f(\xi,\eta)\sigma. \tag{6.6.7}$$

这个性质称为**二重积分的中值定理**. 其几何意义为，在区域 D 上以曲面 $f(x,y)$ 为顶的曲顶柱体的体积，等于以区域 D 内某一点 (ξ,η) 对应的函数值 $f(\xi,\eta)$ 为高的平顶柱体的体积.

例 1 比较积分 $\iint\limits_{D}\ln(x+y)\mathrm{d}\sigma$ 与 $\iint\limits_{D}\ln^2(x+y)\mathrm{d}\sigma$ 的大小，其中，区域 D 是三角形闭区域，三顶点分别为 $(1,0),(1,1),(2,0)$.

解 积分区域 D 如图 6.6.3 所示，所以有

$$1 \leqslant x+y \leqslant 2 < e,$$

从而 $0 \leqslant \ln(x+y) < 1$，于是 $\ln(x+y) > [\ln(x+y)]^2$，所以

$$\iint_D \ln(x+y)\,d\sigma > \iint_D [\ln(x+y)]^2 d\sigma.$$

例 2 利用二重积分的性质，估计积分值 $I = \iint_D (x+y+1)\,d\sigma$，其中，$D$ 是矩形区域：$\{(x,y) \mid 0 \leqslant x \leqslant 1, 0 \leqslant y \leqslant 2\}$.

解 积分区域 D 如图 6.6.4 所示，易知 D 的面积为 2，且在 D 上有 $1 \leqslant x+y+1 \leqslant 4$.

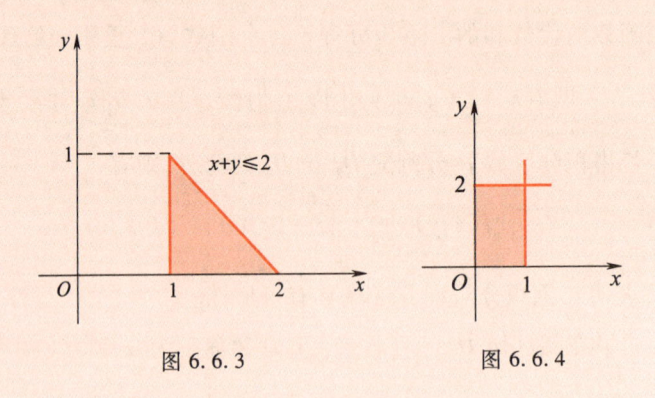

图 6.6.3　　　图 6.6.4

由性质 6，可得

$$2 \leqslant \iint_D (x+y+1)\,d\sigma \leqslant 8.$$

二、直角坐标系下二重积分的计算

二重积分直接用定义来计算是很困难的，必须寻找其他可行的计算方法，下面我们讨论直角坐标系下二重积分的计算.

1. 转化面积元素

从二重积分的定义可以看出，区域 D 的划分是任意的. 如果我们选择平行于 x 轴和 y 轴的直线来分割区域 D，那么，除 D 的边界小区域外，其他的小区域都是矩形，其面积

$$\Delta\sigma = \Delta x \Delta y.$$

可以证明，当 $\lambda \to 0$ 时，全部小区域上的和式的极限与仅计算矩形区域上的和式的极限相等，则

$$\iint_D f(x,y)\,d\sigma = \lim_{\lambda \to 0} \sum f(\xi,\eta)\Delta\sigma = \lim_{\lambda \to 0} \sum f(\xi,\eta)\Delta x \Delta y = \iint_D f(x,y)\,dxdy,$$

其中，$dxdy$ 称为直角坐标系中的面积元素，如图 6.6.5 所示.

2. 化二重积分为二次积分

根据积分区域 D 的形状，积分区域可分成以下两种类型.

一种是 X-型区域：

$$\{(x,y) \mid a \leq x \leq b, \varphi_1(x) \leq y \leq \varphi_2(x)\},$$

其中,函数 $\varphi_1(x), \varphi_2(x)$ 在区间 $[a,b]$ 上连续,如图 6.6.6 所示.

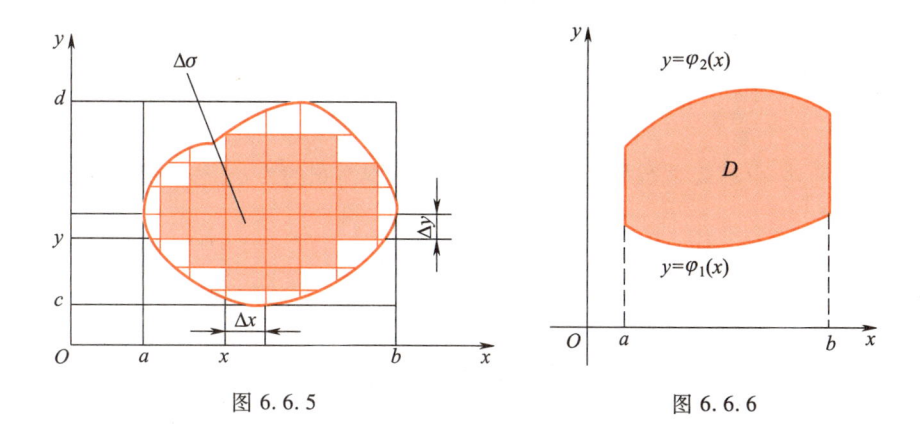

图 6.6.5

图 6.6.6

另一种是 Y-型区域:

$$\{(x,y) \mid c \leq y \leq d, \psi_1(y) \leq x \leq \psi_2(y)\},$$

其中,函数 $\psi_1(y), \psi_2(y)$ 在区间 $[c,d]$ 上连续,如图 6.6.7 所示.

在实际计算时,二重积分的积分区域有以下几种情况.

(1) **积分区域 D 为 X-型区域**

$$\{(x,y) \mid a \leq x \leq b, \varphi_1(x) \leq y \leq \varphi_2(x)\}.$$

当 $f(x,y) \geq 0$ 时,由二重积分的几何意义知,$\iint\limits_{D} f(x,y) \mathrm{d}x\mathrm{d}y$ 表示以 D 为底,以曲面 $z = f(x,y)$ 为顶的曲顶柱体的体积,如图 6.6.8 所示. 我们可以应用之前定积分的几何应用中"平行截面面积为已知的立体的体积"的方法来计算.

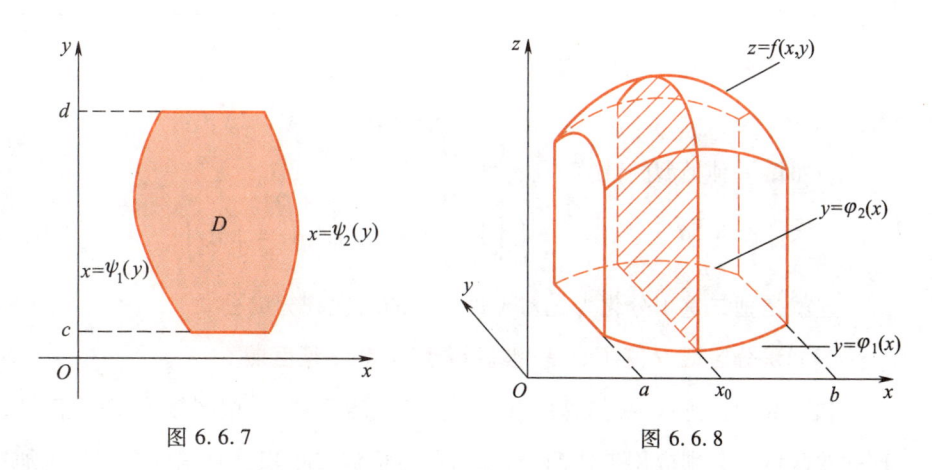

图 6.6.7

图 6.6.8

先计算截面面积. 在区间 $[a,b]$ 中任意取定一点 x_0,过 x_0 作平行于 yOz 面的平面 $x = x_0$,这个平面截曲顶柱体所得截面是一个以区间 $[\varphi_1(x_0), \varphi_2(x_0)]$ 为底,曲线 $z = f(x_0, y)$ 为曲边的曲边梯形(图中阴影部分),其面积为

$$A(x_0) = \int_{\varphi_1(x_0)}^{\varphi_2(x_0)} f(x_0, y) \, dy.$$

一般地,改 x_0 为 $[a,b]$ 中任意点 x,则过区间 $[a,b]$ 上任意一点 x 且平行于 yOz 面的平面截曲顶柱体所得截面的面积为

$$A(x) = \int_{\varphi_1(x)}^{\varphi_2(x)} f(x, y) \, dy.$$

于是,由计算平行截面面积为已知的立体体积的方法,得曲顶柱体的体积为

$$V = \int_a^b A(x) \, dx = \int_a^b \left[\int_{\varphi_1(x)}^{\varphi_2(x)} f(x, y) \, dy \right] dx,$$

即

$$\iint_D f(x,y) \, dx dy = \int_a^b \left[\int_{\varphi_1(x)}^{\varphi_2(x)} f(x, y) \, dy \right] dx.$$

上式右端是一个先对 y 再对 x 的二次积分. 也就是说,先把 x 看作常数,把 $f(x,y)$ 只看作 y 的函数,并对 y 计算从 $\varphi_1(x)$ 到 $\varphi_2(x)$ 的定积分,然后把所得的结果(是 x 的函数)再对 x 计算从 a 到 b 的定积分. 这个先对 y 再对 x 的二次积分也常记作

$$\int_a^b dx \int_{\varphi_1(x)}^{\varphi_2(x)} f(x,y) \, dy.$$

从而把二重积分化为先对 y 再对 x 的二次积分的公式,即

$$\iint_D f(x,y) \, dx dy = \int_a^b dx \int_{\varphi_1(x)}^{\varphi_2(x)} f(x,y) \, dy, \tag{6.6.8}$$

称为累次积分或二次积分.

小贴士

在上述讨论中,我们假定 $f(x,y) \geq 0$,这只是为了从几何上说明问题方便而引入的条件. 实际上公式(6.6.8)的成立并不受此条件限制.

---

(2) **积分区域 D 为 Y-型区域**

$$\{(x,y) \mid c \leq y \leq d, \psi_1(y) \leq x \leq \psi_2(y)\}.$$

仿照第一种类型的计算方法,可得

$$\iint_D f(x,y) \, dx dy = \int_c^d \left[\int_{\psi_1(y)}^{\psi_2(y)} f(x,y) \, dx \right] dy = \int_c^d dy \int_{\psi_1(y)}^{\psi_2(y)} f(x,y) \, dx. \tag{6.6.9}$$

这就是把二重积分化为先对 x 再对 y 的二次积分的公式.

(3) **积分区域 D 既不是 X-型区域也不是 Y-型区域**

如图 6.6.9 所示,我们总可以将它分割成若干块 X-型区域或 Y-型区域,然后在每一块这样的区域上分别应用上述两个公式,最后根据二重积分对积分区域的可加性,即可计算出所给的二重积分.

(4) **积分区域 D 既是 X-型区域也是 Y-型区域**

如图 6.6.10 所示,积分区域 D 既是 X-型区域又是 Y-型区域,即积分区域 D 既可表示为 $\{(x,y) \mid a \leq x \leq b, \varphi_1(x) \leq y \leq \varphi_2(x)\}$,又可表示为

图 6.6.9　　　　　　　　图 6.6.10

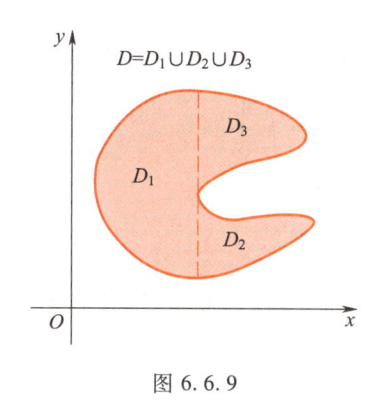

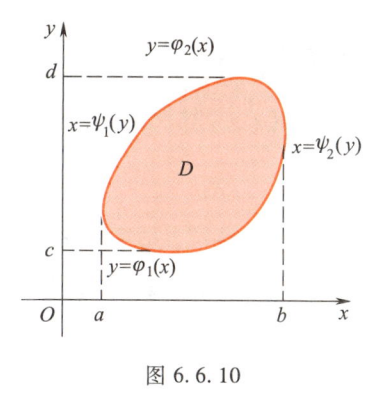

$$\{(x,y)\mid c\leqslant y\leqslant d,\psi_1(y)\leqslant x\leqslant\psi_2(y)\},$$

于是有

$$\int_a^b\mathrm{d}x\int_{\varphi_1(x)}^{\varphi_2(x)}f(x,y)\mathrm{d}y=\int_c^d\mathrm{d}y\int_{\psi_1(y)}^{\psi_2(y)}f(x,y)\mathrm{d}x.$$

上式表明,这两个不同积分次序的二次积分相等,所以我们在具体计算一个二重积分时,可以有选择地将其化为其中一种二次积分,以使计算更为简单.

> **小贴士**
>
> (1) 累次积分的下限必须小于上限;
> (2) 用二重积分的计算公式时,要求区域 D 必须满足:平行于 y 轴和 x 轴的直线与区域 D 的边界相交不多于两点. 如果区域 D 不满足这个条件,则须把区域 D 分割成几块,然后分块计算.

3. 求二重积分的方法

求二重积分的步骤如下:

(1) 作出积分区域的图形;

(2) 根据图形判断区域类型;

(3) 根据区域类型选择对应的公式计算.

【想一想】

将二重积分化为累次积分的积分次序与积分区域的类型有怎样的对应关系?

下面我们通过例题来进一步说明二重积分的计算.

例 3　计算积分 $\iint\limits_D (x+y)^2\mathrm{d}x\mathrm{d}y$,其中,$D$ 为矩形区域:$\{(x,y)\mid 0\leqslant x\leqslant 1,0\leqslant y\leqslant 2\}$.

解　法一　该区域为矩形区域,如图 6.6.11 所示,矩形区域既属于 X-型区域,也属于 Y-型区域,所以可以先对 x 积分,也可以先对 y 积分.

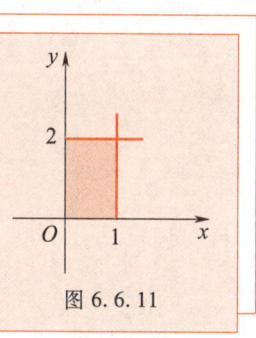

图 6.6.11

第六章　多元函数微积分

将 D 看作 X-区域,先对 y 再对 x 积分,D 可表示为 $\{(x,y) \mid 0 \leq x \leq 1, 0 \leq y \leq 2\}$,所以

$$\iint_D (x+y)^2 dxdy = \int_0^1 dx \int_0^2 (x+y)^2 dy = \int_0^1 \frac{1}{3}(x+y)^3 \bigg|_0^2 dx$$

$$= \int_0^1 \left[\frac{(x+2)^3}{3} - \frac{x^3}{3}\right] dx = \frac{1}{12}(x+2)^4 \bigg|_0^1 - \frac{1}{12}x^4 \bigg|_0^1 = \frac{16}{3}.$$

法二 将 D 看作 Y-型区域,选择先对 x 再对 y 积分,D 可表示为 $\{(x,y) \mid 0 \leq x \leq 1, 0 \leq y \leq 2\}$,所以

$$\iint_D (x+y)^2 dxdy = \int_0^2 dy \int_0^1 (x+y)^2 dx = \int_0^2 \frac{1}{3}(x+y)^3 \bigg|_0^1 dy$$

$$= \frac{1}{3}\int_0^2 [(y+1)^3 - y^3] dy = \frac{1}{3}\left[\frac{1}{4}(y+1)^4 - \frac{1}{4}y^4\right]\bigg|_0^2 = \frac{16}{3}.$$

例4 计算 $\iint_D \frac{1}{2}(2-x-y) dxdy$,其中,$D$ 是直线 $y=x$ 与抛物线 $y=x^2$ 所围成的区域.

解 画出积分区域 D,如图 6.6.12 所示. 直线 $y=x$ 与抛物线 $y=x^2$ 的交点是 $(0,0)$ 与 $(1,1)$.

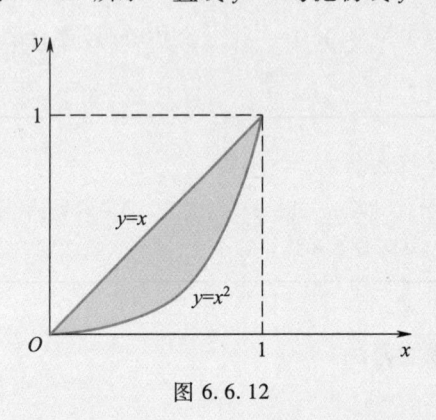

图 6.6.12

法一 将 D 看作 X-型区域,先对 y 后对 x 积分,此时,D 可表示为
$$\{(x,y) \mid 0 \leq x \leq 1, x^2 \leq y \leq x\}.$$
所以

$$\iint_D \frac{1}{2}(2-x-y) dxdy = \int_0^1 dx \int_{x^2}^x \frac{1}{2}(2-x-y) dy = \int_0^1 \left(y - \frac{1}{2}xy - \frac{1}{4}y^2\right)\bigg|_{x^2}^x dx$$

$$= \int_0^1 \left(x - \frac{1}{2}x^2 - \frac{1}{4}x^2 - x^2 + \frac{1}{2}x^3 + \frac{1}{4}x^4\right) dx$$

$$= \int_0^1 \left(\frac{1}{4}x^4 + \frac{1}{2}x^3 - \frac{7}{4}x^2 + x\right) dx$$

$$= \int_0^1 \frac{1}{4}(x^4 + 2x^3 - 7x^2 + 4x) dx$$

$$= \frac{1}{4}\int_0^1 (x^4 + 2x^3 - 7x^2 + 4x) dx$$

$$= \frac{11}{120}.$$

法二 将 D 看作 Y-型区域,先对 y 再对 x 积分,此时 D 可表示为
$$\{(x,y) \mid 0 \leqslant y \leqslant 1, y \leqslant x \leqslant \sqrt{y}\}.$$

所以
$$\iint_D \frac{1}{2}(2-x-y)\mathrm{d}x\mathrm{d}y = \int_0^1 \mathrm{d}y \int_y^{\sqrt{y}} \frac{1}{2}(2-x-y)\mathrm{d}x = \int_0^1 \left(x - \frac{1}{4}x^2 - \frac{1}{2}xy\right)\bigg|_y^{\sqrt{y}} \mathrm{d}y$$

$$= \int_0^1 \left(\sqrt{y} - \frac{1}{4}y - \frac{1}{2}y\sqrt{y} - y + \frac{1}{4}y^2 + \frac{1}{2}y^2\right)\mathrm{d}y$$

$$= \int_0^1 \left(\frac{3}{4}y^2 - \frac{5}{4}y - \frac{1}{2}y\sqrt{y} + \sqrt{y}\right)\mathrm{d}y$$

$$= \frac{1}{4}\int_0^1 (3y^2 - 5y - 2y\sqrt{y} + 4\sqrt{y})\mathrm{d}y$$

$$= \frac{11}{120}.$$

例5 计算二重积分 $\iint_D xy\mathrm{d}\sigma$,其中,$D$ 是由直线 $y=1, x=2$ 及 $y=x$ 所围成的区域.

解 画出积分区域 D,如图 6.6.13,该区域既为 X-区域又为 Y-型区域. 直线 $x=2, y=1$ 与 $y=x$ 的交点为 $(1,1),(2,1),(2,2)$.

法一 将 D 看作 X-型区域,先对 y 再对 x 积分,此时 D 可表示为
$$\{(x,y) \mid 1 \leqslant x \leqslant 2, 1 \leqslant y \leqslant x\},$$

所以
$$\iint_D xy\mathrm{d}\sigma = \int_1^2 \mathrm{d}x \int_1^x xy\mathrm{d}y = \int_1^2 x \cdot \frac{1}{2}y^2 \bigg|_1^x \mathrm{d}x$$

$$= \int_1^2 \left(\frac{1}{2}x^3 - \frac{1}{2}x\right)\mathrm{d}x = \left(\frac{1}{8}x^4 - \frac{1}{4}x^2\right)\bigg|_1^2 = \frac{9}{8}.$$

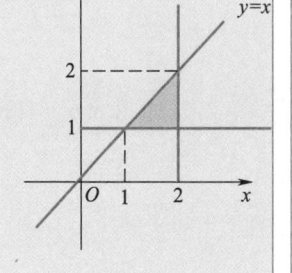

图 6.6.13

法二 将 D 看作 Y-型区域,先对 x 再对 y 积分,此时 D 可表示为
$$\{(x,y) \mid 1 \leqslant y \leqslant 2, y \leqslant x \leqslant 2\},$$

所以
$$\iint_D xy\mathrm{d}\sigma = \int_1^2 \mathrm{d}y \int_y^2 xy\mathrm{d}x = \int_1^2 y \cdot \frac{1}{2}x^2 \bigg|_y^2 \mathrm{d}y$$

$$= \int_1^2 \left(2y - \frac{1}{2}y^3\right)\mathrm{d}y = \left(y^2 - \frac{1}{8}y^4\right)\bigg|_1^2 = \frac{9}{8}.$$

【应用与实践】

案例 某建筑物的形状是由两个圆柱面垂直相交所形成的,试求此建筑物的体积.

解 设两个圆柱面的方程分别为

$$x^2+y^2=R^2, x^2+z^2=R^2.$$

利用立体关于坐标平面的对称性,只要算出它在第一卦限部分的体积 V_1,如图 6.6.14(a)所示,然后乘 8 即可.

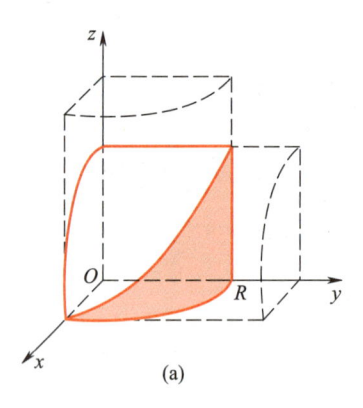

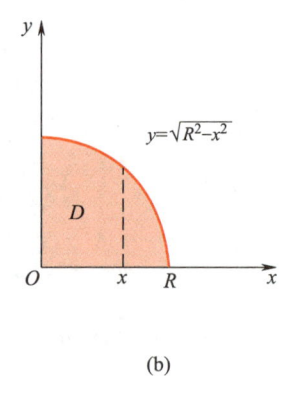

图 6.6.14

易见,所求立体在第一卦限的部分可以看成一个曲顶柱体,它的底为

$$D=\{(x,y)\mid 0\leqslant x\leqslant R, 0\leqslant y\leqslant \sqrt{R^2-x^2}\},$$

如图 6.6.14(b)所示,它的顶是柱面 $z=\sqrt{R^2-x^2}$,所以

$$V_1 = \iint_D \sqrt{R^2-x^2}\,d\sigma = \int_0^R\left(\int_0^{\sqrt{R^2-x^2}}\sqrt{R^2-x^2}\,dy\right)dx$$

$$= \int_0^R \left(\sqrt{R^2-x^2}\,y\right)\Big|_0^{\sqrt{R^2-x^2}}dx = \int_0^R(R^2-x^2)\,dx = \frac{2}{3}R^3.$$

因此,所求立体的体积为

$$V=8V_1=\frac{16R^3}{3}.$$

习题 6.6

A. 基础巩固

1. 利用二重积分的几何意义计算下列各积分.

(1) $\iint\limits_D k\,d\sigma$,其中,$D=\{(x,y)\mid x^2+y^2\leqslant 1\}$($k$ 为常数且 $k\geqslant 0$);

(2) $\iint\limits_D \sqrt{4-x^2-y^2}\,d\sigma$,其中,$D=\{(x,y)\mid x^2+y^2=4\}$

(3) $\iint\limits_D \sqrt{x^2+y^2}\,d\sigma$,其中,$D=\{(x,y)\mid x^2+y^2\leqslant 9\}$.

2. 比较积分 $\iint_D (x+y)^2 d\sigma$ 与 $\iint_D (x+y)^3 d\sigma$ 的大小,其中,$D=\{(x,y) \mid (x-2)^2+(y-1)^2 \leq 2\}$.

3. 估计下列各二重积分的值.

(1) $\iint_D xy(x+y)d\sigma$,其中,$D=\{(x,y) \mid 0 \leq x \leq 1, 0 \leq y \leq 1\}$;

(2) $\iint_D \sin^2 x \sin^2 y d\sigma$,其中,$D=\{(x,y) \mid 0 \leq x \leq \pi, 0 \leq y \leq \pi\}$.

4. 计算下列二重积分.

(1) $\iint_D (x^3 + 3x^2y + y^2)dxdy$,其中,$D=\{(x,y) \mid 0 \leq x \leq 1, 0 \leq y \leq 1\}$;

(2) $\iint_D xy d\sigma$,其中 D 是由直线 $y=1, x=2$ 及 $y=x$ 所围成的闭区域;

(3) $\iint_D (3x+2y)d\sigma$,其中,D 是由坐标轴与 $x+y=2$ 所围成的闭区域;

(4) $\iint_D (x^2-y^2)d\sigma$,其中,$D=\{(x,y) \mid 0 \leq y \leq \sin x, 0 \leq x \leq \pi\}$;

(5) $\iint_D (x^2+y^2)d\sigma$,其中,$D=\{(x,y) \mid 1 \leq x^2+y^2 \leq 4\}$.

B. 能力提升

计算由两个平面 $x=0, y=0, x=1, y=1$ 所围成的柱体被平面 $z=0$ 及 $2x+3y+z+6=0$ 所截得的立体的体积.

本 章 小 结

一、主要内容

(1) 二元函数的定义:$z=f(x,y)$.

(2) 二元函数的极限:$\lim\limits_{(x,y) \to (x_0,y_0)} f(x,y) = A$.

(3) 二元函数连续:$\lim\limits_{(x,y) \to (x_0,y_0)} f(x,y) = f(x_0,y_0)$.

(4) 二元函数的偏导数:

$$\left.\frac{\partial z}{\partial x}\right|_{(x_0,y_0)} = \lim_{\Delta x \to 0} \frac{f(x_0+\Delta x, y_0) - f(x_0, y_0)}{\Delta x};$$

$$\left.\frac{\partial z}{\partial y}\right|_{(x_0,y_0)} = \lim_{\Delta y \to 0} \frac{f(x_0, y_0+\Delta y) - f(x_0, y_0)}{\Delta y}.$$

(5) 二元函数的全微分:

若

$$\Delta z = A\Delta x + B\Delta y + o(\rho) \quad (A, B \text{ 不依赖于 } \Delta x \text{ 和 } \Delta y, \rho = \sqrt{(\Delta x)^2 + (\Delta y)^2}),$$

则称 $A\Delta x + B\Delta y$ 为函数的全微分,即

$$dz = A\Delta x + B\Delta y = \frac{\partial z}{\partial x}\Delta x + \frac{\partial z}{\partial y}\Delta y = \frac{\partial z}{\partial x}dx + \frac{\partial z}{\partial y}dy.$$

（6）多元函数的极值、最值与一元函数的情况类同．

（7）二重积分：$\lim\limits_{\lambda\to 0}\sum\limits_{i=1}^{n}f(\xi_i,\eta_i)\Delta\sigma_i = \iint\limits_{D}f(x,y)d\sigma$．

二、主要方法

1. 求多元函数定义域

多元函数的定义域的求法与一元函数的定义域的求法完全相同．例如，分母不为零；偶次根式的被开方式不小于零；使对数函数、某些三角函数与反三角函数有意义．如果多元函数由几个函数构成，则其定义域就是这些函数定义域的公共部分．

2. 求多元函数的偏导数

一个简单的多元函数对一个变量求偏导时，只需把其他自变量看作常数，然后利用一元函数求导即可．复杂的多元函数对自变量求偏导时，可利用函数结构图来进行．

3. 求函数的极值与最值

求出驻点，利用充分条件进行判断．

在实际应用时，若由问题本身确定在定义域内部最大（最小）值是存在的，则在唯一驻点处就取得最大（最小）值．

4. 在直角坐标系下计算二重积分

把二重积分化为累次积分的关键在于正确选择积分次序及积分的上、下限，这里要求上限大于下限，从而确定出各层的积分范围．

三、重点和难点

1. 重点

二元函数的定义域；偏导数的概念；全微分的概念；多元复合函数及隐函数的求导法则；二元函数的极值与最值的求法；二重积分的概念及计算．

2. 难点

多元函数的极限与连续；偏导数存在与全微分之间的关系；多元复合函数链式法则结构图的理解与计算；多元函数极值的求法；二重积分的概念的理解及计算．

【阅读与提高】

多元函数及其微积分的起源与发展

多元函数的概念出现于18世纪初，1748年，欧拉在他的《无穷小分析引论》一书中，定义了多元函数．1797年，拉格朗日在他的《解析函数论》一书中将多元函数定义为运算的组合．他们的定义共同反映了18世纪的函数特点：将函数定义为解析表达式．其后的发展阶段与一元函数相同.

偏导数的出现要更早一些. 牛顿曾从 x 与 y 的多项式方程(即 $f(x,y)=0$)中导出了我们今天由 f 对 x 或 y 取偏微商而得到的表达式.

雅各布·伯努利在他的关于等周问题的著作中也引用了偏导数. 约翰·伯努利的儿子尼古拉·伯努利在 1720 年的《教师学报》中的一篇关于正交轨线的文章中也用了偏导数. 然而,偏导数真正的创立要归于欧拉、克莱罗与达朗贝尔.

多元函数偏导数研究的主要动力来自早期偏微分方程方面的工作. 偏导数的演算是由欧拉研究流体力学问题的一系列文章提供的,他在 1734 年的文章中提出了二阶偏导数,并提出了关于微分后的结果与微分次序无关的理论,即 $\dfrac{\partial^2 z}{\partial x \partial y}=\dfrac{\partial^2 z}{\partial y \partial x}$,但他未给以证明. 直到 100 多年后,才由德国数学家施瓦茨给出严格的证明,其前提条件是 $\dfrac{\partial^2 z}{\partial x \partial y},\dfrac{\partial^2 z}{\partial y \partial x}$ 连续. 欧拉还给出了全微分的可积条件. 达朗贝尔在他 1744 年与 1745 年的动力学著作中推广了偏导数的演算.

多元函数积分法实际上在牛顿的巨著《自然哲学的数学原理》中已有讨论. 牛顿在研究球与球壳作用于质点上的万有引力时曾涉及二重积分,但他采用的是几何叙述. 直到 18 世纪时,才被人们以分析形式加以考虑并推广,从而出现了重积分,并用以表示 $\dfrac{\partial^2 z}{\partial x \partial y}=f(x,y)$ 的解.

1770 年左右,欧拉对由弧围成的有界区域上的二重积分有了清晰的概念. 他不仅给出了用累次积分计算二重积分的方法,还讨论了二重积分的变量替换问题. 拉格朗日在 1773 年关于旋转椭球引力的著作中用三重积分表示引力,并按照累次积分进行计算. 当他用直角坐标计算感到困难后,他采用了球坐标. 他在研究三重积分的变量替换时,得到了与欧拉类似的结果:在新变量的积分表达式中,乘一个函数行列式. 法国数学家拉普拉斯于 1772 年也给出了球坐标变换.

二重积分的理论于 19 世纪得到完善解决,随着 n 维空间的引进,二重积分、三重积分也推广到了 n 重积分,但已不再像二重积分那样几何直观.

【案例分析】

污染指数的影响因素

问题提出: 一个城市的大气污染指数 P 取决于两个因素:空气中固体废物的数量 x 和空气中有害气体的数量 y. 在某种情况下 $P=x^2+2xy+4xy^2$. 试说明 $\left.\dfrac{\partial P}{\partial x}\right|_{(a,b)},\left.\dfrac{\partial P}{\partial y}\right|_{(a,b)}$ 的意义,并计算 $\left.\dfrac{\partial P}{\partial x}\right|_{(10,5)},\left.\dfrac{\partial P}{\partial y}\right|_{(10,5)}$;当 x 增长 10% 或 y 增长 10% 时,用偏导数估算 P 的增量.

问题分析：如果空气中有害气体的数量 y 为常数 b，空气中固体废物的数量 x 是变化的，那么当 $x=a$ 有一个单位的改变时，大气污染指数 P 大约改变 $\left.\dfrac{\partial P}{\partial x}\right|_{(a,b)}$ 个单位.

模型建立：将 y 看作常量，得 $\dfrac{\partial P}{\partial x}=2x+2y+4y^2$；将 x 看作常量，得 $\dfrac{\partial P}{\partial y}=2x+8xy$.

模型求解：所求偏导数为

$$\left.\dfrac{\partial P}{\partial x}\right|_{(10,5)}=20+10+100=130,$$

$$\left.\dfrac{\partial P}{\partial y}\right|_{(10,5)}=20+400=420.$$

设空气中有害气体的量 $y=5$，且固定不变，当空气中固体废物量 $x=10$ 时，P 对 x 的变化率等于 130. 当 x 增长 10%，即从 10 到 11 时，P 将增长大约 $130\times1=130$ 个单位（事实上，$P(10,5)=1200$，$P(11,5)=1331$，故 P 增长了 131 个单位）.

同样地，设空气中固体废物的量 $x=10$ 且固定不变，当空气中有害气体的量 $y=5$ 时，P 对 y 的变化率等于 420. 当 y 增长 10%，即 y 从 5 到 5.5，增长 0.5 个单位时，P 大约增长 $420\times0.5=210$ 个单位（事实上，$P(10,5)=1200$，$P(10,5.5)=1420$，P 增长了 220 个单位）.

因此，大气污染指数对有害气体增长 10% 比对固体废物增长 10% 更为敏感.

复习题六

1. 选择题.

(1) 函数 $z=\dfrac{1}{\ln(x+y)}$ 的定义域是( ).

A. $\{(x,y)\mid x+y>0\}$ 　　　　　　B. $\{(x,y)\mid x+y\neq 0\}$

C. $\{(x,y)\mid x+y>0$ 且 $x+y\neq 1\}$ 　　D. $\{(x,y)\mid x+y\neq 1\}$

(2) 若函数 $z=\ln\dfrac{x-y}{x+y}$, 则 $x\dfrac{\partial z}{\partial x}+y\dfrac{\partial z}{\partial y}=$( ).

A. 0 　　　　　B. 1 　　　　　C. $x+y$ 　　　　　D. $x-y$

(3) 函数 $z=f(x,y)$ 在点 $P(x_0,y_0)$ 处满足 $f'_x(x_0,y_0)=f'_y(x_0,y_0)=0$, 则( ).

A. 点 P 是函数 $z=f(x,y)$ 的极值点 　　　B. 点 P 可能是函数 $z=f(x,y)$ 的极值点

C. 点 P 是函数 $z=f(x,y)$ 的最大值点 　　D. 点 P 是函数 $z=f(x,y)$ 的最小值点

(4) 若 $I_1=\iint\limits_{D}(x+y)^2\mathrm{d}x\mathrm{d}y$, $I_2=\iint\limits_{D}(x+y)\mathrm{d}x\mathrm{d}y$, $I_3=\iint\limits_{D}(x+y)\mathrm{d}x\mathrm{d}y$. 其中, D 由 $x=0,y=0,x+y=\dfrac{1}{3}$, $x+y=1$ 所围成, 则 I_1,I_2,I_3 之间的大小顺序为( ).

A. $I_1<I_2<I_3$ 　　B. $I_3<I_2<I_1$ 　　C. $I_3<I_1<I_2$ 　　D. $I_2<I_1<I_3$

(5) 设区域 D 是由曲线 $x^2+y^2\leq 1$ 所确定的区域, 则 $\iint\limits_{D}\mathrm{d}\sigma=$( ).

A. 2 　　　　　B. π 　　　　　C. 4π 　　　　　D. 8π

(6) 设 $I=\iint\limits_{D}\mathrm{e}^{x^2+y^2}\mathrm{d}\sigma$, 其中, $D=\{(x,y)\mid 1\leq x^2+y^2\leq 4\}$, 则下列正确的是( ).

A. $3\pi\mathrm{e}\leq I\leq 3\pi\mathrm{e}^2$ 　　B. $3\pi\mathrm{e}\leq I\leq 3\pi\mathrm{e}^3$ 　　C. $3\pi\mathrm{e}\leq I\leq 3\pi\mathrm{e}^4$ 　　D. $3\pi\mathrm{e}^2\leq I\leq 3\pi\mathrm{e}^4$

2. 填空题.

(1) 设 $z=f(x,y)=x^2-y^2$, 则 $f(x+y,x-y)=$ _____.

(2) $\lim\limits_{(x,y)\to(0,0)}\dfrac{\sin(2x+3y)}{2x-3y}=$ _____.

(3) 函数 $z=\dfrac{2x+y^2}{y^2-2x}$ 的间断点是 _____.

(4) 设二元函数 $z=\mathrm{e}^{x^2y}$, 则 $\dfrac{\partial z}{\partial x}=$ _____.

(5) 若 $z=\mathrm{e}^{x^2+y^2}$, 则 $z'_x(1,1)=$ _____.

(6) 设积分区域 $D=\{(x,y)\mid -a\leq x\leq a,-a\leq y\leq a\}\ (a>0)$, 若二重积分 $\iint\limits_{D}\mathrm{d}x\mathrm{d}y=1$, 则常数 $a=$ _____.

(7) 二次积分 $\int_0^1\mathrm{d}x\int_0^1(x+y)\mathrm{d}y=$ _____.

(8) 若积分区域 D 是由直线 $y=x, y=1$ 与 y 轴围成的闭区域,则将二重积分化为累次积分后, $\iint\limits_{D} f(x,y) \mathrm{d}x\mathrm{d}y = $ _____.

3. 计算题.

(1) 设 $z = \dfrac{y}{x}, x = \mathrm{e}^t, y = 1 - \mathrm{e}^{2t}$,求 $\dfrac{\mathrm{d}z}{\mathrm{d}t}$.

(2) 设 $z = \mathrm{e}^{-x}\sin(2x-y)$,求 $z'_x\left(\dfrac{\pi}{4}, 0\right), z'_y\left(\dfrac{\pi}{4}, 0\right)$.

(3) 设二元函数 $z = \arctan(xy)$,求 $\mathrm{d}z$.

(4) 设 $z = x\ln(x+y)$,求 z''_{xy}.

(5) 设 $z = 4(x-y) - x^2 - y^2$,求函数的极值.

(6) 计算 $\iint\limits_{D} \mathrm{e}^{x+y} \mathrm{d}\sigma$,其中,$D = \{(x,y) \mid 0 \leqslant x \leqslant 1, 0 \leqslant y \leqslant 1\}$.

(7) 计算 $\iint\limits_{D} \dfrac{1}{x+y} \mathrm{d}\sigma$,其中,积分区域 D 是由 $y=x, y=2, x=2$ 及 $x=4$ 所围成的闭区域.

第七章
常微分方程

微积分研究的对象是函数关系,但在实际问题中,往往很难直接得到所研究的变量之间的函数关系,反而比较容易建立起这些变量与它们的导数或微分之间的联系,从而得到一个关于未知函数的导数或微分的方程,即微分方程. 通过求解这种方程,同样可以找到指定未知量之间的函数关系. 因此,微分方程是数学联系实际,并应用于实际的重要途径和桥梁,也是研究自然科学和解决实际问题的有力工具. 本章主要讨论如何建立简单的微分方程,并介绍常见的微分方程的求解方法.

☆☆☆学习目标

(1) 了解微分方程的阶、解、通解、特解等概念;
(2) 理解微分方程的基本概念;
(3) 掌握可分离变量微分方程、一阶线性微分方程、二阶常系数线性齐次微分方程的解法.

第一节　常微分方程的概念

【情境与问题】

引例1【汽车制动问题】 一辆汽车在直线公路上以 40 m/s 的速度行驶,制动时汽车获得加速度 -20 m/s²,问:开始制动后经过多长时间汽车才能完全停住?在这段时间内汽车行驶了多少路程?

分析 设制动后汽车的运动方程为 $s=s(t)$,由二阶导数的力学意义,知 $s=s(t)$ 应满足

$$\frac{d^2s}{dt^2}=-20, \qquad (7.1.1)$$

同时函数 $s=s(t)$ 还应满足下列条件:

$$s\big|_{t=0}=0, \quad v=\frac{ds}{dt}\bigg|_{t=0}=40. \qquad (7.1.2)$$

式(7.1.1)是一个含有所求未知函数 $s(t)$ 的导数的等式,对式(7.1.1)两端积分,得

$$\frac{ds}{dt}=\int -20dt=-20t+C_1. \qquad (7.1.3)$$

再积分,得

$$s=\int(-20t+C_1)dt=-10t^2+C_1t+C_2. \qquad (7.1.4)$$

把条件(7.1.2)分别代入式(7.1.3)和式(7.1.4)中,得

$$C_1=40, \quad C_2=0.$$

将 $C_1=40$ 代入式(7.1.3),得

$$\frac{ds}{dt}=-20t+40. \qquad (7.1.5)$$

将 $C_1=40, C_2=0$ 代入式(7.1.4)中,得

$$s=-10t^2+40t. \qquad (7.1.6)$$

在式(7.1.5)中,令 $v=\frac{ds}{dt}=0$,得汽车从开始制动到完全停住所用的时间为

$$t=\frac{40}{20}=2(s).$$

再把 $t=2$ 代入式(7.1.6)中,得汽车在这段时间内行驶的路程为

$$s=-10\times 2^2+40\times 2=40(m).$$

通过上述引例,我们看到关系式(7.1.1)中含有未知函数的导数,故它是微分方程.下面介绍微分方程的一些基本概念.

一、微分方程的基本概念

定义 凡是含有未知函数的导数或微分的方程,称为**微分方程**.若未知函数中只含有一

个自变量,则这样的微分方程称为**常微分方程**;若未知函数是多元函数,且导数是偏导数,则这样的方程称为**偏微分方程**. 微分方程中所含未知函数导数的最高阶数,称为**微分方程的阶**. 在本章我们只讨论常微分方程,以下简称为**微分方程**.

> **小贴士**
> 微分方程中可以不显含自变量和未知函数,但必须显含未知函数的导数或微分.

例如,方程

$$\frac{\mathrm{d}y}{\mathrm{d}x}=2x,\quad y'+xy=\mathrm{e}^x \text{ 和 } 2xy'-x\ln x=0$$

都是一阶微分方程;方程

$$\frac{\mathrm{d}^2 s}{\mathrm{d}t^2}=-0.6 \text{ 和 } y''-3y'+2y=x^2$$

都是二阶微分方程.

由引例 1 可知,在解决实际问题时,首先建立微分方程,然后设法求出满足微分方程的函数. 也就是说,要找到这样的函数,将其代入微分方程后,能使该方程成为恒等式,这个函数就叫作**微分方程的解**. 求微分方程的解的过程,称为**解微分方程**.

例如,函数(7.1.4)和(7.1.6)都是微分方程(7.1.1)的解.

如果微分方程的解中包含有任意常数,并且独立的(即不可合并而使个数减少)任意常数的个数与微分方程的阶数相同,这样的解称为**微分方程的通解**. 通解中任意常数取某一特定值时的解,称为**微分方程的特解**.

例如,函数(7.1.4)是微分方程(7.1.1)的通解;函数(7.1.6)则是微分方程(7.1.1)的特解.

又如,$y=C_1 x+C_2 x+1$ 可化为 $y=(C_1+C_2)x+1$,令 $C=C_1+C_2$,得 $y=Cx+1$,所以这里的常数 C_1 与 C_2 不是相互独立的;而 $s=\dfrac{1}{2}gt^2+C_1 t+C_2$ 中的 C_1 与 C_2 是相互独立的.

从上面两例可以看到,通解中的任意常数若由某个附加条件确定后,就得到了微分方程的特解,这种用来确定通解中任意常数的附加条件叫作微分方程的初始条件.

引例 1 中的初始条件是式(7.1.2).

由于方程的通解中含有任意常数,所以方程的通解还不能确切地反映客观事物的变化规律,有时还需要通过初始条件来求出微分方程的特解.

例 1 验证函数 $y=C_1\cos x+C_2\sin x$ 是微分方程 $y''+y=0$ 的通解,并求满足初始条件 $y(0)=A$,$y'(0)=B$ 的特解.

解 求 $y=C_1\cos x+C_2\sin x$ 的导数,得

$$y'=-C_1\sin x+C_2\cos x,\quad y''=-C_1\cos x-C_2\sin x.$$

> 将 y', y'' 的表达式代入方程 $y''+y=0$ 的左端,得
> $$-C_1\cos x - C_2\sin x + C_1\cos x + C_2\sin x = 0.$$
> 故 $y = C_1\cos x + C_2\sin x$ 是微分方程的 $y''+y=0$ 解. 由于 y 中有两个独立的任意常数,且与方程的阶数相等,所以它是方程 $y''+y=0$ 的通解.
> 将 $y(0)=A$ 代入通解中,得到 $C_1=A$;将 $y'(0)=B$ 代入 y' 中,得到 $C_2=B$. 所以满足所给初始条件的特解为
> $$y = A\cos x + B\sin x.$$

二、可分离变量的微分方程

微分方程的类型是多种多样的,它们的解法也各不相同,下面我们介绍可分离变量的微分方程及其解法.

引例 2【汽车尾气问题】 考虑一个城市区域内汽车尾气中污染物的浓度变化. 设 $C(t)$ 为时刻 t(单位:天)该区域内空气中某种污染物的浓度(单位:mg/m³). 已知污染物的来源主要是汽车尾气排放,并且汽车尾气排放污染物的速率与该区域内的汽车行驶里程数有关,设为 E(单位:mg/天). 同时,污染物会通过自然扩散和净化作用减少,其减少速率与污染物浓度成正比,比例系数为 λ.

解 根据质量平衡原理,污染物浓度的变化率 $\dfrac{\mathrm{d}C(t)}{\mathrm{d}t}$ 等于污染物的排放速率减去净化速率,即

$$\frac{\mathrm{d}C(t)}{\mathrm{d}t} = E - \lambda C(t),$$

移项,可得

$$\frac{1}{E - \lambda C(t)}\mathrm{d}C(t) = \mathrm{d}t,$$

从而将问题转化为可分离变量的微分方程,其中,$f(C) = \dfrac{1}{E - \lambda C(t)}, g(t) = 1$.

这时两边同时积分,得 $\displaystyle\int\frac{1}{E - \lambda C}\mathrm{d}C = \int\mathrm{d}t$,即

$$-\frac{1}{\lambda}\ln(E - \lambda C) = t,$$

$$C(t) = \frac{1}{\lambda}(E - \mathrm{e}^{-\lambda t}).$$

通过求解这个可分离变量的微分方程,我们了解了污染物浓度随时间的变化情况,进而为城市环境治理提供了依据,如制订交通管制措施以减少尾气排放对环境的影响.

一般地,把形如

$$\frac{dy}{dx} = f(x)g(y) \tag{7.1.7}$$

的方程称为可分离变量的方程.该方程的特点:等式右边可以分解为两个函数的乘积,其中一个只是 x 的函数,另一个只是 y 的函数.因此,可以将该方程化为等式一边只含变量 y,而另一边只含变量 x 的形式,即

$$\frac{dy}{g(y)} = f(x)dx,$$

其中,$g(y) \neq 0$.对上式两边积分,得

$$\int \frac{dy}{g(y)} = \int f(x)dx.$$

计算出不定积分后就得到式(7.1.7)的解.我们把这种求解微分方程的过程叫作分离变量法.具体求解步骤有两步:第一步分离变量,第二步两边分别积分.

例2 求微分方程 $\dfrac{dy}{dx} = 2xy$ 的通解.

解 分离变量,得

$$\frac{dy}{y} = 2xdx.$$

两端积分,得

$$\int \frac{dy}{y} = \int 2xdx.$$

$$\ln y = x^2 + C_1.$$

整理,得

$$y = e^{x^2 + C_1} = e^{C_1} e^{x^2},$$

即

$$y = Ce^{x^2} \quad (C = e^{C_1}).$$

因此方程的通解为 $y = Ce^{x^2}$(C 为任意常数).

习题 7.1

A. 基础巩固

1. 下列方程中哪些是微分方程?它们分别是几阶的?

(1) $\dfrac{dy}{dx} = y + x$;　　　　　　(2) $y^2 = x$;

(3) $y^2 \cdot y' + 1 = 0$;　　　　　　(4) $y' = 2x + 1$.

2. 求解下列微分方程.

(1) $y' = \dfrac{1}{x}$, $y|_{x=1} = 1$; (2) $\dfrac{dy}{dx} = \dfrac{y}{x}$;

(3) $y' = e^{2x}$; (4) $2x^2 y' = y+1$.

3. 用微分方程表示如下物理命题:某种气体的气压 P 对于温度 T 的变化率与气压成正比,与温度的平方成反比.(设 k 为比例系数)

4. 已知物体在空气中的冷却速度与物体、空气的温度成正比,如果物体在 5 min 内由 100 ℃ 冷却到 60 ℃,那么经过多长时间此物体的温度会降到 30 ℃?

B. 能力提升

1. 有一个房间,容积为 200 m³,开始时房间内的空气中含有 20% 的 CO_2. 为了改善房间的空气质量,用一台风量为 20 m³/min 的排风扇通入含 0.1% CO_2 的新鲜空气,同时用另一台相同的风扇将混合均匀的空气排出,求排风扇工作 10 min 后,房间中 CO_2 的含量的百分比.

2. 在某池塘内养鱼,最多能养 500 尾. 在时刻 t 时,鱼的数量 y 是时间 t 的函数,即 $y = y(t)$,其变化率与鱼的数量 y 及 $500-y$ 成正比. 已知在池塘内放入鱼 50 尾,3 个月后池塘内鱼的数量为 100 尾,求放养 t 月后池塘内鱼的数量 $y(t)$ 的表达式.

第二节 一阶微分方程

形如

$$y' = f(x,y) \text{ 或 } \dfrac{dy}{dx} = f(x,y) \tag{7.2.1}$$

的方程称为**一阶微分方程**.

上节介绍的可分离变量的微分方程就是一阶微分方程,下面再介绍几种常见的一阶微分方程及其解法.

一、齐次微分方程

形如

$$\dfrac{dy}{dx} = f\left(\dfrac{y}{x}\right) \tag{7.2.2}$$

的方程称为**齐次微分方程**. 解齐次微分方程需要用到变量代换.

作变量代换,令 $u = \dfrac{y}{x}$,即 $y = ux$,则

$$\dfrac{dy}{dx} = \dfrac{d(ux)}{dx} = \dfrac{udx + xdu}{dx} = u + x\dfrac{du}{dx},$$

代入 $\dfrac{dy}{dx} = f\left(\dfrac{y}{x}\right)$,得

$$u + x\dfrac{du}{dx} = f(u),$$

即
$$\frac{\mathrm{d}u}{\mathrm{d}x}=[f(u)-u]\frac{1}{x}.$$

此时问题就转化为可分离变量的形式,求解已经非常明显,但最终还应把 u 用 $\frac{y}{x}$ 换回.

例1 求方程 $\frac{\mathrm{d}y}{\mathrm{d}x}=\frac{y}{x}+\left(\frac{y}{x}\right)^{3}$ 的通解.

解 令 $u=\frac{y}{x}$,即 $y=ux$,则 $\frac{\mathrm{d}y}{\mathrm{d}x}=u+x\frac{\mathrm{d}u}{\mathrm{d}x}$. 代入原方程,得

$$u+x\frac{\mathrm{d}u}{\mathrm{d}x}=u+u^{3},$$

即

$$\frac{\mathrm{d}u}{u^{3}}=\frac{1}{x}\mathrm{d}x.$$

两边积分,得

$$-\frac{1}{2}u^{-2}=\ln|x|+\ln C,$$

所以

$$-\frac{1}{2u^{2}}=\ln|x|+C.$$

用 $u=\frac{y}{x}$ 代入,得通解

$$-\frac{x^{2}}{2y^{2}}=\ln|x|+C.$$

例2 求微分方程 $y^{2}-(xy-x^{2})y'=0$ 满足初始条件 $y|_{x=1}=-2$ 的特解.

解 原方程可化为

$$\frac{\mathrm{d}y}{\mathrm{d}x}=\frac{y^{2}}{xy-x^{2}}=\frac{\left(\frac{y}{x}\right)^{2}}{\frac{y}{x}-1}.$$

令 $u=\frac{y}{x}$ 即 $y=ux$,则 $\frac{\mathrm{d}y}{\mathrm{d}x}=u+x\frac{\mathrm{d}u}{\mathrm{d}x}$. 代入原方程,得

$$u+x\frac{\mathrm{d}u}{\mathrm{d}x}=\frac{u^{2}}{u-1},$$

即

$$x\frac{\mathrm{d}u}{\mathrm{d}x}=\frac{u}{u-1}.$$

第七章 常微分方程

分离变量后,两边积分,得
$$u - \ln|u| = \ln|x| + \ln C,$$
即
$$u = \ln|Cux|.$$

用 $u = \dfrac{y}{x}$ 代入,得通解
$$Cy = e^{\frac{y}{x}}.$$

代入初始条件 $y|_{x=1} = -2$,得
$$-2C = e^{-2}.$$

故特解为
$$y = -2e^{\frac{y}{x}+2}.$$

二、一阶线性微分方程

引例【汽车市场动态均衡价格】 已知某品牌汽车的市场价格 $p=p(t)$ 随时间 t 变动,其需求函数为 $Q = b - ap(a>0, b>0)$,供给函数为 $S = -d + cp(c>0, d>0)$,价格 p 随时间 t 的变化率与超额需求 $(Q-S)$ 成正比,求价格函数 $p=p(t)$.

分析 由题设价格 p 对时间 t 的变化率(即导数)$\dfrac{dp}{dt}$ 与超额需求 $(Q-S)$ 成正比,设比值为 k,于是价格 $p(t)$ 是下列微分方程的一个初值问题:
$$\begin{cases} \dfrac{dp}{dt} = k(Q-S) = k[(b-ap)-(-d+cp)], \\ p|_{t=0} = p(0), \end{cases}$$
即
$$\begin{cases} \dfrac{dp}{dt} + k(a+c)p = k(b+d), \\ p|_{t=0} = p(0). \end{cases}$$

这是一阶线性微分方程,其特点是未知函数 $p(t)$ 及其导数 $\dfrac{dp}{dt}$ 的幂次都是一次的.

定义 形如
$$y' + P(x)y = Q(x) \tag{7.2.3}$$
的方程,称为**一阶线性微分方程**,其中,$P(x), Q(x)$ 为已知的连续函数. 当 $Q(x) \equiv 0$ 时,即
$$y' + P(x)y = 0, \tag{7.2.4}$$
称其为**一阶线性齐次微分方程**;当 $Q(x) \neq 0$ 时,称其为**一阶线性非齐次微分方程**. 这类微分方程的特点是它所含未知函数和未知函数的导数都是一次的. 例如,$y' - 3y = x + 1$ 中,y', y 都是一次的且不含 $y'y$ 项,所以它是一阶线性微分方程,且是一阶线性非齐次微分方程. 但是,

下列微分方程：
$$y'-2y^3=1, \quad yy'+y=\sin x, \quad y'-\ln y=0$$
都不是一阶线性微分方程. 因为第一个方程中含有 y^3, 第二个方程中含有 $y'y$ 项, 第三个方程中含有 $\ln y$ 项, 它们都不是 y 或 y' 的一次式. 下面讨论一阶线性微分方程的解法.

我们先求一阶线性齐次微分方程(7.2.4)的解. 将方程(7.2.4)分离变量, 得 $\dfrac{\mathrm{d}y}{y} = -P(x)\mathrm{d}x$, 两边积分, 得
$$\ln|y| = -\int P(x)\mathrm{d}x + C_1,$$
所以
$$y = C\mathrm{e}^{-\int P(x)\mathrm{d}x} \quad (C = \pm \mathrm{e}^{C_1}). \tag{7.2.5}$$

这就是方程(7.2.4)的通解. 显然, 当 C 为常数时, 它不是方程(7.2.3)的解, 由于方程(7.2.3)右端是 x 的函数 $Q(x)$, 所以可设想将式(7.2.5)中常数 C 换成待定函数 $C(x)$ 后, $C(x)\mathrm{e}^{-\int P(x)\mathrm{d}x}$ 有可能就是方程(7.2.3)的解.

令 $y = C(x)\mathrm{e}^{-\int P(x)\mathrm{d}x}$ 为方程(7.2.3)的解, 将其代入方程(7.2.3)后, 得
$$C'(x)\mathrm{e}^{-\int P(x)\mathrm{d}x} = Q(x), \quad \text{即} \quad C'(x) = Q(x)\mathrm{e}^{\int P(x)\mathrm{d}x}.$$
两边积分, 得
$$C(x) = \int Q(x)\mathrm{e}^{\int P(x)\mathrm{d}x}\mathrm{d}x + C.$$
将 $C(x)$ 代入 $y = C(x)\mathrm{e}^{-\int P(x)\mathrm{d}x}$, 得方程(7.2.3)的通解为
$$y = \left[\int Q(x)\mathrm{e}^{\int P(x)\mathrm{d}x}\mathrm{d}x + C\right]\mathrm{e}^{-\int P(x)\mathrm{d}x}. \tag{7.2.6}$$

式(7.2.6)称为一阶线性非齐次微分方程(7.2.3)的通解公式.

上述求解方法称为**常数变易法**. 于是, 用常数变易法求线性非齐次微分方程的通解的步骤如下：

（1）求出非齐次线性微分方程所对应的齐次线性微分方程的通解；

（2）根据所求出的通解设出非齐次线性微分方程的解（将所求出的齐次线性微分方程的通解中的任意常数 C 改为待定函数 $C(x)$ 即可）；

（3）将所设的解代入非齐次线性微分方程, 解出 $C(x)$, 从而写出非齐次线性微分方程的通解.

例3 解微分方程 $y' - \dfrac{y}{x} = -x$.

解 **法一** 用公式(7.2.6)求解. 可以看出
$$P(x) = -\dfrac{1}{x}, \quad Q(x) = -x.$$

代入公式(7.2.6), 得所求微分方程的通解为

第七章 常微分方程

$$y = \left[\int(-x)e^{\int -\frac{1}{x}dx}dx + C\right]e^{-\int -\frac{1}{x}dx} = \left[\int(-x)e^{-\ln|x|}dx + C\right]e^{\ln|x|}$$

$$= \left(-\int x \cdot \frac{1}{x}dx + C\right)x = Cx - x^2.$$

法二 用常数变易法求解.

先求出对应的齐次方程 $y' - \frac{y}{x} = 0$ 的通解,分离变量后,两边积分,得

$$y = Cx.$$

将上式中的任意常数 C 换成 $C(x)$,即设原方程的通解为

$$y = C(x)x,$$

则

$$y' = C'(x)x + C(x).$$

代入原方程中化简整理,得

$$C'(x) = -1.$$

两边积分,得

$$C(x) = -x + C.$$

因此,得原方程的通解为

$$y = (-x + C)x = Cx - x^2.$$

例4 求微分方程 $\frac{dy}{dx} - \frac{2}{x+1}y = (x+1)^2$ 满足初始条件 $y|_{x=0} = 1$ 的特解.

解 先求出对应的齐次方程 $\frac{dy}{dx} - \frac{2}{x+1}y = 0$ 的通解:

$$y = C(x+1)^2.$$

将上式中的任意常数 C 换成 $C(x)$,即设原方程的通解为

$$y = C(x)(x+1)^2,$$

则

$$y' = C'(x)(x+1)^2 + 2C(x)(x+1).$$

代入原方程中化简整理,得

$$C'(x) = 1.$$

两边积分,得

$$C(x) = x + C.$$

因此,得原方程的通解为

$$y = (x+C)(x+1)^2.$$

将所给初始条件 $y|_{x=0} = 1$ 代入通解中,得 $C = 1$. 故所求的特解为

$$y = (x+1)^3.$$

例5 求微分方程 $\dfrac{\mathrm{d}y}{\mathrm{d}x}+2xy=\mathrm{e}^{-x^2}$ 的通解.

解 **法一** 用常数变易法求解.

先求对应的齐次方程 $\dfrac{\mathrm{d}y}{\mathrm{d}x}+2xy=0$ 的通解.

分离变量,得

$$\dfrac{\mathrm{d}y}{y}=-2x\mathrm{d}x.$$

两边积分,得

$$\ln y=-x^2+\ln C,$$

即

$$y=C\cdot\mathrm{e}^{-x^2}.$$

这就是所求的对应齐次方程的通解.

设 $y=C(x)\mathrm{e}^{-x^2}$ 为原线性非齐次方程的通解,其中,$C(x)$ 为待定函数,则

$$y'=C'(x)\mathrm{e}^{-x^2}-2xC(x)\mathrm{e}^{-x^2}.$$

代入原方程,得

$$C'(x)\mathrm{e}^{-x^2}=\mathrm{e}^{-x^2},$$
$$C'(x)=1,$$

两边积分,得

$$C(x)=x+C.$$

其中,C 为任意常数.

因此,得原线性非齐次方程的通解为

$$y=(x+C)\mathrm{e}^{-x^2}.$$

法二 直接利用通解公式(7.2.6)求解. 可以看出

$$P(x)=2x,\ Q(x)=\mathrm{e}^{-x^2}.$$

代入公式(7.2.6),得所求的线性非齐次方程的通解为

$$\begin{aligned}y&=\mathrm{e}^{-\int 2x\mathrm{d}x}\left(\int \mathrm{e}^{-x^2}\mathrm{e}^{\int 2x\mathrm{d}x}\,\mathrm{d}x+C\right)\\&=\mathrm{e}^{-x^2}\left(\int \mathrm{e}^{-x^2}\mathrm{e}^{x^2}\mathrm{d}x+C\right)\\&=\mathrm{e}^{-x^2}\left(\int \mathrm{d}x+C\right)\\&=\mathrm{e}^{-x^2}(x+C).\end{aligned}$$

> **小贴士**
>
> 使用一阶线性非齐次方程的通解公式(7.2.6)时,必须首先把方程化为形如方程(7.2.3)的标准形式,以确定未知函数 y 的系数 $P(x)$ 及自由项 $Q(x)$.

一阶微分方程的类型及解法如表 7.2.1 所示.

表 7.2.1

四种类型方程	一般形式	一般解法
可分离变量的方程	$\dfrac{\mathrm{d}y}{\mathrm{d}x}=f(x)g(y)$	先分离后积分
齐次方程	$\dfrac{\mathrm{d}y}{\mathrm{d}x}=f\left(\dfrac{y}{x}\right)$	用 $u=\dfrac{y}{x}$ 作变换
一阶线性齐次方程	$\dfrac{\mathrm{d}y}{\mathrm{d}x}+P(x)y=0$	分离变量法
一阶线性非齐次方程	$\dfrac{\mathrm{d}y}{\mathrm{d}x}+P(x)y=Q(x)$	常数变易法或公式法

习题 7.2

A. 基础巩固

1. 求下列微分方程的解.

(1) $\dfrac{\mathrm{d}y}{\mathrm{d}x}=\ln y$;

(2) $\dfrac{\mathrm{d}y}{\mathrm{d}x}=\mathrm{e}^{x+y}$;

(3) $\tan y \mathrm{d}x = \sin x \mathrm{d}y$;

(4) $y'+xy=x$.

2. 求下列方程满足给定的初始条件的解.

(1) $\dfrac{\mathrm{d}y}{\mathrm{d}x}=y(y-1), y(0)=2$;

(2) $(x^2-1)y'+xy^2=0, y(0)=2$;

(3) $y'+xy-\mathrm{e}^{-x^2}\sin x=0, y\big|_{x=0}=2$.

B. 能力提升

求经过点 $(0,k)$,且曲线上任一点 (x,y) 处的切线的斜率为 $\dfrac{x}{y}$ 的曲线方程.

第三节 一阶常微分方程的应用

利用微分方程寻求实际问题中未知函数的一般步骤如下:

(1) 分析问题,设未知函数,建立微分方程,写出初始条件;

(2) 解微分方程得到通解;

（3）由初始条件确定通解中的常数,得到满足题意的特解.

下面举一些实例说明一阶微分方程的应用.

例1 某汽车发动机运转后,每经过 1 s 温度升高 1 ℃,设环境温度恒为 20 ℃,发动机温度的冷却速率和发动机与环境温度差成正比. 求发动机的温度与时间的函数关系.

解 设发动机运转 t s 后的温度(单位:℃)为 $T=T(t)$,当时间从 t 增加 dt 时,发动机的温度也相应地从 $T(t)$ 增加到 $T(t)+dT$. 由于在 dt 时间内,发动机温度升高了 dT,同时环境温度的影响又使其下降了 $k(T-20)dt$. 因此,发动机在 dt 时间内温度的实际增量为

$$dT = 1 \cdot dt - k(T-20)dt,$$

即

$$\frac{dT}{dt} + kT = 1 + 20k. \tag{7.3.1}$$

由题设可知,初始条件为 $T|_{t=0} = 20$. 方程(7.3.1)是一阶线性非齐次方程,由公式(7.2.6),得

$$T = \left[\int (1+20k) e^{\int k dt} dt + C\right] e^{-\int k dt} = \left[\frac{(1+20k)e^{kt}}{k} + C\right] e^{-kt}.$$

将初始条件 $T|_{t=0} = 20$ 代入上式,得

$$C = -\frac{1}{k}.$$

故经过时间 t 后,发动机的实际温度为

$$T(t) = 20 + \frac{1}{k}(1 - e^{-kt}).$$

由此可见,发动机运转较长时间后,温度将稳定于

$$T = 20 + \frac{1}{k}.$$

例2 在一个车辆跟驰模型中,后车速度 $v(t)$ 的变化率与前车和后车的速度差成正比,比例系数 $\lambda = 0.5$. 前车速度保持恒定 $v_0 = 30$ m/s,后车初始速度 $v(0) = 25$ m/s. 求后车速度 $v(t)$ 随时间 t(单位:s)的变化规律.

解 根据题意建立一阶常微分方程：

$$\frac{dv(t)}{dt} = \lambda[v_0 - v(t)],$$

这里 $\lambda = 0.5, v_0 = 30$ m/s,则

$$\frac{dv(t)}{dt} = 0.5[30 - v(t)].$$

将其变形为可分离变量的方程,得

$$\frac{\mathrm{d}v(t)}{30-v(t)} = 0.5\mathrm{d}t.$$

对方程两边积分，得

$$-\ln|30-v(t)| = 0.5t + C_1,$$

所以 $30 - v(t) = Ce^{-0.5t}$ $(C = \pm e^{-C_1})$.

将初始条件 $v(0) = 25$ 代入，可得 $C = 5$. 所以

$$v(t) = 30 - 5e^{-0.5t}.$$

例3 放射性物质随时间延长质量会不断减少，这种现象称为衰变. 实验告诉我们，放射性元素镭的衰变率与其质量成正比，试确定镭元素的衰变规律.

解 设镭元素在时刻 t 的质量为 $m = m(t)$，则镭元素的衰变率为

$$\frac{\mathrm{d}m}{\mathrm{d}t} = -\lambda m.$$

其中，λ 是比例常数（$\lambda > 0$），取负数是由于衰变率总是小于零的（即质量只能减少），且初始条件为 $m\big|_{t=0} = m_0$.

分离变量，得

$$\frac{\mathrm{d}m}{m} = -\lambda \mathrm{d}t.$$

两边积分，得

$$\ln m = -\lambda t + C_1,$$

即

$$m = e^{-\lambda t} \cdot e^{C_1},$$

则

$$m = Ce^{-\lambda t} \quad (C = e^{C_1}).$$

代入初始条件 $m\big|_{t=0} = m_0$，解得

$$C = m_0.$$

所以得

$$m = m_0 e^{-\lambda t}.$$

这说明镭元素是按指数规律衰变的.

习题 7.3

A. 基础巩固

1. 假设小船从河边点 O 处出发驶向对岸（两岸为平行直线），设船速为 a，船行驶方向始终与河岸垂直，设河宽为 b，河中任意点处的水流速度与该点到岸的距离的乘积成反比

（比例系数为 k），求小船的航行路线.

2. 若曲边为曲线 $y=f(x)(f(x)\geqslant 0)$，底为 $[0,x]$ 的曲边梯形的面积与纵坐标 y 的 2 次幂成正比，已知 $f(0)=0,f(1)=3$，求此曲线方程.

B. 能力提升

设有一质量为 m 的质点做直线运动，从速度等于 0 的时刻起受到一个与速度方向一致，大小与时间成正比（比例系数为 k_1）的力和一个与速度成正比（比例系数为 k_2）的阻力，求该质点运动的速度与时间的函数关系.

第四节 二阶常系数线性齐次微分方程

【情境与问题】

引例【物体的振动方程】 如图 7.4.1 所示，弹簧上端固定，下端挂一个质量为 m 的物体，O 点为平衡位置. 若在弹性限度内用力将物体向下拉，随即松开，物体就会在平衡位置上下做自由振动. 忽略物体所受的阻力（如空气阻力等），并且当运动开始时，物体的位置为 x_0，初速度为 v_0，求物体的运动规律.

分析 设物体的运动规律为 $x=x(t)$. 由于忽略阻力，所以物体只受到使物体回到平衡位置 O 的弹性恢复力的作用. 由物理学中的胡克定律可知，弹性恢复力

$$f=-kx,$$

其中，k 为弹性系数，负号表示力 f 的方向与位移 x 的方向相反. 根据牛顿第二定律，得微分方程

$$m\frac{d^2x}{dt^2}=-kx,$$

即

$$\frac{d^2x}{dt^2}+\frac{k}{m}x=0.$$

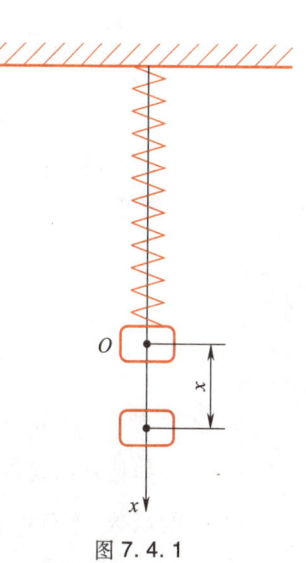

令 $k=\omega^2$，则有

$$\frac{d^2x}{dt^2}+\frac{\omega^2}{m}x=0.$$

图 7.4.1

初始条件为 $x|_{t=0}=x_0, x'|_{t=0}=v_0$. 该方程是二阶微分方程，且各项系数为常数，因此称之为二阶常系数线性微分方程. 下面我们来研究这类方程的解法.

一般地，形如 $y''+py'+qy=f(x)$ 的方程（其中 p,q 为常数），称为**二阶常系数线性微分方程**.

当 $f(x)\equiv 0$ 时，

$$y''+py'+qy=0 \qquad (7.4.1)$$

称为**二阶常系数线性齐次微分方程**;当 $f(x) \neq 0$ 时,
$$y''+py'+qy=f(x) \tag{7.4.2}$$
称为**二阶常系数线性非齐次微分方程**,并称方程(7.4.1)为方程(7.4.2)所对应的齐次方程.

下面,先讨论齐次方程(7.4.1)的解的结构和解法.

一、二阶常系数线性齐次微分方程解的结构

为了求二阶常系数线性齐次微分方程的通解,我们先介绍二阶常系数线性齐次微分方程的解的结构.

定理 如果 y_1 和 y_2 是方程 $y''+py'+qy=0$(即方程(7.4.1))的两个解,那么

(1) $y=C_1 y_1 + C_2 y_2$ 也是方程(7.4.1)的解(其中 C_1,C_2 是任意常数);

(2) 若 $\dfrac{y_2}{y_1} \neq$ 常数,则 $y=C_1 y_1 + C_2 y_2$ 就是方程(7.4.1)的通解.

把具有条件 $\dfrac{y_2}{y_1} \neq$ 常数的两个函数 y_1 和 y_2,称为**线性无关**的.

例如,对于方程 $y''+y=0$,容易验证,$y_1=\sin x$,$y_2=\cos x$ 是它的两个解,且 $\dfrac{y_2}{y_1}=\cot x \neq$ 常数,即 y_1,y_2 线性无关,所以 $y=C_1\sin x+C_2\cos x$ 是方程 $y''+y=0$ 的通解.

> **小贴士**
>
> y_1 和 y_2 线性无关的这个条件是必要的,否则,如果 $\dfrac{y_2}{y_1}=k=$ 常数,即 y_1,y_2 线性相关,那么 $y_2=ky_1$,$y=C_1 y_1+C_2 y_2=C_1 y_1+C_2 ky_1=(C_1+kC_2)y_1=Cy_1$,这时它只含一个任意常数 C,因此不再是方程(7.4.1)的通解.

二、二阶常系数线性齐次微分方程的求解

由解的结构可知,方程(7.4.1)的通解是由两个线性无关的特解分别乘任意常数相加得到的. 因此,求方程(7.4.1)的通解,关键在于求出方程的两个线性无关的特解 y_1,y_2,那么如何求出这两个特解呢?我们根据方程(7.4.1)的特点可以看出,y,y' 和 y'' 必须是同类型的函数,才有可能满足方程(7.4.1),而指数函数 $y=e^{rx}$(r 为常数)和它的一阶、二阶导数都是同类型的函数. 因此可设 $y=e^{rx}$ 为方程(7.4.1)的解,则
$$y'=re^{rx}, \quad y''=r^2 e^{rx},$$
将它们代入方程(7.4.1),得
$$(r^2+pr+q)e^{rx}=0.$$
因为 $e^{rx} \neq 0$,所以有
$$r^2+pr+q=0. \tag{7.4.3}$$
这就是说,若 $y=e^{rx}$ 是方程(7.4.1)的解,则 r 必须满足方程(7.4.3);反之,若 r 是方程(7.4.3)的一个根,则有 $(r^2+pr+q)e^{rx}=0$. 因此,$y=e^{rx}$ 是方程(7.4.1)的一个特解. 这样,我们

只需解一元二次方程(7.4.3),得到两个根 r_1 和 r_2,就可得到方程(7.4.1)的特解.

方程(7.4.3)称为方程(7.4.1)的**特征方程**,它的系数与方程(7.4.1)的系数完全相同,它的根 r_1,r_2 称为特征根. 根据一元二次方程根的三种情况分别讨论如下.

1. 特征根 r_1,r_2 是两个不相等的实数,即 $r_1 \neq r_2$

这时,$y_1 = e^{r_1 x}, y_2 = e^{r_2 x}$ 是方程(7.4.1)的两个特解,又有 $\dfrac{y_2}{y_1} = e^{(r_2 - r_1)x} \neq$ 常数,所以 y_1 与 y_2 线性无关,所以方程(7.4.1)的通解为

$$y = C_1 e^{r_1 x} + C_2 e^{r_2 x}. \tag{7.4.4}$$

2. 特征根 r_1,r_2 是两个相等的实数,即 $r_1 = r_2 = r$

因为 $r_1 = r_2 = r$,此时只能得到方程(7.4.1)的一个特解 $y_1 = e^{rx}$. 要得到通解,还需要再找一个与 y_1 线性无关的特解 y_2,不妨设 $\dfrac{y_2}{y_1} = u(x) \neq$ 常数,则

$$y_2 = y_1 u(x) = u(x) e^{rx},$$
$$y_2' = [u'(x) + ru(x)] e^{rx},$$
$$y_2'' = [u''(x) + 2ru'(x) + r^2 u(x)] e^{rx}.$$

因为 r 是特征方程 $r^2 + pr + q$ 的二重根,所以 $r^2 + pr + q = 0, 2r + p = 0$. 于是有 $u''(x) = 0$,即 $u(x)$ 只需要满足 $u''(x) = 0, y_2$ 就是与 y_1 线性无关的一个特解,不妨取一个最简单的 $u(x) = x$. 这时,$y_2 = xe^{rx}$. 于是有方程(7.4.1)的通解为

$$y = C_1 e^{rx} + C_2 x e^{rx} = e^{rx}(C_1 + C_2 x). \tag{7.4.5}$$

3. 特征根 $r_1 = \alpha + i\beta, r_2 = \alpha - i\beta (\beta \neq 0)$ 是一对共轭复数

这时,$y_1 = e^{(\alpha + i\beta)x}, y_2 = e^{(\alpha - i\beta)x}$ 是方程(7.4.1)的两个特解,但这两个特解中含有复数,不方便使用. 此时,应用欧拉公式 $e^{i\theta} = \cos\theta + i\sin\theta$,得

$$y_1 = e^{(\alpha + i\beta)x} = e^{\alpha x}(\cos\beta x + i\sin\beta x), \quad y_2 = e^{(\alpha - i\beta)x} = e^{\alpha x}(\cos\beta x - i\sin\beta x).$$

由解的结构可知

$$y_3 = \frac{1}{2}(y_1 + y_2) = e^{\alpha x} \cos\beta x, \quad y_4 = \frac{1}{2i}(y_1 - y_2) = e^{\alpha x} \sin\beta x.$$

仍是方程(7.4.1)的解,且 $\dfrac{y_4}{y_3} = \tan\beta x \neq$ 常数,所以方程(7.4.1)的通解为

$$y = e^{\alpha x}(C_1 \cos\beta x + C_2 \sin\beta x).$$

根据以上讨论可知,求二阶常系数线性齐次微分方程的通解的步骤如下:

(1) 写出微分方程的特征方程 $r^2 + pr + q = 0$;

(2) 求出特征根;

(3) 根据特征根的情况,写出所给微分方程的通解(表7.4.1).

表 7.4.1

特征方程的两个根 r_1, r_2 的情况	微分方程 $y''+py'+qy=0$ 的通解
两个不相等的实根 $r_1 \neq r_2$	$y = C_1 e^{r_1 x} + C_2 e^{r_2 x}$
两个相等的实根 $r_1 = r_2 = r$	$y = e^{rx}(C_1 + C_2 x)$
一对共轭复根 $r = \alpha \pm i\beta$	$y = e^{\alpha x}(C_1 \cos \beta x + C_2 \sin \beta x)$

例1 求方程 $y'' - y' - 2y = 0$ 的通解.

解 所给微分方程的特征方程为

$$r^2 - r - 2 = 0,$$

它有两个不相等的实根 $r_1 = -1, r_2 = 2$,故所求方程的通解为

$$y = C_1 e^{-x} + C_2 e^{2x}.$$

例2 求方程 $y'' + 2y' + y = 0$ 的通解.

解 所给微分方程的特征方程为

$$r^2 + 2r + 1 = 0,$$

它有两个相等的实根 $r_1 = r_2 = -1$,故所求方程的通解为

$$y = (C_1 + C_2 x) e^{-x}.$$

例3 求方程 $y'' + 2y' + 3y = 0$ 的通解.

解 所给微分方程的特征方程为

$$r^2 + 2r + 3 = 0,$$

它有一对共轭复根 $r_1 = -1 + \sqrt{2}\,\mathrm{i}, r_2 = -1 - \sqrt{2}\,\mathrm{i}$,故所求方程的通解为

$$y = e^{-x}(C_1 \cos \sqrt{2}\,x + C_2 \sin \sqrt{2}\,x).$$

例4 求方程 $y'' - 2y' + y = 0$ 满足初始条件 $y|_{x=0} = 0, y'|_{x=0} = 1$ 的特解.

解 特征方程为

$$r^2 - 2r + 1 = 0.$$

特征根为

$$r_1 = r_2 = 1.$$

所以方程的通解为

$$y = (C_1 + C_2 x) e^x.$$

所以

$$y' = C_2 e^x + (C_1 + C_2 x) e^x = (C_2 + C_1 + C_2 x) e^x.$$

把初始条件 $y|_{x=0}=0, y'|_{x=0}=1$ 代入以上两式,解得

$$C_1=0, \quad C_2=1.$$

因此,满足初始条件的特解为

$$y=xe^x.$$

习题 7.4

A. 基础巩固

1. 验证 $y_1=\cos\omega x$ 及 $y_2=\sin\omega x$ 都是方程 $y''+\omega y=0$ 的解,并写出该方程的通解.

2. 验证 $y_1=e^{x^2}$ 及 $y_2=xe^{x^2}$ 都是方程 $y''-2xy'+(2x^2-1)y=0$ 的解,并写出该方程的通解.

3. 求下列微分方程的通解.

(1) $y''+5y'+9y=0$; (2) $9y''-24y'+16y=0$;

(3) $y''+y'=0$; (4) $y''+9y'+25y=0$.

4. 求下列微分方程满足所给初始条件的特解.

(1) $4y''+4y'+y=0, y|_{x=0}=1, y'|_{x=0}=0$;

(2) $y''+4y'+20y=0, y|_{x=0}=0, y'|_{x=0}=1$.

B. 能力提升

1. 假设某汽车运动的加速度为 $a=-2v-s$,如果该汽车以 $v_0=10$ m/s 的初速度由原点出发,试求该汽车的运动方程.

2. 一质量为 m 的汽车沿直线运动,运动时汽车所受的力为 $F=k_1-k_2v$(k_1, k_2 为常数,v 为运动速度).设汽车由静止出发,求汽车的运动规律.

本 章 小 结

一、主要内容

(1) 常微分方程及其解与初始条件的概念;

(2) 微分方程的通解与特解;

(3) 可分离变量的微分方程的解法;

(4) 一阶线性微分方程的解法及应用;

(5) 二阶常系数线性齐次微分方程及解法.

二、主要方法

1. 可分离变量的微分方程

可分离变量的微分方程为

$$\frac{dy}{dx}=f(x)g(y).$$

通过分离变量,可化为

$$\frac{dy}{g(y)}=f(x)dx.$$

将上式两边积分,得方程的通解

$$\int\frac{dy}{g(y)}=\int f(x)dx.$$

2. 一阶线性微分方程

可用"常数变易法"求解一阶线性微分方程

$$y'+P(x)y=Q(x)$$

的通解或用公式 $y=\left[\int Q(x)e^{\int P(x)dx}dx+C\right]e^{-\int P(x)dx}$ 求微分方程的通解.

3. 二阶常系数线性齐次微分方程的通解

二阶常系数线性齐次微分方程 $y''+py'+qy=0$ 的解的结构如下表:

特征方程的两个根 r_1,r_2 的情况	微分方程 $y''+py'+qy=0$ 的通解
两个不相等的实根 $r_1 \neq r_2$	$y=C_1 e^{r_1 x}+C_2 e^{r_2 x}$
两个相等的实根 $r_1=r_2=r$	$y=e^{rx}(C_1+C_2 x)$
一对共轭复根 $r=\alpha \pm i\beta$	$y=e^{\alpha x}(C_1\cos\beta x+C_2\sin\beta x)$

三、重点和难点

1. 重点

可分离变量的微分方程的解法;一阶线性微分方程的解法.

2. 难点

一阶线性非齐次微分方程的解法;二阶常系数线性齐次微分方程的解法.

【阅读与提高】

微分方程的起源与发展

微分方程是数学的重要分支,它的起源可追溯到 17 世纪末,当时为了解决物理问题和天文学问题,微分方程几乎是与微分、积分同时产生的. 数学家曾借助于微分方程从理论上得到了行星的运动规律,这验证了德国天文学家开普勒由实验而得到的推想. 天文学家曾借助微分方程,推算出海王星的轨道和位置. 如今,微分方程已成为研究自然的强有力的工具.

17 世纪末,摆的运动、弹性理论以及天体力学等实际问题,引出了常微分方程. 雅各布·

伯努利在 1690 年提出"悬链线问题"：求一根柔软但不能伸长的绳子自由悬挂于两定点而形成的曲线. 次年约翰·伯努利通过建立悬链线方程 $\dfrac{\mathrm{d}y}{\mathrm{d}x}=\dfrac{s}{c}$, 解出曲线方程为 $y=c\cosh\dfrac{x}{c}$. 类似地, 还有与钟摆运动有关的"等时曲线问题"：求使一个摆做与弧长无关而与时间相关的完全振动的曲线, 该曲线方程为

$$\sqrt{b^2y-a^3}\,\mathrm{d}y=\sqrt{a^3}\,\mathrm{d}x,$$

对两边积分, 得到等时曲线方程

$$\dfrac{2b^2y-2a^3}{3b^2}\sqrt{b^2y-a^3}=x\sqrt{a^3}.$$

起初, 求解微分方程采用的是特殊技巧求解, 莱布尼茨提出了常微分方程的变量分离法. 对于形如 $y\dfrac{\mathrm{d}x}{\mathrm{d}y}=f(x)g(y)$ 的方程, 化为 $\dfrac{\mathrm{d}x}{f(x)}=\dfrac{g(y)}{y}\mathrm{d}y$, 再两边积分, 从而得到方程的解.

雅各布·伯努利在 1695 年的学报中提出了伯努利方程 $\dfrac{\mathrm{d}y}{\mathrm{d}x}=p(x)y+Q(x)y^n$ 的问题征解. 莱布尼茨于 1696 年给出证明：利用变量替换 $z=y^{1-n}$, 可以把上述方程化为关于未知函数及其导函数都是一次的线性方程.

二阶常微分方程于 1691 年在物理问题的研究中首次出现. 雅各布·伯努利研究船帆在风力下的形状, 即膜盖问题时, 引入二阶方程 $\dfrac{\mathrm{d}^2x}{\mathrm{d}s^2}=\left(\dfrac{\mathrm{d}y}{\mathrm{d}s}\right)^3$, 其中, s 为弧长. 并在其 1691 年所著的微积分教科书中给出了这个问题的解答, 证明了它与悬链线问题在数学上是相同的. 1734 年 12 月, 丹尼尔·伯努利在给欧拉的信中宣称, 他解决了一端固定在墙上, 而另一端自由的弹性横梁的横向位移问题：$k^4\dfrac{\mathrm{d}^4y}{\mathrm{d}x^4}=y$, 其中, k 为常数, x 是横梁上距离自由端的距离, y 是在 x 点的相对于横梁未弯曲位置的垂直位移.

1743 年欧拉提出了关于 n 阶常系数线性齐次方程的完整解法. 对于 n 阶常系数线性齐次方程

$$Ay+B\dfrac{\mathrm{d}y}{\mathrm{d}x}+C\dfrac{\mathrm{d}^2y}{\mathrm{d}x^2}+D\dfrac{\mathrm{d}^3y}{\mathrm{d}x^3}+\cdots+L\dfrac{\mathrm{d}^ny}{\mathrm{d}x^n}=0,$$

欧拉运用指数代换 $y=\mathrm{e}^{qx}$ (q 为常数), 得到特征方程

$$A+Bq+Cq^2+\cdots+Lq^n=0.$$

当 q 是特征方程的 k 重根时, 运用 $y=\mathrm{e}^{qx}u(x)$, 得到

$$y=\mathrm{e}^{qx}(\alpha_1+\alpha_2x+\alpha_3x^2+\cdots+\alpha_kx^{k-1}),$$

为包含 k 个任意常数的解. 欧拉首次提出 n 阶方程的通解是其 n 个特解的线性组合, 也是最早明确区分"通解"和"特解"的数学家. 1766 年, 达朗贝尔指出, 线性非齐次微分方程的通解等于它的特解与其对应的线性齐次微分方程的通解之和.

18 世纪中期, 微分方程课题成为数学中的一门独立学科, 其求解问题也成为该学科的

一项重要内容.但对解的理解与寻求却不断发生本质性的变化.起初仅限于用初等函数表示解,之后,他们允许用一个尚未积出的积分表示解,后来在用前两种方法不断失败之后,又提出用无穷级数表示解.

欧拉证明了凡是可用分离变量法求解的方程都可以用积分因子求解,反之不然.对于高阶微分方程,变量分离法是不可行的,也不存在变量替换的一般原则.即使可以用变量替换来求解,其难度与直接求解微分方程的难度基本相当.当然变量替换有时可以用来降低方程的阶数.

时至今日,微分方程仍然是最有生命力的数学分支之一,并不断在向前发展,它几乎渗透到了各个科学领域.

【案例分析】

汽车前灯的设计问题

汽车前灯(图 7.1)的反射镜面多由旋转抛物面设计而成,光源放在抛物线的焦点处,光线经旋转抛物面反射成平行光线.旋转抛物面的这一几何光学性质在解析几何中已有证明,现在证明具有上述性质的曲线只有抛物线.

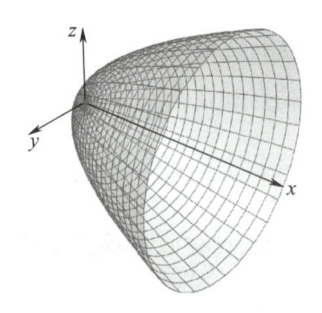

图 7.1 车灯　　图 7.2 旋转抛物面　　图 7.3

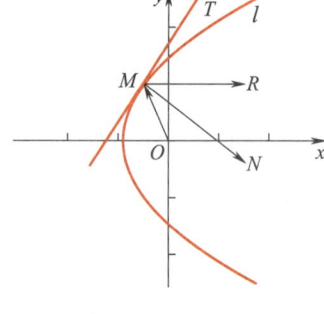

【解】 如图 7.2 所示,设旋转抛物面的旋转轴为 x 轴,由如图 7.3 所示曲线绕 x 轴旋转而成,光源置于原点,曲线 l 的方程为 $y=f(x)$,由原点发出的光线 OM 经镜面反射后为 MR,平行于 x 轴,MT 为曲线 l 在 M 点的切线,MN 为曲线 l 在 M 点的法线,根据几何光学光线的反射定律有

$$\angle OMN = \angle NMR,$$

所以

$$\tan\angle OMN = \tan\angle NMR,$$

因为 MT 的斜率为 y',MN 的斜率为 $-\dfrac{1}{y'}$,因此由夹角的正切公式有

$$\tan\angle OMN = \frac{-\frac{1}{y'}-\frac{y}{x}}{1-\frac{y}{xy'}}, \quad \tan\angle NMR = \frac{1}{y'},$$

从而

$$\frac{1}{y'} = -\frac{x+yy'}{xy'-y},$$

得微分方程

$$yy'^2 + 2xy' - y = 0,$$

变形后得齐次微分方程

$$y' = -\frac{x}{y} \pm \sqrt{\left(\frac{x}{y}\right)^2 + 1},$$

令 $\frac{y}{x} = u$，则 $\frac{dy}{dx} = u + x\frac{du}{dx}$，代入上式，得

$$x\frac{du}{dx} = \frac{-(1+u^2) \pm \sqrt{1+u^2}}{u},$$

分离变量得

$$\frac{u\,du}{-(1+u^2) \pm \sqrt{1+u^2}} = \frac{dx}{x},$$

令 $t = \sqrt{1+u^2}$，得

$$\frac{dt}{t \pm 1} = -\frac{dx}{x},$$

两边积分得

$$\ln|t \pm 1| = \ln\left|\frac{C}{x}\right|,$$

将 $t = \sqrt{1+u^2}$ 代入得（由对称性，正负号结果相同，这里取负号）

$$u^2 + 1 = \left(\frac{C}{x} + 1\right)^2,$$

将 $u = \frac{y}{x}$ 代入得

$$y^2 = 2C\left(x + \frac{C}{2}\right).$$

这是一族以原点为焦点的抛物线. 将抛物线绕 x 轴旋转一周得旋转抛物面

$$y^2 + z^2 = 2C\left(x + \frac{C}{2}\right).$$

如果凹面镜的直径为 d，从顶点到底面的距离是 h，则

$$x + \frac{C}{2} = h, \quad y = \frac{d}{2},$$

代入上式,得 $C=\dfrac{d^2}{8h}$,从而

$$y^2+z^2=\dfrac{d^2}{4h}\left(x+\dfrac{d^2}{16h}\right).$$

实际上,车灯光源设计的优化问题不仅如此,同时还要考虑灯丝长度、反射光强度及分布、光学成像原理、线光源功率和节能等多方面要求,因此研究车灯光源的优化问题非常具有实际意义.

复习题七

1. 选择题.

(1) 下列方程是线性微分方程的是( ).

A. $(y'')^3 + p(x)y' = 0$ B. $\dfrac{y''}{y'} + 5y' = 0$ C. $y''' + \dfrac{p(x)y}{y''} + f(x) = 0$ D. $y''' + y'' - f(x)y' = 0$

(2) 微分方程 $\left(\dfrac{d^2 y}{dx^2}\right)^2 + \dfrac{d^4 y}{dx^4} + 4\dfrac{dy}{dx} = 0$ 是( )阶的方程.

A. 九 B. 七 C. 五 D. 四

(3) 用常数变易法解微分方程 $y' + \dfrac{2}{x}y = x^3$ 时,若把常数 C 变易为 $C(x)$,则 $C(x) = ($).

A. $\dfrac{1}{3}x^3 + C$ B. $\dfrac{1}{4}x^4 + C$ C. $\dfrac{1}{5}x^5 + C$ D. $\dfrac{1}{6}x^6 + C$

(4) 微分方程 $\dfrac{d^2 y}{dx^2} + 4\dfrac{dy}{dx} + 8y = 0$ 的两个线性无关的特解是( ).

A. e^{2x} 与 e^{-2x}
B. $\cos 2x$ 与 $\sin 2x$
C. $e^{\frac{2}{x}}$ 与 $e^{-\frac{2}{x}}$
D. $\cos(2xi)$ 与 $\sin(-2xi)$

2. 填空题.

(1) 微分方程 $\dfrac{d^2 y}{dx^2} = 0$ 的通解为_____.

(2) 微分方程 $\left(\dfrac{dy}{dx}\right)^2 = e^x$ 的通解为_____.

(3) 微分方程 $y'' - 2y' + y = 0$ 的一个通解为_____.

3. 求下列微分方程的通解或特解.

(1) $\dfrac{dy}{dx} = y(\ln y - \ln x)$;

(2) $y'' - 3y' + y = 0$;

(3) $y'' + y' = 0$, $y(0) = 3$, $y'(0) = 4$;

(4) 求方程 $y'' - 5y' + 4y = 0$ 满足初始条件 $y|_{x=0} = 6$ 和 $y'|_{x=0} = 9$ 的特解.

4. 若 $f(x) = \displaystyle\int_0^{6x} f\left(\dfrac{t}{6}\right) dt + \ln 6$,求 $f(x)$.

5. 设 $g(x) = \displaystyle\int_0^x (x - u)g(u) du$ 是连续函数,求 $g(x)$.

6. 求过点 (a, b) 的曲线方程,使得它以 $(3a, x)$ 为底的曲边梯形的面积等于同底边而高为纵坐标 y 的矩形面积的 $\dfrac{1}{3m}$ 倍 ($m > 1$).

7. 将弹簧放于油中,由静止状态开始运动,其运动满足以下微分方程:
$$\frac{d^2s}{dt^2}+5\frac{ds}{dt}+6s=0.$$

求此弹簧在任意时刻 t 的位移 $s(t)$.

第八章 线性代数

线性代数(linear algebra)是代数学的一个重要分支,它是伴随着线性方程组的研究而引入和发展的,研究的内容包括矩阵、线性方程组等,主要处理的是线性关系的问题. 随着数学的发展,线性代数的含义也在不断扩大,它的理论也渗透到了数学的许多分支及物理科学、理论化学、技术科学中,尤其是经济、金融、管理、工程技术、生物技术等领域,其中的实际问题都可以用线性方法来解决,因此线性代数成为高等数学的主要组成部分.

☆☆☆学习目标

(1)了解几种特殊矩阵的概念及其性质,了解线性代数在实际中的应用;

(2)理解矩阵的概念,理解矩阵的秩、逆矩阵等概念,理解矩阵初等变换的概念;

(3)掌握矩阵的运算、矩阵的初等变换、逆矩阵和秩的求法,掌握求解线性方程组的方法、齐次线性方程组、非齐次线性方程组的一般解和通解的方法,可以根据实际问题建立简单的线性方程模型.

第一节 矩阵

矩阵是线性代数中的一个重要概念,它是研究线性关系的有力工具.对许多实际问题进行数学描述时,经常需要用到矩阵的概念.

【情境与问题】

引例1【田忌赛马】 战国时期,齐国的国王与大将田忌进行赛马,设重金赌注,孙膑发现双方的马匹大致相同,均分上、中、下三等.于是,他建议田忌下注,计划以策略取胜.比赛前,孙膑提议,用田忌的下等马对阵齐王的上等马,田忌的上等马对阵齐王的中等马,田忌的中等马对阵齐王的下等马.结果,田忌输了一场赢得两场比赛,最终赢得千金赌注.

解 用"1"表示田忌赢得一场比赛,用"-1"表示田忌输了一场比赛,这样齐王和田忌选择不同等级的马匹的参赛情况如表8.1.1所示.

表8.1.1

田忌的马	齐王的马		
	上等马	中等马	下等马
上等马	-1	1	1
中等马	-1	-1	1
下等马	-1	-1	-1

表8.1.1中的数据可写成如下数表:

$$\begin{pmatrix} -1 & 1 & 1 \\ -1 & -1 & 1 \\ -1 & -1 & -1 \end{pmatrix}.$$

由数表中的数据可知,田忌输多赢少,且只有当田忌用上等马对阵齐王的中等马,中等马对阵齐王的下等马,下等马对阵齐王的上等马时,才能获胜.

引例2 假设一家新能源汽车公司在我国的三个主要地区(A、B、C)销售三种不同类型的新能源汽车,即电池动力汽车(BEV)、插电式混合动力汽车(PHEV)、燃料电池电动车(FCEV).已知不同地区不同类型的新能源汽车销量如表8.1.2所示.

表8.1.2　　　　　　　　　　　　　　　　　　　　　　　　　　　　　　　单位:万辆

地区	销量		
	BEV	PHEV	FCEV
A	100	150	200
B	120	180	220
C	90	130	170

各地区和各类型新能源汽车的销量情况可以简化成如下的一个 3 行 3 列的数表：

$$\begin{pmatrix} 100 & 150 & 200 \\ 120 & 180 & 220 \\ 90 & 130 & 170 \end{pmatrix}.$$

一、矩阵的概念

定义 1 由 $m \times n$ 个数 $a_{ij}(i=1,2,\cdots,m;j=1,2,\cdots,n)$ 排成的 m 行 n 列的数表

$$\begin{pmatrix} a_{11} & a_{12} & \cdots & a_{1n} \\ a_{21} & a_{22} & \cdots & a_{2n} \\ \vdots & \vdots & & \vdots \\ a_{m1} & a_{m2} & \cdots & a_{mn} \end{pmatrix}$$

称为 **m 行 n 列的矩阵**，简称 $m \times n$ **矩阵**，a_{ij} 称为矩阵 A 的第 i 行第 j 列元素. 矩阵通常用大写字母 $A, B, C, \cdots$ 或 $(a_{ij}), (b_{ij}), \cdots$ 表示，也可记作 $A_{m \times n}$ 或 $(a_{ij})_{m \times n}$.

例如，$\begin{pmatrix} 1 & 0 & 3 & 5 \\ -9 & 6 & 4 & 3 \end{pmatrix}$ 是一个 2×4 矩阵，其中，$a_{23} = 4$.

当 $m = n$ 时，矩阵 A 称为 **n 阶矩阵**或 **n 阶方阵**.

例 1 已知

$$A = \begin{pmatrix} a+b & 2 \\ 5 & 2c-d \end{pmatrix}, \quad B = \begin{pmatrix} 4 & a-b \\ c+d & 1 \end{pmatrix},$$

并且 $A = B$，求 a, b, c, d.

解 由 $A = B$，可得

$$\begin{cases} a+b=4, \\ a-b=2, \\ c+d=5, \\ 2c-d=1, \end{cases}$$

解得

$$a=3, b=1, c=2, d=3.$$

定义 2 如果两个矩阵都是 $m \times n$ 矩阵，并且对应元素相等，则称矩阵 A 与矩阵 B **相等**，记作 $A = B$.

在矩阵的研究和应用过程中会出现一些**特殊矩阵**，下面分别说明.

（1）**行矩阵**：只有一行的矩阵，即 $A = (a_1 \quad a_2 \quad \cdots \quad a_n)$ 称为行矩阵.

（2）**列矩阵**：只有一列的矩阵，即 $B = \begin{pmatrix} b_1 \\ b_2 \\ \vdots \\ b_n \end{pmatrix}$ 称为列矩阵.

（3）**零矩阵**：元素都是零的矩阵称为零矩阵，记作 O.

（4）**单位矩阵**：主对角线上的元素都是 1，其余元素全部是 0 的 n 阶矩阵，称为 n 阶单位矩阵，记作 I，即

$$I = I_n = \begin{pmatrix} 1 & 0 & \cdots & 0 \\ 0 & 1 & \cdots & 0 \\ \vdots & \vdots & & \vdots \\ 0 & 0 & \cdots & 1 \end{pmatrix}.$$

（5）**对角矩阵**：除主对角上的元素外，其余元素均为零的方阵称为对角矩阵，即

$$\begin{pmatrix} a_{11} & & & 0 \\ & a_{22} & & \\ & & \ddots & \\ 0 & & & a_{nn} \end{pmatrix}.$$

（6）**数量矩阵**：主对角上的元素都是非零常数 d 的对角矩阵称为数量矩阵，即

$$\begin{pmatrix} d & & & 0 \\ & d & & \\ & & \ddots & \\ 0 & & & d \end{pmatrix}.$$

（7）**上（下）三角矩阵**：主对角线下（上）方元素全为零的方阵称为上（下）三角矩阵，即

$$\begin{pmatrix} a_{11} & a_{12} & \cdots & a_{1n} \\ 0 & a_{22} & \cdots & a_{2n} \\ \vdots & \vdots & & \vdots \\ 0 & 0 & \cdots & a_{nn} \end{pmatrix} \text{或} \begin{pmatrix} a_{11} & 0 & \cdots & 0 \\ a_{21} & a_{22} & \cdots & 0 \\ \vdots & \vdots & & \vdots \\ a_{n1} & a_{n2} & \cdots & a_{nn} \end{pmatrix}.$$

例如，$\begin{pmatrix} 1 & 2 \\ 0 & -3 \end{pmatrix}$ 是一个 2 阶上三角矩阵；$\begin{pmatrix} 1 & 0 & 0 \\ 2 & 1 & 0 \\ 2 & 0 & -1 \end{pmatrix}$ 是一个 3 阶下三角矩阵.

（8）**对称矩阵**：对于方阵 $A = (a_{ij})_{n \times n}$，若 $a_{ij} = a_{ji}(i, j = 1, 2, \cdots, n)$，则 A 称为对称矩阵.

例如，矩阵 $A = \begin{pmatrix} 1 & 3 & 5 \\ 3 & 7 & 9 \\ 5 & 9 & 2 \end{pmatrix}$，$B = \begin{pmatrix} 1 & 2 & 3 & 5 \\ 2 & 4 & 7 & 9 \\ 3 & 7 & 0 & 2 \\ 5 & 9 & 2 & 3 \end{pmatrix}$ 分别是一个 3 阶对称矩阵和 4 阶对称矩阵.

二、矩阵的运算

1. 矩阵的加法

引例 3 在物流调配方案中,某种物资(单位:t)要从两个产地调往三个销地,已知在 1 月和 2 月的调配方案如下:

$$A = \begin{pmatrix} 2 & 1 & 3 \\ 4 & 3 & 6 \end{pmatrix}, \quad B = \begin{pmatrix} 3 & 6 & 7 \\ 6 & 5 & 10 \end{pmatrix},$$

那么这两个月从两个产地调往三个销地的总运量为

$$\begin{pmatrix} 2 & 1 & 3 \\ 4 & 3 & 6 \end{pmatrix} + \begin{pmatrix} 3 & 6 & 7 \\ 6 & 5 & 10 \end{pmatrix} = \begin{pmatrix} 5 & 7 & 10 \\ 10 & 8 & 16 \end{pmatrix}.$$

由此引入矩阵的加法.

定义 3 设 $A = (a_{ij})_{m \times n}, B = (b_{ij})_{m \times n}$ 是两个 $m \times n$ 矩阵,则称 $C = (a_{ij} + b_{ij})_{m \times n}$ 为 A 与 B 的**和**,记为 $C = A + B$.

矩阵的加法就是矩阵对应的元素相加,当然,相加的矩阵必须要有相同的行数和列数.

记矩阵 $\begin{pmatrix} -a_{11} & -a_{12} & \cdots & -a_{1n} \\ -a_{21} & -a_{22} & \cdots & -a_{2n} \\ \vdots & \vdots & & \vdots \\ -a_{m1} & -a_{m2} & \cdots & -a_{mn} \end{pmatrix}$ 为矩阵 A 的**负矩阵**,记为 $-A$. 因此,矩阵的**减法**可定义为 $A - B = A + (-B)$.

例 2 已知 $A = \begin{pmatrix} 0 & 1 & -3 \\ 2 & 1 & -1 \end{pmatrix}, B = \begin{pmatrix} 1 & 2 & 3 \\ -1 & 5 & 3 \end{pmatrix}$,求 $A+B, A-B$.

解 $A + B = \begin{pmatrix} 0+1 & 1+2 & -3+3 \\ 2+(-1) & 1+5 & -1+3 \end{pmatrix} = \begin{pmatrix} 1 & 3 & 0 \\ 1 & 6 & 2 \end{pmatrix},$

$A - B = \begin{pmatrix} 0-1 & 1-2 & -3-3 \\ 2-(-1) & 1-5 & -1-3 \end{pmatrix} = \begin{pmatrix} -1 & -1 & -6 \\ 3 & -4 & -4 \end{pmatrix}.$

设 A, B, C 都是 $m \times n$ 矩阵,则矩阵加法满足下列运算规律.

(1) 交换律:$A + B = B + A$;

(2) 结合律:$(A + B) + C = A + (B + C)$;

(3) $A + O = A$;

(4) $A + (-A) = O$.

2. 矩阵的数乘

在引例 3 中,若将该物资 1 月的调配数量全部提高 2 倍,则该物资 1 月向三个销地的运

量变为

$$\begin{pmatrix} 2\times 2 & 1\times 2 & 3\times 2 \\ 4\times 2 & 3\times 2 & 6\times 2 \end{pmatrix} = 2\times \begin{pmatrix} 2 & 1 & 3 \\ 4 & 3 & 6 \end{pmatrix}.$$

由此引入矩阵的数乘.

定义 4 数 k 与矩阵 $\boldsymbol{A}=(a_{ij})_{m\times n}$ 的乘积定义为 $(ka_{ij})_{m\times n}$,记作 $k\boldsymbol{A}$ 或 $\boldsymbol{A}k$,简称为 **数乘矩阵**,即

$$k\boldsymbol{A}=\boldsymbol{A}k=\begin{pmatrix} ka_{11} & ka_{12} & \cdots & ka_{1n} \\ ka_{21} & ka_{22} & \cdots & ka_{2n} \\ \vdots & \vdots & & \vdots \\ ka_{m1} & ka_{m2} & \cdots & ka_{mn} \end{pmatrix}.$$

设 $\boldsymbol{A},\boldsymbol{B}$ 为 $m\times n$ 矩阵,k,l 为实数,则数乘矩阵满足下列运算规律:

(1) $(kl)\boldsymbol{A}=k(l\boldsymbol{A})$;

(2) $(k+l)\boldsymbol{A}=k\boldsymbol{A}+l\boldsymbol{A}$;

(3) $k(\boldsymbol{A}+\boldsymbol{B})=k\boldsymbol{A}+k\boldsymbol{B}$.

矩阵的加法与数乘运算,统称为矩阵的 **线性运算**.

引例 4 假设某三个产地与三个销地之间的路程(单位:km)用如下矩阵表示:

$$\boldsymbol{A}=\begin{pmatrix} 150 & 160 & 80 \\ 140 & 100 & 120 \\ 80 & 50 & 190 \end{pmatrix}.$$

如果运输一批货物的运费是每吨每千米 2 元,那么这三个产地与三个销地之间每运输 1 t 货物的运价为

$$2\times \boldsymbol{A}=\begin{pmatrix} 300 & 320 & 160 \\ 280 & 200 & 240 \\ 160 & 100 & 380 \end{pmatrix}.$$

例 3 已知 $\boldsymbol{A}=\begin{pmatrix} 1 & 3 \\ 5 & 2 \\ -1 & 0 \end{pmatrix}, \boldsymbol{B}=\begin{pmatrix} 1 & 1 \\ 3 & 0 \\ 0 & 1 \end{pmatrix}$,求 $-\boldsymbol{A}+2\boldsymbol{B}$.

解 $-\boldsymbol{A}+2\boldsymbol{B}=-\begin{pmatrix} 1 & 3 \\ 5 & 2 \\ -1 & 0 \end{pmatrix}+2\begin{pmatrix} 1 & 1 \\ 3 & 0 \\ 0 & 1 \end{pmatrix}=\begin{pmatrix} -1 & -3 \\ -5 & -2 \\ 1 & 0 \end{pmatrix}+\begin{pmatrix} 2 & 2 \\ 6 & 0 \\ 0 & 2 \end{pmatrix}=\begin{pmatrix} 1 & -1 \\ 1 & -2 \\ 1 & 2 \end{pmatrix}.$

3. 矩阵的乘法

引例 5 甲、乙两个公司分别采购三种产品,其采购量(单位:台)和产品价格(单位:千

元)分别由矩阵 A 和 B 表示：

$$A = \begin{pmatrix} 3 & 2 & 5 \\ 4 & 6 & 7 \end{pmatrix}, \quad B = \begin{pmatrix} 2 \\ 1 \\ 3 \end{pmatrix},$$

那么，甲、乙两个公司采购产品的总价可用矩阵表示为

$$C = \begin{pmatrix} 3 \times 2 + 2 \times 1 + 5 \times 3 \\ 4 \times 2 + 6 \times 1 + 7 \times 3 \end{pmatrix} = \begin{pmatrix} 23 \\ 35 \end{pmatrix}.$$

由此引入矩阵乘法的概念.

定义 5 设矩阵 $A = (a_{ij})_{m \times s}$，$B = (b_{ij})_{s \times n}$，那么矩阵 $C = (c_{ij})_{m \times n}$，其中，

$$c_{ij} = a_{i1}b_{1j} + a_{i2}b_{2j} + \cdots + a_{is}b_{sj} = \sum_{k=1}^{s} a_{ik}b_{kj} \, (i = 1, 2, \cdots, m; j = 1, 2, \cdots, n),$$

称矩阵 C 为矩阵 A 与 B 的**乘积**，记为 $C = AB$.

> **小贴士**
> (1) 矩阵 A 的列数和矩阵 B 的行数相等时，A 与 B 才能相乘；
> (2) 乘积 C 的第 i 行第 j 列的元素等于 A 的第 i 行元素与 B 的第 j 列元素对应乘积之和；
> (3) 乘积 C 的行数和列数分别等于 A 的行数和 B 的列数.

例 4 已知 $A = \begin{pmatrix} 1 & 2 \\ -1 & 0 \\ 1 & -2 \end{pmatrix}, B = \begin{pmatrix} -1 & 1 \\ 1 & 2 \end{pmatrix}, I = \begin{pmatrix} 1 & 0 \\ 0 & 1 \end{pmatrix}, O = \begin{pmatrix} 0 & 0 \\ 0 & 0 \end{pmatrix}$，求 AB, AI, IB, AO, OB.

解

$$AB = \begin{pmatrix} 1 & 2 \\ -1 & 0 \\ 1 & -2 \end{pmatrix} \begin{pmatrix} -1 & 1 \\ 1 & 2 \end{pmatrix} = \begin{pmatrix} 1 \times (-1) + 2 \times 1 & 1 \times 1 + 2 \times 2 \\ (-1) \times (-1) + 0 \times 1 & (-1) \times 1 + 0 \times 2 \\ 1 \times (-1) + (-2) \times 1 & 1 \times 1 + (-2) \times 2 \end{pmatrix} = \begin{pmatrix} 1 & 5 \\ 1 & -1 \\ -3 & -3 \end{pmatrix},$$

$$AI = \begin{pmatrix} 1 & 2 \\ -1 & 0 \\ 1 & -2 \end{pmatrix} \begin{pmatrix} 1 & 0 \\ 0 & 1 \end{pmatrix} = \begin{pmatrix} 1 & 2 \\ -1 & 0 \\ 1 & -2 \end{pmatrix},$$

$$IB = \begin{pmatrix} 1 & 0 \\ 0 & 1 \end{pmatrix} \begin{pmatrix} -1 & 1 \\ 1 & 2 \end{pmatrix} = \begin{pmatrix} -1 & 1 \\ 1 & 2 \end{pmatrix},$$

$$AO = \begin{pmatrix} 1 & 2 \\ -1 & 0 \\ 1 & -2 \end{pmatrix} \begin{pmatrix} 0 & 0 \\ 0 & 0 \end{pmatrix} = \begin{pmatrix} 0 & 0 \\ 0 & 0 \\ 0 & 0 \end{pmatrix},$$

$$OB = \begin{pmatrix} 0 & 0 \\ 0 & 0 \end{pmatrix} \begin{pmatrix} -1 & 1 \\ 1 & 2 \end{pmatrix} = \begin{pmatrix} 0 & 0 \\ 0 & 0 \end{pmatrix}.$$

例5　对下列各组矩阵,分别求 AB,BA.

(1) $A = \begin{pmatrix} 1 & 0 \\ -1 & 3 \\ 2 & 5 \end{pmatrix}, B = \begin{pmatrix} 3 & -2 \\ 0 & 1 \end{pmatrix}$;

(2) $A = (1 \quad 2 \quad 3 \quad 4), B = \begin{pmatrix} -1 \\ 3 \\ 5 \\ 1 \end{pmatrix}$;

(3) $A = \begin{pmatrix} 1 & -1 \\ -1 & 1 \end{pmatrix}, B = \begin{pmatrix} 1 & 1 \\ -1 & -1 \end{pmatrix}$.

解　(1) $AB = \begin{pmatrix} 1\times3+0\times0 & 1\times(-2)+0\times1 \\ (-1)\times3+3\times0 & (-1)\times(-2)+3\times1 \\ 2\times3+5\times0 & 2\times(-2)+5\times1 \end{pmatrix} = \begin{pmatrix} 3 & -2 \\ -3 & 5 \\ 6 & 1 \end{pmatrix}$;

因为 B 是 2×2 矩阵,A 是 3×2 矩阵,B 的列数与 A 的行数不相等,所以 BA 无意义.

(2) $AB = (1 \quad 2 \quad 3 \quad 4) \begin{pmatrix} -1 \\ 3 \\ 5 \\ 1 \end{pmatrix} = (24)$;

$BA = \begin{pmatrix} -1 \\ 3 \\ 5 \\ 1 \end{pmatrix} (1 \quad 2 \quad 3 \quad 4) = \begin{pmatrix} -1 & -2 & -3 & -4 \\ 3 & 6 & 9 & 12 \\ 5 & 10 & 15 & 20 \\ 1 & 2 & 3 & 4 \end{pmatrix}$.

(3) $AB = \begin{pmatrix} 1 & -1 \\ -1 & 1 \end{pmatrix} \begin{pmatrix} 1 & 1 \\ -1 & -1 \end{pmatrix} = \begin{pmatrix} 2 & 2 \\ -2 & -2 \end{pmatrix}$;

$BA = \begin{pmatrix} 1 & 1 \\ -1 & -1 \end{pmatrix} \begin{pmatrix} 1 & -1 \\ -1 & 1 \end{pmatrix} = \begin{pmatrix} 0 & 0 \\ 0 & 0 \end{pmatrix}$.

由例5可以看出,矩阵乘法不满足交换律,即 $AB = BA$ 不一定成立. 并且,当 $A \neq O, B \neq O$ 时,也可能得到 $AB = O$.

矩阵乘法满足以下运算规律.

(1) 结合律: $(AB)C = A(BC)$;

(2) 分配律: $A(B+C) = AB+AC, (B+C)A = BA+CA$;

（3）$k(\boldsymbol{AB})=(k\boldsymbol{A})\boldsymbol{B}=\boldsymbol{A}(k\boldsymbol{B})$，其中，$k$ 为实数；

（4）$\boldsymbol{IA}=\boldsymbol{AI}=\boldsymbol{A}$.

由于矩阵乘法满足结合律，所以可以定义方阵的幂.

定义 6 若 $\boldsymbol{A}$ 是 n 阶方阵，则 k 个 $\boldsymbol{A}$ 连乘叫作 $\boldsymbol{A}$ 的 k 次幂，记作 $\boldsymbol{A}^k$，即

$$\boldsymbol{A}^k = \overbrace{\boldsymbol{AA}\cdots\boldsymbol{A}}^{k}.$$

显然，只有方阵才有 k 次幂，并且满足以下运算律：

$$\boldsymbol{A}^k\boldsymbol{A}^l = \boldsymbol{A}^{k+l}, \quad (\boldsymbol{A}^k)^l = \boldsymbol{A}^{kl}(k,l \text{ 为正整数}).$$

小贴士

当 $\boldsymbol{A},\boldsymbol{B}$ 为同阶方阵时，

$$(\boldsymbol{AB})^k = \underbrace{(\boldsymbol{AB})(\boldsymbol{AB})\cdots(\boldsymbol{AB})}_{k\text{个}},$$

而

$$\boldsymbol{A}^k\boldsymbol{B}^k = \underbrace{\boldsymbol{AA}\cdots\boldsymbol{A}}_{k\text{个}}\underbrace{\boldsymbol{BB}\cdots\boldsymbol{B}}_{k\text{个}},$$

这两个等式的右端，只有当 $\boldsymbol{AB}=\boldsymbol{BA}$ 时，才能相等．因此，对方阵的幂来说，一般地，$(\boldsymbol{AB})^k \neq \boldsymbol{A}^k\boldsymbol{B}^k$，这也是与数的幂的不同之处．

例 6 设 $\boldsymbol{A}=\begin{pmatrix}1 & 0 & 1\\0 & 1 & 0\\0 & 0 & 1\end{pmatrix}$，求 $\boldsymbol{A}^n$.

解 $\boldsymbol{A}^2=\begin{pmatrix}1 & 0 & 1\\0 & 1 & 0\\0 & 0 & 1\end{pmatrix}\begin{pmatrix}1 & 0 & 1\\0 & 1 & 0\\0 & 0 & 1\end{pmatrix}=\begin{pmatrix}1 & 0 & 2\\0 & 1 & 0\\0 & 0 & 1\end{pmatrix}$，

$\boldsymbol{A}^3=\begin{pmatrix}1 & 0 & 2\\0 & 1 & 0\\0 & 0 & 1\end{pmatrix}\begin{pmatrix}1 & 0 & 1\\0 & 1 & 0\\0 & 0 & 1\end{pmatrix}=\begin{pmatrix}1 & 0 & 3\\0 & 1 & 0\\0 & 0 & 1\end{pmatrix}$，

通过以上计算，我们猜测 $\boldsymbol{A}^n=\begin{pmatrix}1 & 0 & n\\0 & 1 & 0\\0 & 0 & 1\end{pmatrix}$.

接下来用数学归纳法证明：

当 $n=1$ 时，$\boldsymbol{A}^1=\boldsymbol{A}=\begin{pmatrix}1 & 0 & 1\\0 & 1 & 0\\0 & 0 & 1\end{pmatrix}$，结论成立.

假设当 $n=k$ 时,结论成立,即 $A^k = \begin{pmatrix} 1 & 0 & k \\ 0 & 1 & 0 \\ 0 & 0 & 1 \end{pmatrix}$.

当 $n=k+1$ 时,

$$A^{k+1} = A^k \times A = \begin{pmatrix} 1 & 0 & k \\ 0 & 1 & 0 \\ 0 & 0 & 1 \end{pmatrix} \begin{pmatrix} 1 & 0 & 1 \\ 0 & 1 & 0 \\ 0 & 0 & 1 \end{pmatrix} = \begin{pmatrix} 1 & 0 & k+1 \\ 0 & 1 & 0 \\ 0 & 0 & 1 \end{pmatrix}.$$

综上,通过数学归纳法证明了 $A^n = \begin{pmatrix} 1 & 0 & n \\ 0 & 1 & 0 \\ 0 & 0 & 1 \end{pmatrix}$.

例7 已知 $A = \begin{pmatrix} 2 & -1 & 4 \\ 1 & 3 & 0 \end{pmatrix}$, $B = \begin{pmatrix} 1 & 0 & -2 \\ 3 & -3 & 1 \end{pmatrix}$,求满足等式 $2A+3X=B$ 的矩阵 X.

解 由 $2A+3X=B$,移项整理,得

$$X = \frac{1}{3}(B-2A)$$

$$= \frac{1}{3}\left[\begin{pmatrix} 1 & 0 & -2 \\ 3 & -3 & 1 \end{pmatrix} - \begin{pmatrix} 4 & -2 & 8 \\ 2 & 6 & 0 \end{pmatrix}\right]$$

$$= \frac{1}{3}\begin{pmatrix} -3 & 2 & -10 \\ 1 & -9 & 1 \end{pmatrix}.$$

4. 转置矩阵

引例6 新能源汽车的续航里程是消费者非常关心的性能指标,为了预测新能源汽车的续航里程,会收集多种因素的数据,如电池容量、车辆重量、行驶速度、外部环境温度等.假设我们进行了一系列的新能源汽车续航里程测试,这些数据可以构成一个 3×5 的矩阵 A,其中每一行代表一个测试样本,每一列代表一个样本的影响因素(分别为电池容量、车辆重量、行驶速度、外部环境温度、续航里程),那么数据矩阵如下:

$$A = \begin{pmatrix} 50 & 1500 & 60 & 20 & 300 \\ 60 & 1600 & 80 & 25 & 350 \\ 55 & 1550 & 70 & 22 & 320 \end{pmatrix}.$$

现在,我们想要将这些数据用于机器学习模型来预测续航里程,但是,某些机器学习算法可能要求输入数据的特定格式,比如,它们可能期望每一行代表一个特征(即影响因素),而每一列代表一个样本的观测值.为了满足这种要求,我们需要对矩阵 A 进行转换,转换后的数据矩阵如下:

$$A^T = \begin{pmatrix} 50 & 60 & 55 \\ 1500 & 1600 & 1550 \\ 60 & 80 & 70 \\ 20 & 25 & 22 \\ 300 & 350 & 320 \end{pmatrix}.$$

我们可以将转换后的矩阵 A' 作为输入数据提供给机器学习模型,从而来预测新能源汽车的续航里程.

根据引例 6 可以发现,在矩阵的运算中,有时会出现行列互换情形.

定义 7 把矩阵 A 的行列互换,所得到的新矩阵,叫作矩阵 A 的**转置矩阵**,记作 A^T 或 A'.

例如,若 $A = \begin{pmatrix} 2 & 0 & 1 \\ 3 & 4 & 5 \end{pmatrix}$,则 $A^T = \begin{pmatrix} 2 & 3 \\ 0 & 4 \\ 1 & 5 \end{pmatrix}$.

矩阵转置满足以下运算规律:

(1) $(A^T)^T = A$;

(2) $(A+B)^T = A^T + B^T$;

(3) $(kA)^T = kA^T$;

(4) $(AB)^T = B^T A^T$.

例 8 已知 $A = \begin{pmatrix} 2 & 0 & -1 \\ 1 & 3 & 2 \end{pmatrix}$,$B = \begin{pmatrix} 1 & 7 & -1 \\ 4 & 2 & 3 \\ 2 & 0 & 1 \end{pmatrix}$,求 $(AB)^T$.

解 法一 因为

$$AB = \begin{pmatrix} 2 & 0 & -1 \\ 1 & 3 & 2 \end{pmatrix} \begin{pmatrix} 1 & 7 & -1 \\ 4 & 2 & 3 \\ 2 & 0 & 1 \end{pmatrix} = \begin{pmatrix} 0 & 14 & -3 \\ 17 & 13 & 10 \end{pmatrix},$$

所以

$$(AB)^T = \begin{pmatrix} 0 & 17 \\ 14 & 13 \\ -3 & 10 \end{pmatrix}.$$

法二 $(AB)^T = B^T A^T = \begin{pmatrix} 1 & 4 & 2 \\ 7 & 2 & 0 \\ -1 & 3 & 1 \end{pmatrix} \begin{pmatrix} 2 & 1 \\ 0 & 3 \\ -1 & 2 \end{pmatrix} = \begin{pmatrix} 0 & 17 \\ 14 & 13 \\ -3 & 10 \end{pmatrix}.$

习题 8.1

A. 基础巩固

1. 已知 $A=\begin{pmatrix} -2 & 4 \\ 1 & -2 \end{pmatrix}$, $B=\begin{pmatrix} 2 & 4 \\ -3 & -6 \end{pmatrix}$, $C=\begin{pmatrix} 1 & 0 & 2 \\ -2 & 2 & 1 \end{pmatrix}$, 求 $A+B$, $2A-3B$, $AC-BC$.

2. 设 $A=\begin{pmatrix} 3 & -1 & 2 \\ 1 & 5 & 7 \\ 5 & 4 & -3 \end{pmatrix}$, $B=\begin{pmatrix} 7 & 5 & -4 \\ 5 & 1 & 9 \\ 3 & -2 & 1 \end{pmatrix}$, 且 $A+2X=B$, 求矩阵 X.

3. 已知 $A=\begin{pmatrix} 1 & 1 \\ 1 & -1 \end{pmatrix}$, $B=\begin{pmatrix} 1 & 2 \\ -1 & 3 \end{pmatrix}$, 求 $(AB)^2$, A^2B^2.

4. 设 $A=\begin{pmatrix} -1 & 3 & 1 \\ 0 & 4 & 2 \end{pmatrix}$, $B=\begin{pmatrix} 4 & 1 \\ 2 & 5 \\ 3 & 4 \end{pmatrix}$, $C=\begin{pmatrix} 2 & -1 \\ 4 & 2 \end{pmatrix}$, 求 $(ABC)^{\mathrm{T}}$.

5. 已知 $A=\begin{pmatrix} 1 & 1 & 0 \\ 0 & 1 & -1 \\ 1 & -1 & 1 \end{pmatrix}$, $B=\begin{pmatrix} 1 & 2 & 3 \\ -1 & -2 & -4 \\ 0 & 2 & 1 \end{pmatrix}$, 求 $A^{\mathrm{T}}B$, $A^{\mathrm{T}}B^{\mathrm{T}}$.

B. 能力提升

1. 四个商店销售同一种产品,第四季度按月统计销售量(单位:台),依次为 $A_1=(15\ 18\ 16\ 20)$, $A_2=(14\ 15\ 15\ 16)$, $A_3=(20\ 19\ 18\ 21)$.

（1）写出第四季度销售矩阵,并求各店销售量和总销量;

（2）若产品单价为 2400 元/台,求第四季度的总销量额;

（3）若第四季度每月的售价分别为 2460 元/台,2300 元/台,2500 元/台,求第四季度的总销量额.

2. 某厂生产甲、乙两种产品,第一季度的销售额如表 8.1.3 所示(单位:万元).

表 8.1.3

月份	销售额	
	甲产品	乙产品
1 月	5	4
2 月	6	10
3 月	8	15

当产品的质量全为一等品或全为二等品时,两种产品的利润率如表 8.1.4 所示.

用矩阵方法求该厂第一季度生产的产品质量全为一等品或全为二等品的利润分别是多少?

表 8.1.4

产品	利润率	
	一等品	二等品
甲产品	0.4	0.3
乙产品	0.5	0.2

第二节 矩阵的初等变换与矩阵的秩

矩阵的初等变换和矩阵的秩是线性代数中非常有用的概念,它们不仅与讨论逆矩阵的问题有密切关系,而且在讨论线性方程组的解的情况中也有重要应用.

一、矩阵的初等变换

矩阵的初等变换是矩阵的一种十分重要的运算,它在解线性方程组、求逆矩阵及矩阵理论的探讨中都有重要的作用. 为引进矩阵的初等变换,先来分析用消元法解线性方程组的例子.

引例 1 假设一辆新能源单电机后驱版汽车在平直道路上行驶,其动力系统可以简化表示为以下线性方程组:

$$\begin{cases} 2x+3y=1270, \\ 4x+5y=2120, \end{cases}$$

其中,x 表示汽车的加速度(单位:m/s²),y 表示电机扭矩(单位:N·m).

下面用高斯消元法求解此方程组,我们把方程组消元的过程列在表 8.2.1 中的左栏,系数及常数项对应的矩阵(称为增广矩阵)变换过程列在表 8.2.1 的右栏.

表 8.2.1

方程组消元的过程	增广矩阵变换的过程
$\begin{cases} 2x+3y=1270 \quad (1) \\ 4x+5y=2120 \quad (2) \end{cases}$	$\begin{pmatrix} 2 & 3 & 1270 \\ 4 & 5 & 2120 \end{pmatrix}$
$(1)\times(-2)+(2)$	第一行的 -2 倍加到第二行
$\begin{cases} 2x+3y=1270 \quad (3) \\ -y=-420 \quad (4) \end{cases}$	$\begin{pmatrix} 2 & 3 & 1270 \\ 0 & -1 & -420 \end{pmatrix}$
$(4)\times 3+(3)$	第二行的 -3 倍加到第一行
$\begin{cases} 2x=10 \quad (5) \\ -y=-420 \quad (6) \end{cases}$	$\begin{pmatrix} 2 & 0 & 10 \\ 0 & -1 & -420 \end{pmatrix}$
$(5)\times(1/2);(6)\times(-1)$	$1/2$ 乘第一行;-1 乘第二行
$\begin{cases} x=5 \\ y=420 \end{cases}$	$\begin{pmatrix} 1 & 0 & 5 \\ 0 & 1 & 420 \end{pmatrix}$

该款新能源单电机后驱版汽车的扭矩为 420 N·m,加速度为 5 m/s²,相当于一百千米加速时间为大约 5.56 s.

分析引例 1 的求解过程可以看出,对方程组施行高斯消元,只是对方程组的系数和常数项进行运算,而未知量并没有加入运算. 事实上,一个线性方程组完全由系数和常数项所决定,而未知量用什么字母表示不是实质性的问题. 基于这个事实,我们把方程组的未知量、运算加号及等号等都省略掉,只对由方程组的系数和常数项构成的矩阵——线性方程组的增广矩阵进行讨论.

同时,从这个引例的求解过程还可以看出,求解线性方程组的过程实际上就是对方程组进行了以下三个运算:

(1) 将两个方程的位置互换;

(2) 将一个方程乘一个非零的常数 k;

(3) 将一个方程的 k 倍加到另一个方程上.

我们把这三种变换叫作线性方程组的初等变换. 线性方程组经过初等变换后其解不变. 同时,对应的增广矩阵也经过了相应的三种变换:

(1) 互换矩阵的任意两行;

(2) 用一个不等于零的数 k 乘矩阵某一行的所有元素;

(3) 将矩阵某行所有元素乘 $k(k \neq 0)$ 后加到另一行对应的元素上去.

定义 1 对矩阵施以下列三种变换,称为矩阵的**初等行变换**.

(1) 互换矩阵的两行,记为 $r_i \leftrightarrow r_j$;

(2) 用一个非零数 k 乘矩阵的某一行,记为 kr_i;

(3) 将矩阵的某一行乘数 k 后加到另一行上,记为 $r_j + kr_i$.

将定义中的"行"换成"列",就称为矩阵的**初等列变换**,相应地把记号 r 换成 c. 矩阵的初等行变换和初等列变换统称为矩阵的**初等变换**.

例如,

$A = \begin{pmatrix} 1 & 2 \\ 3 & 4 \end{pmatrix}$,对 A 作第一种初等行变换,可得 $A_1 = \begin{pmatrix} 3 & 4 \\ 1 & 2 \end{pmatrix}$,对 A_1 作第二种行变换(如 $3r_2$),可得 $A_2 = \begin{pmatrix} 3 & 4 \\ 3 & 6 \end{pmatrix}$,对 A_2 作第三种行变换(如 $r_2 + (-1)r_1$)可得 $A_3 = \begin{pmatrix} 3 & 4 \\ 0 & 2 \end{pmatrix}$,对 A_3 作第三种行变换(如 $r_1 + (-2)r_2$),可得 $A_4 = \begin{pmatrix} 3 & 0 \\ 0 & 2 \end{pmatrix}$. 以上过程可简记为

$$A = \begin{pmatrix} 1 & 2 \\ 3 & 4 \end{pmatrix} \xrightarrow{r_1 \leftrightarrow r_2} \begin{pmatrix} 3 & 4 \\ 1 & 2 \end{pmatrix} \xrightarrow{3r_2} \begin{pmatrix} 3 & 4 \\ 3 & 6 \end{pmatrix} \xrightarrow{r_2 + (-1)r_1} \begin{pmatrix} 3 & 4 \\ 0 & 2 \end{pmatrix} \xrightarrow{r_1 + (-2)r_2} \begin{pmatrix} 3 & 0 \\ 0 & 2 \end{pmatrix}.$$

如果矩阵 A 经过有限次初等变换可变成矩阵 B,就称矩阵 A 与 B 是**等价**的,记作 $A \sim B$. 矩阵之间的等价关系具有下列性质.

(1) 反身性：$A \sim A$；

(2) 对称性：若 $A \sim B$，则 $B \sim A$；

(3) 传递性：若 $A \sim B, B \sim C$，则 $A \sim C$.

引例 2 已知 $A = \begin{pmatrix} 3 & -1 & 2 & 7 \\ 2 & 1 & -1 & 1 \\ 1 & -1 & 1 & 2 \end{pmatrix}$，对 A 作以下初等行变换：

$$A = \begin{pmatrix} 3 & -1 & 2 & 7 \\ 2 & 1 & -1 & 1 \\ 1 & -1 & 1 & 2 \end{pmatrix} \xrightarrow{r_1 \leftrightarrow r_3} \begin{pmatrix} 1 & -1 & 1 & 2 \\ 2 & 1 & -1 & 1 \\ 3 & -1 & 2 & 7 \end{pmatrix} \xrightarrow[r_3 - 3r_1]{r_2 - 2r_1} \begin{pmatrix} 1 & -1 & 1 & 2 \\ 0 & 3 & -3 & -3 \\ 0 & 2 & -1 & 1 \end{pmatrix}$$

$$\xrightarrow{\frac{1}{3}r_2} \begin{pmatrix} 1 & -1 & 1 & 2 \\ 0 & 1 & -1 & -1 \\ 0 & 2 & -1 & 1 \end{pmatrix} \xrightarrow{r_3 - 2r_2} \begin{pmatrix} 1 & -1 & 1 & 2 \\ 0 & 1 & -1 & -1 \\ 0 & 0 & 1 & 3 \end{pmatrix} = A_4.$$

上面最后一个矩阵 A_4 称为**行阶梯形矩阵**. 行阶梯形矩阵的特点：可画出一条阶梯线，阶梯线下方的元素全为零；每个台阶只有一行；阶梯线的竖线后面是非零行的第一个非零元素.

例如，$\begin{pmatrix} 1 & 1 & -2 & 1 & 4 \\ 0 & 1 & -1 & 1 & 0 \\ 0 & 0 & 0 & 1 & -3 \\ 0 & 0 & 0 & 0 & 0 \end{pmatrix}$ 也是行阶梯形矩阵.

继续对引例 2 中的行阶梯形矩阵 A_4 施行初等行变换，有

$$A_4 = \begin{pmatrix} 1 & -1 & 1 & 2 \\ 0 & 1 & -1 & -1 \\ 0 & 0 & 1 & 3 \end{pmatrix} \xrightarrow[r_2 + r_3]{r_1 + r_2} \begin{pmatrix} 1 & 0 & 0 & 1 \\ 0 & 1 & 0 & 2 \\ 0 & 0 & 1 & 3 \end{pmatrix} = A_5.$$

行阶梯形矩阵 A_5 称为**行最简形矩阵**. 行最简形矩阵的特点：非零行的第一个非零元素为 1，且这些非零元素所在列的其他元素都为零.

若对行最简形矩阵继续施行初等列变换，得到左上角是一个单位矩阵，其他元素全为零的矩阵，称为**标准形矩阵**. 例如，

$$\begin{pmatrix} 1 & 0 & 0 & 0 & 0 \\ 0 & 1 & 0 & 0 & 0 \\ 0 & 0 & 1 & 0 & 0 \\ 0 & 0 & 0 & 0 & 0 \end{pmatrix}.$$

利用初等行变换把一个矩阵化为行阶梯形矩阵或行最简形矩阵，是线性代数中最基本和最重要的运算之一.

定理 任何矩阵都可以经过若干次的初等行变换化为行阶梯形矩阵或行最简形矩阵.

> **小贴士**
> 行阶梯形矩阵不唯一,行最简形矩阵是唯一的.

二、矩阵的秩

一个矩阵的行阶梯形矩阵虽然不唯一,但非零行的行数是唯一确定的,根据这个数可以很方便地判别线性方程组的解的各种情况. 为此,下面引入矩阵的秩的概念.

定义 2 矩阵 A 化为行阶梯形矩阵后,其非零行的行数称为**矩阵的秩**,记作 $r(A)$.

引例 2 中矩阵 A 的秩是 3.

n 阶矩阵 A 的秩为 n 时,称 A 为**满秩矩阵**.

规定 零矩阵的秩为 0,即 $r(O)=0$. 对非零矩阵 $A_{m\times n}$,总有 $1 \leqslant r(A) \leqslant \min(m,n)$.

在实际中,一般先对矩阵 A 进行初等行变换,化为阶梯形矩阵,再确定 A 的秩.

例 1 求矩阵 $A = \begin{pmatrix} 1 & 1 & 1 & 4 & -3 \\ 1 & -1 & 3 & -2 & -1 \\ 2 & 1 & 3 & 5 & -5 \\ 3 & 1 & 5 & 6 & -7 \end{pmatrix}$ 的秩.

解 因为

$$A = \begin{pmatrix} 1 & 1 & 1 & 4 & -3 \\ 1 & -1 & 3 & -2 & -1 \\ 2 & 1 & 3 & 5 & -5 \\ 3 & 1 & 5 & 6 & -7 \end{pmatrix} \xrightarrow[\substack{r_2-r_1\\r_3-2r_1\\r_4-3r_1}]{} \begin{pmatrix} 1 & 1 & 1 & 4 & -3 \\ 0 & -2 & 2 & -6 & 2 \\ 0 & -1 & 1 & -3 & 1 \\ 0 & -2 & 2 & -6 & 2 \end{pmatrix}$$

$$\xrightarrow[\substack{r_2-2r_3\\r_4-2r_3}]{} \begin{pmatrix} 1 & 1 & 1 & 4 & -3 \\ 0 & 0 & 0 & 0 & 0 \\ 0 & -1 & 1 & -3 & 1 \\ 0 & 0 & 0 & 0 & 0 \end{pmatrix} \xrightarrow{r_2 \leftrightarrow r_3} \begin{pmatrix} 1 & 1 & 1 & 4 & -3 \\ 0 & -1 & 1 & -3 & 1 \\ 0 & 0 & 0 & 0 & 0 \\ 0 & 0 & 0 & 0 & 0 \end{pmatrix}.$$

所以 $r(A) = 2$.

三、逆矩阵

前面我们已经定义了矩阵的加法、减法、数乘和乘法运算,但如果已知矩阵 A,B,如何来求矩阵方程 $AX=B$ 中的未知矩阵 X 呢?

引例 3 在新能源汽车的电池管理系统中,准确估计电池的荷电状态(State of Charge, SOC)是至关重要的. 我们可以通过测量电池的放电电压来估计 SOC.

假设电池的开路电压(open circuit voltage, OCV)与 SOC 之间的关系可以通过以下线性方程组描述:

$$\begin{pmatrix} U_{OCV_1} \\ U_{OCV_2} \\ U_{OCV_3} \end{pmatrix} = \begin{pmatrix} a_{11} & a_{12} & a_{13} \\ a_{21} & a_{22} & a_{23} \\ a_{31} & a_{32} & a_{33} \end{pmatrix} \begin{pmatrix} SOC_1 \\ SOC_2 \\ SOC_3 \end{pmatrix},$$

其中,U_{OCV_1},U_{OCV_2},U_{OCV_3} 是在不同条件下测量的开路电压,SOC_1,SOC_2,SOC_3 是对应的荷电状态,a_{ij} 是系数,可以通过实验数据获得.

为了求解 SOC,我们需要建立以下方程来求解未知矩阵 X:

$$AX = B,$$

其中,

$$A = \begin{pmatrix} a_{11} & a_{12} & a_{13} \\ a_{21} & a_{22} & a_{23} \\ a_{31} & a_{32} & a_{33} \end{pmatrix}, B = \begin{pmatrix} U_{OCV_1} \\ U_{OCV_2} \\ U_{OCV_3} \end{pmatrix}, X = \begin{pmatrix} SOC_1 \\ SOC_2 \\ SOC_3 \end{pmatrix}.$$

【想一想】

矩阵 X 能否和数的运算 $ax = b$ 中解出 x 一样被解出来呢？在数的运算中,当数 $a \neq 0$ 时,有 $aa^{-1} = a^{-1}a = 1$,其中,$a^{-1} = \dfrac{1}{a}$ 为 a 的倒数(或称为 a 的逆).在矩阵乘法中,也存在类似非零数 a 那样性质的矩阵,如何引入此类矩阵,求解出 $AX = B$ 中的 X 呢？

定义 3 对于 n 阶方阵 A,如果有一个 n 阶方阵 B,使得 $AB = BA = I$,则称 A 是**可逆矩阵**或**非奇异矩阵**,并称 B 为 A 的**逆矩阵**,记为 $B = A^{-1}$.

例如,设 $A = \begin{pmatrix} 8 & -4 \\ -5 & 3 \end{pmatrix}, B = \begin{pmatrix} \dfrac{3}{4} & 1 \\ \dfrac{5}{4} & 2 \end{pmatrix}$,则有

$$AB = BA = \begin{pmatrix} 1 & 0 \\ 0 & 1 \end{pmatrix} = I,$$

所以 B 是 A 的逆矩阵.

由逆矩阵的概念可验证逆矩阵有如下**性质**:

(1) 若 A 可逆,则 A^{-1} 是唯一的;

(2) 若 A 可逆,则 A^{-1} 亦可逆,且 $(A^{-1})^{-1} = A$;

(3) 若 A 可逆,数 $k \neq 0$,则 kA 亦可逆,且 $(kA)^{-1} = \dfrac{1}{k}A^{-1}$;

(4) 若 A,B 为同阶方阵且均可逆,则 AB 亦可逆,且 $(AB)^{-1} = B^{-1}A^{-1}$;

(5) 若 A 可逆,则 A^T 亦可逆,且 $(A^T)^{-1} = (A^{-1})^T$.

我们可以利用矩阵初等行变换的方法来求逆矩阵.

设 A 是 n 阶方阵,构造一个新矩阵 $(A \vdots I)$,对这个矩阵进行一系列初等行变换,使它变

为 $(I \mid B)$，则 B 即为 A^{-1}．

同样，也可以用初等列变换求逆矩阵．

例2 求 $A = \begin{pmatrix} 1 & 3 \\ 2 & 4 \end{pmatrix}$ 的逆矩阵．

解 因为

$$\begin{pmatrix} 1 & 3 & \vdots & 1 & 0 \\ 2 & 4 & \vdots & 0 & 1 \end{pmatrix} \xrightarrow{r_2 - 2r_1} \begin{pmatrix} 1 & 3 & \vdots & 1 & 0 \\ 0 & -2 & \vdots & -2 & 1 \end{pmatrix}$$

$$\xrightarrow{-\frac{1}{2}r_2} \begin{pmatrix} 1 & 3 & \vdots & 1 & 0 \\ 0 & 1 & \vdots & 1 & -\frac{1}{2} \end{pmatrix} \xrightarrow{r_1 - 3r_2} \begin{pmatrix} 1 & 0 & \vdots & -2 & \frac{3}{2} \\ 0 & 1 & \vdots & 1 & -\frac{1}{2} \end{pmatrix},$$

所以

$$A^{-1} = \begin{pmatrix} -2 & \frac{3}{2} \\ 1 & -\frac{1}{2} \end{pmatrix}.$$

例3 设 $A = \begin{pmatrix} 1 & 2 & 3 \\ 2 & 2 & 1 \\ 3 & 4 & 3 \end{pmatrix}$，求 A^{-1}．

解 因为

$$\begin{pmatrix} 1 & 2 & 3 & \vdots & 1 & 0 & 0 \\ 2 & 2 & 1 & \vdots & 0 & 1 & 0 \\ 3 & 4 & 3 & \vdots & 0 & 0 & 1 \end{pmatrix} \xrightarrow[r_3 + (-3)r_1]{r_2 + (-2)r_1} \begin{pmatrix} 1 & 2 & 3 & \vdots & 1 & 0 & 0 \\ 0 & -2 & -5 & \vdots & -2 & 1 & 0 \\ 0 & -2 & -6 & \vdots & -3 & 0 & 1 \end{pmatrix}$$

$$\xrightarrow[r_3 - r_2]{r_1 + r_2} \begin{pmatrix} 1 & 0 & -2 & \vdots & -1 & 1 & 0 \\ 0 & -2 & -5 & \vdots & -2 & 1 & 0 \\ 0 & 0 & -1 & \vdots & -1 & -1 & 1 \end{pmatrix} \xrightarrow[r_2 + (-5)r_3]{r_1 + (-2)r_3} \begin{pmatrix} 1 & 0 & 0 & \vdots & 1 & 3 & -2 \\ 0 & -2 & 0 & \vdots & 3 & 6 & -5 \\ 0 & 0 & -1 & \vdots & -1 & -1 & 1 \end{pmatrix}$$

$$\xrightarrow[-r_3]{-\frac{1}{2}r_2} \begin{pmatrix} 1 & 0 & 0 & \vdots & 1 & 3 & -2 \\ 0 & 1 & 0 & \vdots & -\frac{3}{2} & -3 & \frac{5}{2} \\ 0 & 0 & 1 & \vdots & 1 & 1 & -1 \end{pmatrix},$$

所以

$$A^{-1} = \begin{pmatrix} 1 & 3 & -2 \\ -\frac{3}{2} & -3 & \frac{5}{2} \\ 1 & 1 & -1 \end{pmatrix}.$$

对矩阵方程 $AX=B$，当 A 可逆时，方程两边左乘 A^{-1}，就可以求得未知矩阵 $X=A^{-1}B$. 在实际计算时，其过程如下形式：

$$(A \vdots B) \xrightarrow{\text{初等行变换}} (I \vdots A^{-1}B).$$

例 4　解方程 $\begin{pmatrix} 1 & -5 \\ -1 & 4 \end{pmatrix} X = \begin{pmatrix} 3 & 2 \\ 1 & 4 \end{pmatrix}$.

解　因为

$$(A \vdots B) = \begin{pmatrix} 1 & -5 & \vdots & 3 & 2 \\ -1 & 4 & \vdots & 1 & 4 \end{pmatrix} \xrightarrow{r_2+r_1} \begin{pmatrix} 1 & -5 & \vdots & 3 & 2 \\ 0 & -1 & \vdots & 4 & 6 \end{pmatrix} \xrightarrow{-r_2} \begin{pmatrix} 1 & -5 & \vdots & 3 & 2 \\ 0 & 1 & \vdots & -4 & -6 \end{pmatrix}$$

$$\xrightarrow{r_1+5r_2} \begin{pmatrix} 1 & 0 & \vdots & -17 & -28 \\ 0 & 1 & \vdots & -4 & -6 \end{pmatrix} = (I \vdots A^{-1}B),$$

所以

$$X = \begin{pmatrix} -17 & -28 \\ -4 & -6 \end{pmatrix}.$$

例 5　解方程

$$\begin{pmatrix} 2 & 2 & 3 \\ 1 & -1 & 0 \\ -1 & 2 & 1 \end{pmatrix} X = \begin{pmatrix} 8 \\ 1 \\ 1 \end{pmatrix},$$

解　因为

$$(A \vdots B) = \begin{pmatrix} 2 & 2 & 3 & \vdots & 8 \\ 1 & -1 & 0 & \vdots & 1 \\ -1 & 2 & 1 & \vdots & 1 \end{pmatrix} \xrightarrow[\substack{r_2-2r_1 \\ r_3+r_1}]{r_1 \leftrightarrow r_2} \begin{pmatrix} 1 & -1 & 0 & \vdots & 1 \\ 0 & 4 & 3 & \vdots & 6 \\ 0 & 1 & 1 & \vdots & 2 \end{pmatrix} \xrightarrow[\substack{r_3-4r_2 \\ r_1+r_2}]{r_2 \leftrightarrow r_3} \begin{pmatrix} 1 & 0 & 1 & \vdots & 3 \\ 0 & 1 & 1 & \vdots & 2 \\ 0 & 0 & -1 & \vdots & -2 \end{pmatrix}$$

$$\xrightarrow[r_2+r_3]{r_1+r_3} \begin{pmatrix} 1 & 0 & 0 & \vdots & 1 \\ 0 & 1 & 0 & \vdots & 0 \\ 0 & 0 & -1 & \vdots & -2 \end{pmatrix} \xrightarrow{-r_3} \begin{pmatrix} 1 & 0 & 0 & \vdots & 1 \\ 0 & 1 & 0 & \vdots & 0 \\ 0 & 0 & 1 & \vdots & 2 \end{pmatrix} = (I \vdots A^{-1}B),$$

所以

$$X = \begin{pmatrix} 1 \\ 0 \\ 2 \end{pmatrix}.$$

习题 8.2

A. 基础巩固

1. 将下列矩阵化为行阶梯形矩阵.

(1) $\begin{pmatrix} 1 & 3 & 2 \\ 2 & -5 & 3 \\ 4 & 1 & 7 \end{pmatrix}$;

(2) $\begin{pmatrix} 1 & -2 & 1 & 1 & 1 \\ 1 & -2 & 1 & -1 & -1 \\ 1 & -2 & 1 & -5 & 5 \end{pmatrix}$.

2. 求下列矩阵的秩.

(1) $\begin{pmatrix} 1 & 2 & -3 \\ -1 & -3 & 4 \\ 1 & 1 & -2 \end{pmatrix}$;

(2) $\begin{pmatrix} 1 & 0 & 1 \\ 2 & -1 & 1 \\ -2 & 3 & -2 \\ 0 & 1 & 5 \end{pmatrix}$.

3. 利用矩阵的初等变换求下列方阵的逆矩阵.

(1) $\begin{pmatrix} 1 & 2 \\ 3 & 4 \end{pmatrix}$;

(2) $\begin{pmatrix} 0 & 2 & -1 \\ 1 & 1 & 2 \\ -1 & -1 & -1 \end{pmatrix}$.

B. 能力提升

1. 解下列矩阵方程.

(1) $\begin{pmatrix} 1 & 2 \\ 3 & 4 \end{pmatrix} X = \begin{pmatrix} 2 & -3 \\ 1 & -2 \end{pmatrix}$;

(2) $\begin{pmatrix} 1 & -1 & 2 \\ -2 & -1 & -2 \\ 4 & 3 & 3 \end{pmatrix} X = \begin{pmatrix} 1 & 2 \\ 1 & -1 \\ 1 & 7 \end{pmatrix}$.

(3) $\begin{pmatrix} 1 & 2 & 3 \\ 2 & 2 & 1 \\ 3 & 4 & 3 \end{pmatrix} X = \begin{pmatrix} -2 \\ 1 \\ 0 \end{pmatrix}$;

(4) $\begin{pmatrix} 2 & 2 & 3 \\ 1 & -1 & 0 \\ -1 & 2 & 1 \end{pmatrix} X = \begin{pmatrix} 1 \\ 1 \\ 2 \end{pmatrix}$.

2. 一艘轮船以 x km/h 的速度在长江上航行,已知江水的速度为 y km/h,若轮船顺水航行时相对江岸的速度为 180 km/h,逆水航行时相对江岸的速度为 100 km/h,用矩阵方法求轮船的速度和水流速度.

第三节 线性方程组及其解

自然科学、工程技术和企业管理中的许多问题经常归结为求解一个线性方程组的问题. 虽然在中学时期,我们已经学过用消元法解二元一次或三元一次线性方程组,但是在许多实际问题中,方程组中未知量的个数往往超过三个,并且方程组中未知量的个数与方程个数也不一定相同,此时,我们需要通过矩阵方法进行讨论.

引例 1 捷运物流公司有三辆汽车同时运送一批货物,一天一共需要运送 8 200 t,如果第一辆汽车运送 2 天,第二辆汽车运送 3 天,共可运送货物 12 200 t. 如果第一辆汽车运送 1

天,第二辆汽车运送2天,第三辆汽车运送3天,共可运送货物17 600 t.问:每辆汽车每天可运送货物多少吨?

解 设第 i 辆汽车每天运送货物 x_i t($i=1,2,3$),根据题意,可建立如下的方程组:

$$\begin{cases} x_1 + x_2 + x_3 = 8\ 200, \\ 2x_1 + 3x_2 = 12\ 200, \\ x_1 + 2x_2 + 3x_3 = 17\ 600. \end{cases}$$

该方程组的增广矩阵为

$$\overline{A} = \begin{pmatrix} 1 & 1 & 1 & 8\ 200 \\ 2 & 3 & 0 & 12\ 200 \\ 1 & 2 & 3 & 17\ 600 \end{pmatrix}.$$

对增广矩阵 $\overline{A}$ 施行初等行变换如下:

$$\overline{A} = \begin{pmatrix} 1 & 1 & 1 & 8\ 200 \\ 2 & 3 & 0 & 12\ 200 \\ 1 & 2 & 3 & 17\ 600 \end{pmatrix} \xrightarrow[r_3-r_1]{r_2-2r_1} \begin{pmatrix} 1 & 1 & 1 & 8\ 200 \\ 0 & 1 & -2 & -4\ 200 \\ 0 & 1 & 2 & 9\ 400 \end{pmatrix}$$

$$\xrightarrow[r_1-r_2]{r_3-r_2} \begin{pmatrix} 1 & 0 & 3 & 12\ 400 \\ 0 & 1 & -2 & -4\ 200 \\ 0 & 0 & 4 & 13\ 600 \end{pmatrix} \xrightarrow{\frac{1}{4}r_3} \begin{pmatrix} 1 & 0 & 3 & 12\ 400 \\ 0 & 1 & -2 & -4\ 200 \\ 0 & 0 & 1 & 3\ 400 \end{pmatrix}$$

$$\xrightarrow[r_2+2r_3]{r_1-3r_3} \begin{pmatrix} 1 & 0 & 0 & 2\ 200 \\ 0 & 1 & 0 & 2\ 600 \\ 0 & 0 & 1 & 3\ 400 \end{pmatrix}.$$

因此,方程组有唯一解,即三辆汽车每天可分别运送货物 2 200 t、2 600 t、3 400 t.注意此时 $r(A) = r(B) = 3$.

分析消元法过程,为了减少未知量,其实是对系数和常数项作变换,由此,我们引入矩阵方法研究线性方程组.

m 个方程 n 个未知量的线性方程组的一般形式为

$$\begin{cases} a_{11}x_1 + a_{12}x_2 + \cdots + a_{1n}x_n = b_1, \\ a_{21}x_1 + a_{22}x_2 + \cdots + a_{2n}x_n = b_2, \\ \cdots\cdots\cdots\cdots \\ a_{m1}x_1 + a_{m2}x_2 + \cdots + a_{mn}x_n = b_m, \end{cases} \tag{8.3.1}$$

其中,x_i 是未知数,a_{ij} 为系数.当 b_i 是不全为零的常数时,方程组(8.3.1)称为**非齐次线性方程组**;当 b_i 全为零时,即

$$\begin{cases} a_{11}x_1+a_{12}x_2+\cdots+a_{1n}x_n=0, \\ a_{21}x_1+a_{22}x_2+\cdots+a_{2n}x_n=0, \\ \cdots\cdots\cdots\cdots \\ a_{m1}x_1+a_{m2}x_2+\cdots+a_{mn}x_n=0, \end{cases} \quad (8.3.2)$$

方程组(8.3.2)称为**齐次线性方程组**.

方程组(8.3.1)和(8.3.2)用矩阵乘法分别表示为 $AX=B$ 和 $AX=O$. 其中，

$$A=\begin{pmatrix} a_{11} & a_{12} & \cdots & a_{1n} \\ a_{21} & a_{22} & \cdots & a_{2n} \\ \vdots & \vdots & & \vdots \\ a_{m1} & a_{m2} & \cdots & a_{mn} \end{pmatrix}, \quad X=\begin{pmatrix} x_1 \\ x_2 \\ \vdots \\ x_n \end{pmatrix}, \quad B=\begin{pmatrix} b_1 \\ b_2 \\ \vdots \\ b_m \end{pmatrix}.$$

称 A 为线性方程组(8.3.1)的**系数矩阵**，X 为**未知量矩阵**，B 为**常数项列矩阵**，由 A 和 B 构成的新矩阵 $\overline{A}$ 称为线性方程组(8.3.1)的**增广矩阵**：

$$\overline{A}=(A,B)=\begin{pmatrix} a_{11} & a_{12} & \cdots & a_{1n} & b_1 \\ a_{21} & a_{22} & \cdots & a_{2n} & b_2 \\ \vdots & \vdots & & \vdots & \vdots \\ a_{m1} & a_{m2} & \cdots & a_{mn} & b_m \end{pmatrix}.$$

一个增广矩阵相应地可以确定一个线性方程组，这样，一个线性方程组就完全可以用它的增广矩阵来表示. 在用消元法解线性方程组的过程中，参与运算的只是各方程的系数和常数项，可见消元法其实是对线性方程组的增广矩阵进行变换.

引例2 解线性方程组：

$$\begin{cases} x_1+3x_2-5x_3=-1, \\ 2x_1+6x_2-3x_3=5, \\ 3x_1+9x_2-10x_3=2. \end{cases}$$

解 写出线性方程组的增广矩阵并对其进行初等行变换，即

$$\overline{A}=\begin{pmatrix} 1 & 3 & -5 & -1 \\ 2 & 6 & -3 & 5 \\ 3 & 9 & -10 & 2 \end{pmatrix} \xrightarrow[r_3-3r_1]{r_2-2r_1} \begin{pmatrix} 1 & 3 & -5 & -1 \\ 0 & 0 & 7 & 7 \\ 0 & 0 & 5 & 5 \end{pmatrix}$$

$$\xrightarrow[\frac{1}{5}r_3]{\frac{1}{7}r_2} \begin{pmatrix} 1 & 3 & -5 & -1 \\ 0 & 0 & 1 & 1 \\ 0 & 0 & 1 & 1 \end{pmatrix} \xrightarrow[r_1+5r_2]{r_3-r_2} \begin{pmatrix} 1 & 3 & 0 & 4 \\ 0 & 0 & 1 & 1 \\ 0 & 0 & 0 & 0 \end{pmatrix}.$$

对应的方程组为

$$\begin{cases} x_1+3x_2=4, \\ x_3=1, \end{cases} \text{即} \begin{cases} x_1=4-3x_2, \\ x_2=x_2, \\ x_3=1. \end{cases}$$

令 $x_2 = c$,有

$$\begin{cases} x_1 = 4-3c, \\ x_2 = c, \\ x_3 = 1, \end{cases}$$

其中,x_2 称为**自由未知量**. 上式还可表示为

$$\begin{pmatrix} x_1 \\ x_2 \\ x_3 \end{pmatrix} = \begin{pmatrix} 4 \\ 0 \\ 1 \end{pmatrix} + c \begin{pmatrix} -3 \\ 1 \\ 0 \end{pmatrix}. \tag{8.3.3}$$

式(8.3.3)所表示的线性方程组的解称为线性方程组的**通解**或**一般解**. 由于 c 可任意取值,所以此方程组有无穷多解. 注意此时 $r(A) = r(B) = 2 < 3$.

引例 3 解线性方程组:

$$\begin{cases} 2x_1 - x_2 + 3x_3 = 1, \\ 4x_1 - 2x_2 + 5x_3 = 4, \\ 6x_1 - 3x_2 + 8x_3 = 4. \end{cases}$$

解 写出线性方程组的增广矩阵并对其进行初等行变换,即

$$\overline{A} = \begin{pmatrix} 2 & -1 & 3 & 1 \\ 4 & -2 & 5 & 4 \\ 6 & -3 & 8 & 4 \end{pmatrix} \xrightarrow[r_3-3r_1]{r_2-2r_1} \begin{pmatrix} 2 & -1 & 3 & 1 \\ 0 & 0 & -1 & 2 \\ 0 & 0 & -1 & 1 \end{pmatrix}$$

$$\xrightarrow{-r_2} \begin{pmatrix} 2 & -1 & 3 & 1 \\ 0 & 0 & 1 & -2 \\ 0 & 0 & -1 & 1 \end{pmatrix} \xrightarrow{r_3+r_2} \begin{pmatrix} 2 & -1 & 3 & 1 \\ 0 & 0 & 1 & -2 \\ 0 & 0 & 0 & -1 \end{pmatrix}.$$

对应的同解方程组为

$$\begin{cases} 2x_1 - x_2 + 3x_3 = 1, \\ x_3 = -2, \\ 0 = -1. \end{cases}$$

由第三个方程是矛盾方程可得方程组无解. 注意此时 $r(A) = 2 \neq r(\overline{A}) = 3$.

由以上 3 个引例可知,线性方程组的解有三种情况:有唯一解、有无穷多解或无解. 这个结论具有一般性,于是,我们可得如下线性方程组解的判定方法.

定理 1 设 m 个方程 n 个未知量的非齐次线性方程组 $AX = B$.

(1) $AX = B$ 无解 $\Leftrightarrow r(A) < r(\overline{A})$;

(2) $AX = B$ 有唯一解 $\Leftrightarrow r(A) = r(\overline{A}) = n$(未知量个数);

(3) $AX = B$ 有无穷多解 $\Leftrightarrow r(A) = r(\overline{A}) < n$(未知量个数),这时自由未知量的个数为 $n-r$ 个.

例1 解线性方程组:
$$\begin{cases} x_1 - x_2 + x_4 = 2, \\ x_1 - 2x_2 + x_3 + 4x_4 = 3, \\ 2x_1 - 3x_2 + x_3 + 5x_4 = 5. \end{cases}$$

解 写出线性方程组的增广矩阵并对其进行初等行变换,即

$$\overline{A} = \begin{pmatrix} 1 & -1 & 0 & 1 & 2 \\ 1 & -2 & 1 & 4 & 3 \\ 2 & -3 & 1 & 5 & 5 \end{pmatrix} \xrightarrow[r_3 - 2r_1]{r_2 - r_1} \begin{pmatrix} 1 & -1 & 0 & 1 & 2 \\ 0 & -1 & 1 & 3 & 1 \\ 0 & -1 & 1 & 3 & 1 \end{pmatrix}$$

$$\xrightarrow{r_3 - r_2} \begin{pmatrix} 1 & -1 & 0 & 1 & 2 \\ 0 & -1 & 1 & 3 & 1 \\ 0 & 0 & 0 & 0 & 0 \end{pmatrix} \xrightarrow[-r_2]{r_1 - r_2} \begin{pmatrix} 1 & 0 & -1 & -2 & 1 \\ 0 & 1 & -1 & -3 & -1 \\ 0 & 0 & 0 & 0 & 0 \end{pmatrix}.$$

因为 $r(A) = r(\overline{A}) = 2 < n = 3$,所以方程组有无穷多解.

对应的同解方程组为

$$\begin{cases} x_1 - x_3 - 2x_4 = 1, \\ x_2 - x_3 - 3x_4 = -1, \end{cases} \quad 即 \quad \begin{cases} x_1 = x_3 + 2x_4 + 1, \\ x_2 = x_3 + 3x_4 - 1, \\ x_3 = x_3, \\ x_4 = x_4, \end{cases}$$

其中,x_3, x_4 为自由未知量,令 $x_3 = c_1, x_4 = c_2$,则所求方程的通解为

$$\begin{pmatrix} x_1 \\ x_2 \\ x_3 \\ x_4 \end{pmatrix} = \begin{pmatrix} 1 \\ -1 \\ 0 \\ 0 \end{pmatrix} + c_1 \begin{pmatrix} 1 \\ 1 \\ 1 \\ 0 \end{pmatrix} + c_2 \begin{pmatrix} 2 \\ 3 \\ 0 \\ 1 \end{pmatrix}.$$

例2 某工厂生产 A、B、C 三种产品,每种产品所需工时数如表 8.3.1 所示(单位:h/件).已知机器甲、乙、丙能提供的工时数分别是 550 h、1 200 h、850 h. 假设充分利用所有的工时,产品 A、B、C 的产量分别是多少?

表 8.3.1

机器	产量		
	A	B	C
甲	1	1	2
乙	4	2	1
丙	2	1	3

解 设产品 A、B、C 的产量分别为 x_1, x_2, x_3 件,由题意,得方程组

$$\begin{cases} x_1 + x_2 + 2x_3 = 550, \\ 4x_1 + 2x_2 + x_3 = 1\,200, \\ 2x_1 + x_2 + 3x_3 = 850. \end{cases}$$

写出增广矩阵并对其进行初等行变换,即

$$\overline{A} = \begin{pmatrix} 1 & 1 & 2 & 550 \\ 4 & 2 & 1 & 1\,200 \\ 2 & 1 & 3 & 850 \end{pmatrix} \xrightarrow[r_3-2r_1]{r_2-4r_1} \begin{pmatrix} 1 & 1 & 2 & 550 \\ 0 & -2 & -7 & -1\,000 \\ 0 & -1 & -1 & -250 \end{pmatrix} \xrightarrow[r_2 \leftrightarrow r_3]{r_1+r_3} \begin{pmatrix} 1 & 0 & 1 & 300 \\ 0 & -1 & -1 & -250 \\ 0 & -2 & -7 & -1\,000 \end{pmatrix}$$

$$\xrightarrow[-r_2]{r_3-2r_2} \begin{pmatrix} 1 & 0 & 1 & 300 \\ 0 & 1 & 1 & 250 \\ 0 & 0 & -5 & -500 \end{pmatrix} \xrightarrow{-\frac{1}{5}r_3} \begin{pmatrix} 1 & 0 & 1 & 300 \\ 0 & 1 & 1 & 250 \\ 0 & 0 & 1 & 100 \end{pmatrix} \xrightarrow[r_2-r_3]{r_1-r_3} \begin{pmatrix} 1 & 0 & 0 & 200 \\ 0 & 1 & 0 & 150 \\ 0 & 0 & 1 & 100 \end{pmatrix}.$$

所以 $x_1 = 200$(件), $x_2 = 150$(件), $x_3 = 100$(件).

因为齐次线性方程组的增广矩阵的常数列全为零,所以一定有 $r(A) = r(\overline{A})$,所以齐次线性方程组一定有解,并且 $X = \begin{pmatrix} 0 \\ 0 \\ \vdots \\ 0 \end{pmatrix}$ 一定是齐次线性方程组的解,称为**零解**.

定理 2 设 m 个方程 n 个未知量的齐次线性方程组 $AX = O$,则

(1) $AX = O$ 只有零解 $\Leftrightarrow r(A) = n$(未知量个数);

(2) $AX = O$ 有无穷多解 $\Leftrightarrow r(A) < n$(未知量个数),这时自由未知量的个数为 $n-r$ 个.

当方程个数 m 小于未知量个数 n 时,齐次方程组一定有非零解.

例 3 解齐次线性方程组:

$$\begin{cases} x_1 + 2x_2 + 2x_3 + x_4 = 0, \\ 2x_1 + x_2 - 2x_3 - 2x_4 = 0, \\ x_1 - x_2 - 4x_3 - 3x_4 = 0. \end{cases}$$

解 对系数矩阵作初等行变换:

$$A = \begin{pmatrix} 1 & 2 & 2 & 1 \\ 2 & 1 & -2 & -2 \\ 1 & -1 & -4 & -3 \end{pmatrix} \xrightarrow[r_3-r_1]{r_2-2r_1} \begin{pmatrix} 1 & 2 & 2 & 1 \\ 0 & -3 & -6 & -4 \\ 0 & -3 & -6 & -4 \end{pmatrix}$$

$$\xrightarrow[\frac{1}{3}r_2]{r_3-r_2}\begin{pmatrix} 1 & 2 & 2 & 1 \\ 0 & 1 & 2 & \frac{4}{3} \\ 0 & 0 & 0 & 0 \end{pmatrix}\xrightarrow{r_1-2r_2}\begin{pmatrix} 1 & 0 & -2 & -\frac{5}{3} \\ 0 & 1 & 2 & \frac{4}{3} \\ 0 & 0 & 0 & 0 \end{pmatrix}.$$

因为 $r(\boldsymbol{A})=2<4$,所以方程组有无穷多解. 对应的同解方程组为

$$\begin{cases} x_1-2x_3-\dfrac{5}{3}x_4=0, \\ x_2+2x_3+\dfrac{4}{3}x_4=0, \end{cases}$$

即

$$\begin{cases} x_1=2x_3+\dfrac{5}{3}x_4, \\ x_2=-2x_3-\dfrac{4}{3}x_4, \\ x_3=x_3, \\ x_4=x_4, \end{cases}$$

其中,x_3,x_4 为自由未知量,令 $x_3=c_1,x_4=c_2$,则原方程组的通解为

$$\begin{pmatrix} x_1 \\ x_2 \\ x_3 \\ x_4 \end{pmatrix}=c_1\begin{pmatrix} 2 \\ -2 \\ 1 \\ 0 \end{pmatrix}+c_2\begin{pmatrix} \dfrac{5}{3} \\ -\dfrac{4}{3} \\ 0 \\ 1 \end{pmatrix}.$$

例4 现有一个木工、一个电工和一个油漆工,三个人相互同意彼此装修他们自己的房子,在装修之前,他们达成了如下协议:

(1) 每人总共工作 10 天(包括给自己家干活在内);

(2) 每人的日工资根据一般的市价为 60~80 元;

(3) 每人的日工资数应使得每人的总收入与总支出相等.

表 8.3.2 是他们协商后制订出的工作天数的分配方案,如何计算他们每人的日工资呢?

表 8.3.2

工作地	工作天数		
	木工	电工	油漆工
木工家	2	1	6
电工家	4	5	1
油漆工家	4	4	3

解 设木工、电工、油漆工的日工资分别为 x_1,x_2,x_3，由题知，木工 10 个工作日的总收入为 $10x_1$，总支出为 $2x_1+x_2+6x_3$。由于总支出与总收入相等，于是木工的收支平衡关系可描述为

$$2x_1+x_2+6x_3=10x_1.$$

同理，可以分别建立描述电工、油漆工各自的收支平衡关系的两个等式：

$$4x_1+5x_2+x_3=10x_2,$$
$$4x_1+4x_2+3x_3=10x_3.$$

联立三个方程得方程组

$$\begin{cases} 2x_1+x_2+6x_3=10x_1, \\ 4x_1+5x_2+x_3=10x_2, \\ 4x_1+4x_2+3x_3=10x_3. \end{cases}$$

整理，得

$$\begin{cases} -8x_1+x_2+6x_3=0, \\ 4x_1-5x_2+x_3=0, \\ 4x_1+4x_2-7x_3=0. \end{cases}$$

利用初等行变换可以求出该线性方程组的通解为

$$X=\begin{pmatrix} x_1 \\ x_2 \\ x_3 \end{pmatrix}=k\begin{pmatrix} \dfrac{31}{36} \\ \dfrac{8}{9} \\ 1 \end{pmatrix},$$

其中，k 为任意实数。由于每个人的日工资为 60～80 元，故选择 $k=72$。以此确定的木工、电工及油漆工每人每天的日工资分别为 62 元、64 元、72 元。

习题 8.3

A. 基础巩固

1. 解下列线性方程组。

(1) $\begin{cases} 2x_1-x_2=2, \\ -x_1+x_2=1, \\ x_1+3x_2=3; \end{cases}$

(2) $\begin{cases} 2x_1-x_3=0, \\ -x_1+x_2+2x_3=1, \\ x_1+2x_2+x_3=2; \end{cases}$

(3) $\begin{cases} x_1+2x_2+x_3=4, \\ 2x_1+5x_2-2x_3=3, \\ 3x_1+7x_2-x_3=7; \end{cases}$

(4) $\begin{cases} x_1+2x_2-2x_3-x_4=7, \\ 2x_1+4x_2+x_3+8x_4=-1, \\ x_1+2x_2-x_3+x_4=4. \end{cases}$

2. 当 λ 取何值时，下述线性方程组有解？在有解时，求出它的通解.

$$\begin{cases} x_1-x_2+2x_3=11, \\ -3x_1+x_2-4x_3=-5, \\ 5x_1-x_2+6x_3=\lambda. \end{cases}$$

B. 能力提升

1. 当 a 取何值时，下述齐次线性方程组有解？在有解时求出它的通解.

$$\begin{cases} x_1-x_2+ax_3=0, \\ 2x_1+x_2\ -x_3=0, \\ x_1\ \ \ \ \ +x_3=0. \end{cases}$$

2. 某商店销售 A、B、C 三种商品，售价分别为 15 元、16 元、17 元. 已知某天共销售商品 45 件，毛收入 730 元，其中 C 商品的销售量是 A 商品销售量的 2 倍，问：三种商品的销售量各是多少？

本 章 小 结

一、主要内容

1. 矩阵

（1）矩阵的概念；

（2）矩阵的运算：矩阵的加法、数乘矩阵、矩阵的乘法、矩阵的转置.

2. 矩阵的初等变换与矩阵的秩

（1）矩阵的初等变换；

（2）矩阵的秩；

（3）逆矩阵：逆矩阵的概念、逆矩阵的性质、逆矩阵的求解方法.

3. 线性方程组及其解

（1）线性方程组的概念；

（2）线性方程组的解：线性方程组的解法、非齐次线性方程组 $AX=B$ 解的判定、齐次线性方程组 $AX=O$ 解的判定.

二、基本要求

（1）理解矩阵的概念，掌握矩阵的线性运算、矩阵的乘法和矩阵的转置；

（2）理解矩阵的秩、逆矩阵的概念，会利用矩阵的初等变换求矩阵的秩和逆矩阵；

（3）会利用矩阵的初等变换解线性方程组，会求齐次线性方程组、非齐次线性方程组的一般解和通解.

三、主要方法

（1）矩阵的线性运算、矩阵的乘法和矩阵的转置的求解方法；

（2）利用矩阵的初等变换求矩阵的秩和逆矩阵的方法；

（3）利用矩阵的初等变换解线性方程组的方法.

四、重点和难点

1. 重点

矩阵的计算，尤其是矩阵的乘法，矩阵的初等变换，矩阵的秩及其求法，线性方程组解的判定及求解.

2. 难点

矩阵的初等行变换，矩阵的秩的求解，用矩阵的初等行变换解线性方程组.

【阅读与提高】

矩阵及线性方程组的发展

一、矩阵的发展

矩阵是代数学的一个主要研究对象，也是高等数学研究和应用的一个重要工具.

矩阵由西尔维斯特于 1850 年首次提出，他称一个 m 行 n 列的阵列为"矩阵"，不过他仅仅将矩阵用于表达行列式. 凯莱首先将矩阵作为一个独立的数学概念提出，自 1855 年起他发表了关于矩阵的一系列研究论文. 凯莱同研究线性变换下的不变量相结合，首先引进矩阵以简化记号. 1858 年，他发表的《矩阵论的研究报告》系统阐述了关于矩阵的理论. 在该文中，他定义了零矩阵、单位矩阵、逆矩阵、矩阵的特征方程和特征根等一系列基本概念，建立了矩阵的各种运算. 1855 年，埃米特证明了现在称为埃米特矩阵的特征根性质等，克莱伯施、布克海姆等证明了对称矩阵的特征根性质，泰伯引入矩阵的迹的概念并给出了一些相关的结论. 在矩阵论的发展史上，弗罗伯纽斯的贡献是不可磨灭的，他讨论了最小多项式问题，引进了矩阵的秩、不变因子和初等因子、正交矩阵、矩阵的相似变换、合同矩阵等概念，以合乎逻辑的形式整理了不变因子和初等因子的理论，并讨论了正交矩阵与合同矩阵的一些重要性质. 1854 年，约当研究了矩阵化为标准形的问题. 1892 年，梅茨勒引进了矩阵的超越函数概念并将其写成矩阵的幂级数的形式. 另外傅里叶、西尔和庞加莱的著作中还讨论了无限阶矩阵问题，这主要是适应方程发展的需要而开始的.

经过两个多世纪的发展，矩阵由最初作为一种工具到现在已成为独立的一门数学分支——矩阵论. 矩阵论又分为矩阵方程论、矩阵分解论和广义逆矩阵论等矩阵的现代理论，这些理论现已广泛地应用于现代科技的各个领域. 矩阵的发展是与线性变换密切相连的. 第二次世界大战后，随着现代数字计算机的发展，矩阵又有了新的含义，特别是在矩阵的数值分析等方面. 由于计算机的飞速发展和广泛应用，许多实际问题可以通过离散化的数值计算得到定量的解决，于是作为处理离散问题的线性代数，便成为从事科学研究和工程设计的科技人员必备的数学基础.

二、线性方程组的发展

线性方程组的解法,早在我国古代的数学著作《九章算术》中的"方程"章中就做了比较完整的论述. 在一些手稿中出现了解释如何利用消去变元的方法求解带有三个未知量的三方程系统,其中所述方法实质上相当于现代对方程组的增广矩阵施行初等行变换,从而消去未知量的方法,即高斯消元法. 在西方,线性方程组的研究是在17世纪后期由莱布尼茨开创的,他曾研究过含两个未知量的三个线性方程组组成的方程组. 麦克劳林在18世纪上半叶研究了具有二、三、四个未知量的线性方程组,得到了现在称为克拉默法则的结果,并很快发表了这个法则. 18世纪下半叶,法国数学家贝祖对线性方程组理论进行了一系列研究,证明了 n 个 n 元齐次线性方程组有非零解的条件是系数行列式等于零. 19世纪,英国数学家史密斯和道奇森继续研究线性方程组理论,前者引进了方程组的增广矩阵和非增广矩阵的概念,后者证明了 n 个未知数 m 个方程的方程组相容的充要条件是系数矩阵和增广矩阵的秩相同. 这正是现代方程组理论中的重要结果之一.

大量的科学技术问题,最终往往归结为解线性方程组的问题. 因此在线性方程组的数值解法得到发展的同时,线性方程组解的结构等理论性工作也取得了令人满意的进展. 现在,线性方程组的数值解法在计算数学中占有重要的地位.

【案例分析】

交通流量模型

1. 问题提出

如图8.1给出了某城市部分单行街道的交通网络流量(每小时通过的车辆数),图中有6个路口,已有9条街道记录了当天的平均车流量. 另有7条街道的平均车流量未知,设为 $x_i(i=1,2,\cdots,7)$. 试利用每个路口的进出车流量相等关系推算这7条街道的平均车流量.

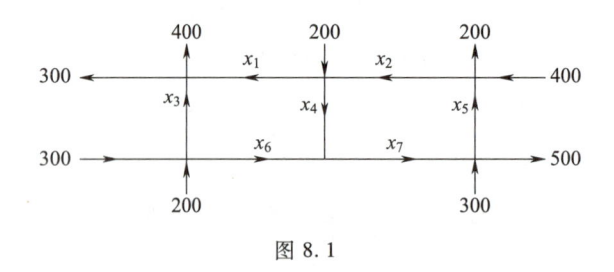

图8.1

2. 问题假设

(1)假定全部流入网络的流量等于全部流出网络的流量;

(2)假定每个路口的进出车流量相等(即进入该点的车辆数=离开该点的车辆数);

（3）假定每辆车之间相互独立,互不影响.

3. 模型建立

根据网络流量的假设,建立如下线性方程组：

$$\begin{cases} x_1+x_3=400+300, \\ x_2+200=x_1+x_4, \\ x_5+400=x_2+200, \\ x_3+x_6=200+300, \\ x_4+x_6=x_7, \\ x_7+300=x_5+500, \end{cases} 即 \begin{cases} x_1+x_3=700, \\ x_1-x_2+x_4=200, \\ x_2-x_5=200, \\ x_3+x_6=500, \\ x_4+x_6-x_7=0, \\ x_5-x_7=-200. \end{cases}$$

将方程组写成矩阵形式 $AX=b$,则方程组的增广矩阵为

$$B=(A,b)=\begin{pmatrix} 1 & 0 & 1 & 0 & 0 & 0 & 0 & 700 \\ 1 & -1 & 0 & 1 & 0 & 0 & 0 & 200 \\ 0 & 1 & 0 & 0 & -1 & 0 & 0 & 200 \\ 0 & 0 & 1 & 0 & 0 & 1 & 0 & 500 \\ 0 & 0 & 0 & 1 & 0 & 1 & -1 & 0 \\ 0 & 0 & 0 & 0 & 1 & 0 & -1 & -200 \end{pmatrix}.$$

在这一方程组中,未知数的个数多于方程的个数,所以当方程组的系数矩阵 A 的秩与增广矩阵 B 的秩相等时,该模型有无穷多解. 由于图 8.1 中的街道都是单行道,每一街道上的车流量只能是正数或者零,所以应在方程组的解集中寻找非负解. 如果方程组没有解或者没有非负解,则说明模型所给的数据有误.

4. 模型求解

求解模型分为三步：第一步,判断方程组是否有解；第二步,如果有解,则求出方程组的通解；第三步,在通解中找出非负特解.

运用 MATLAB 软件将增广矩阵 B 化为行最简形矩阵,得

$$B=\begin{pmatrix} 1 & 0 & 1 & 0 & 0 & 0 & 0 & 700 \\ 1 & -1 & 0 & 1 & 0 & 0 & 0 & 200 \\ 0 & 1 & 0 & 0 & -1 & 0 & 0 & 200 \\ 0 & 0 & 1 & 0 & 0 & 1 & 0 & 500 \\ 0 & 0 & 0 & 1 & 0 & 1 & -1 & 0 \\ 0 & 0 & 0 & 0 & 1 & 0 & -1 & -200 \end{pmatrix} \rightarrow \begin{pmatrix} 1 & 0 & 0 & 0 & 0 & -1 & 0 & 200 \\ 0 & 1 & 0 & 0 & 0 & 0 & -1 & 0 \\ 0 & 0 & 1 & 0 & 0 & 1 & 0 & 500 \\ 0 & 0 & 0 & 1 & 0 & 1 & -1 & 0 \\ 0 & 0 & 0 & 0 & 1 & 0 & -1 & -200 \\ 0 & 0 & 0 & 0 & 0 & 0 & 0 & 0 \end{pmatrix}.$$

由于增广矩阵的秩为 5,而方程组含有 7 个未知数,所以方程组的通解中含有两个自由未知量,因此方程组具有无穷多解. 由行最简形矩阵,可得同解方程组为

$$\begin{cases} x_1-x_6=200, \\ x_2-x_7=0, \\ x_3+x_6=500, \\ x_4+x_6-x_7=0, \\ x_5-x_7=-200, \end{cases} \quad 即 \quad \begin{cases} x_1=x_6+200, \\ x_2=x_7, \\ x_3=-x_6+500, \\ x_4=-x_6+x_7, \\ x_5=x_7-200. \end{cases}$$

令 $x_6=k_1, x_7=k_2$，得原方程组的通解为

$$\begin{cases} x_1=k_1+200, \\ x_2=k_2, \\ x_3=-k_1+500, \\ x_4=-k_1+k_2, \\ x_5=k_2-200, \\ x_6=k_1, \\ x_7=k_2, \end{cases}$$

其中 k_1, k_2 为任意常数. 由于各出入交叉点的车辆不能为负数，即各未知数必须为正，所以 k_1, k_2 还必须满足如下条件：$0 \leqslant k_1 \leqslant 500, k_2 \geqslant 200, k_2 \geqslant k_1$. 例如，取 $k_1=0, k_2=200$，得

$$(x_1 \quad x_2 \quad x_3 \quad x_4 \quad x_5 \quad x_6 \quad x_7) = (200 \quad 200 \quad 500 \quad 200 \quad 0 \quad 0 \quad 200),$$

将对应数据填写于图 8.1 中，得图 8.2.

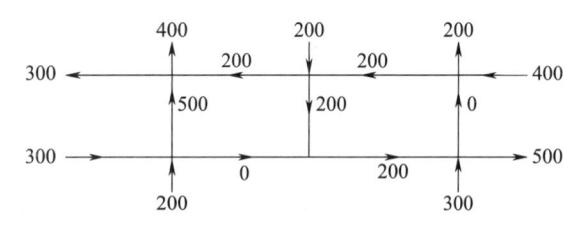

图 8.2

复习题八

1. 填空题.

(1) 已知矩阵 $A=\begin{pmatrix} 1 & 2 \\ -3 & 0 \end{pmatrix}, B=\begin{pmatrix} 5 & 2 \\ 3 & 1 \end{pmatrix}, C=\begin{pmatrix} -1 & 1 \\ 3 & 4 \end{pmatrix}$,则 $A+B=$ _____,$2A-C=$ _____,$AB=$ _____,$(AB)C=$ _____.

(2) 若矩阵 $A=\begin{pmatrix} \cos 60° & -\sin 60° \\ \sin 60° & \cos 60° \end{pmatrix}, B=\begin{pmatrix} -\dfrac{1}{2} & -\dfrac{\sqrt{3}}{2} \\ \dfrac{\sqrt{3}}{2} & -\dfrac{1}{2} \end{pmatrix}$,则 $AB=$ _____.

(3) 若 $A=\begin{pmatrix} 2 & 1 \\ 0 & 3 \\ -1 & 4 \end{pmatrix}, B=\begin{pmatrix} -1 & 4 \\ 2 & 0 \\ 5 & -3 \end{pmatrix}$,且 $2A-3X=B$,则矩阵 $X=$ _____.

(4) 若矩阵 $A=\begin{pmatrix} 1 & -2 \\ 3 & -2 \end{pmatrix}$,则 $A^{-1}=$ _____.

(5) 线性方程组 $\begin{cases} x-y-6=0, \\ 3x+5y+4=0 \end{cases}$ 对应的系数矩阵是 _____,增广矩阵是 _____.

(6) 若矩阵 $A=\begin{pmatrix} 1 & 2 & 3 \\ 2 & 4 & 6 \\ 0 & 0 & 2 \end{pmatrix}$,则 $r(A)=$ _____.

2. 计算题.

(1) 设 $A=\begin{pmatrix} 1 & 1 & 1 \\ 1 & 1 & -1 \\ 1 & -1 & 1 \end{pmatrix}, B=\begin{pmatrix} 1 & 2 & 3 \\ -1 & -2 & 4 \\ 0 & 5 & 1 \end{pmatrix}$,求 $3AB-2A, AB^{T}$.

(2) 设 $A=\begin{pmatrix} 2 & 2 & -1 \\ 1 & -2 & 4 \\ 5 & 8 & 2 \end{pmatrix}$,求 A^{-1}.

3. 解下列线性方程组.

(1) $\begin{cases} x_1+2x_2+4x_3+x_4=0, \\ 2x_1+4x_2+8x_3+x_4=0, \\ 3x_1+6x_2+2x_3=0; \end{cases}$ (2) $\begin{cases} x_1+x_2-2x_3=4, \\ 2x_1-x_2-x_3=2, \\ 4x_1-5x_2+3x_3=4; \end{cases}$

(3) $\begin{cases} x_1+2x_2-x_3=2, \\ 3x_1-x_2+4x_3=3, \\ 5x_1+x_2+2x_3=8. \end{cases}$

4. 解下列矩阵方程.

(1) $\begin{pmatrix} 2 & 1 \\ 4 & 3 \end{pmatrix} X = \begin{pmatrix} 1 & 1 \\ 0 & -1 \end{pmatrix}$;

(2) $\begin{pmatrix} 2 & 1 & 2 \\ 2 & 1 & 4 \\ 3 & 2 & 1 \end{pmatrix} X = \begin{pmatrix} 3 \\ 1 \\ 7 \end{pmatrix}$;

(3) $\begin{pmatrix} 1 & -3 & 2 \\ -3 & 0 & 1 \\ 1 & 1 & -1 \end{pmatrix} X = \begin{pmatrix} -1 & 4 \\ 2 & 5 \\ 1 & -3 \end{pmatrix}$.

5. 某企业要购买 A、B、C 三种产品,总计费用为 100 万元,现对社会进行公开招标. 甲、乙、丙三个公司对三种产品都进行了报价,且报价相近. 该企业为了多了解供货商的情况,与这三个公司商量以相同的价格向三个公司各购买一部分产品. 根据三个公司的规模情况,该企业决定购买甲公司 A、B、C 三种产品的比例依次为 30%,40%,50%,购买乙公司 A、B、C 三种产品的比例依次为 40%,40%,30%,购买丙公司 A、B、C 三种产品的比例依次为 30%,20%,20%. 而甲、乙、丙三个公司的产品的毛利率分别是 20%,15%,10%. 这次交易后,甲、乙、丙三个公司的利润额的比例是 3∶2∶1. 问:甲公司的利润是多少?

6. 有 A、B、C 三种化肥,各自的成分的含量如表 8.1 所示.

表 8.1

种类	成分含量		
	钾(%)	氮(%)	磷(%)
A	20	30	50
B	10	20	70
C	0	30	70

若要得到 200kg 含钾 12%、氮 25%、磷 63% 的化肥,需要以上三种化肥的量各是多少?

第九章 概率统计初步

概率论与数理统计都是研究随机现象的统计规律的数学学科.概率论在近代物理、气象、生物、医学、保险等许多领域都有深入应用.许多新兴的学科,如信息论、对策论、排队论、控制论、模糊数学等,基本上都以概率论作为基础.数理统计作为一门学科诞生于19世纪末20世纪初,是具有广泛应用的一个数学分支,它以概率论为基础,根据试验或观察得到的数据来研究随机现象,以便对研究对象的客观规律性做出合理的估计和判断.本章主要介绍概率与统计的一些基本概念和基本思想,如随机事件、概率、随机变量、期望、方差、抽样分布、参数估计等的基本理论和基本方法.

☆☆☆学习目标

(1) 了解随机现象与确定性现象,理解随机事件、随机变量、概率、条件概率、事件的独立性、随机变量的分布、数学期望及方差等概念;

(2) 掌握事件的关系与运算,会求古典概型的概率,可以利用概率的加法公式、乘法公式等求事件的概率;

(3) 掌握常见的离散型及连续型随机变量的分布,会求一些简单的离散型和连续型随机变量的期望和方差;

(4) 理解总体、个体、样本、统计量、点估计、区间估计的概念,会计算样本均值、样本方差;

(5) 了解 χ^2 分布、t 分布、估计量的评价标准,了解矩估计法的应用.

第一节 随机事件与概率

【情境与问题】

引例 1 （1）汽车在行驶过程中遇到红灯的次数；

（2）没有空气和水，种子必然会发芽；

（3）苹果从树上脱落时，会往地上落；

（4）某汽车制造公司推出一款新车，很受消费者欢迎；

（5）购买一张福利彩票，发现中奖了.

容易看出，引例 1 中的（2）（3），属于在一定条件下，可事先预知只有一种确定结果的现象（包括必然要发生或不可能发生两种情况），这类现象称为**确定性现象**；而（1）（4）（5）三种情况，属于在一定的条件下，具有多种可能的结果，事先不能预知会出现哪一种结果的现象，这类现象称为**随机现象**.

一、随机事件与样本空间

随机现象在现实世界中广泛存在，对随机现象进行观察时，每次的结果都具有不确定性，但当我们在相同条件下进行大量重复观察或大量重复试验时，就会发现它呈现出固有的规律性，这种规律性称为**统计规律性**. 概率论和数理统计正是研究和揭示随机现象的统计规律性的一门学科.

一个试验如果满足以下条件：

（1）试验在相同的条件下可以重复进行；

（2）每次试验的可能结果虽然不止一个，但事先可预知所有可能结果；

（3）每次试验的结果事前无法预知，

就称这样的试验是一个**随机试验**，简称**试验**，如每掷一次硬币，就是一次试验.

随机试验的每一个可能发生的结果称为**随机事件**，简称**事件**. 通常用大写字母 $A, B, C, \cdots$ 表示. 不能再分解的事件称为**基本事件**. 例如，掷一颗骰子，"出现 1 点""出现 2 点""出现 3 点"各是一个随机事件，由于它们都不能再分解，所以它们都是基本事件；而"出现偶数点""出现奇数点"也各是一个随机事件，但由于它们都还可以再分解，比如，"出现偶数点"可分解为"出现 2 点"或"出现 4 点"或"出现 6 点"，所以它们都不是基本事件，而是复合事件. 一般地，由两个及两个以上的基本事件组合而成的事件称为**复合事件**.

在一定条件下必然会发生的事件称为**必然事件**，常用 Ω 表示，如引例 1 中的（3）；在一定条件下不可能发生的事件称为**不可能事件**，常用 $\varnothing$ 表示，如引例 1 中的（2）.

> **小贴士**
> 必然事件和不可能事件都属于确定性现象,但为了研究问题的方便,我们仍然把它们当作随机事件,是随机事件的两个特殊情形.

由一个随机试验的所有基本事件组成的集合称为该试验的**样本空间**,用 Ω 表示. 每个基本事件称为一个**样本点**,样本点的个数称为**样本容量**.

例1 同时抛掷两枚均匀的硬币,硬币正面朝上记为 H,反面朝上记为 T,写出下列事件的样本空间.

(1) 其中一枚正面朝上;

(2) 两枚正面都朝上;

(3) 两枚出现的面相同.

解 (1) 样本空间 $\Omega_1 = \{HH, HT\}$.

(2) 样本空间 $\Omega_2 = \{HH\}$.

(3) 样本空间 $\Omega_3 = \{HH, TT\}$.

二、事件间的关系和运算

1. 事件间的关系

在实际问题中,往往需要在同一个随机试验下同时研究几个事件及它们之间的联系. 从集合论的观点看,随机事件是一种特殊的集合. 样本空间 Ω 相当于全集,每一个事件 A 是 Ω 的子集,因此可以用集合的观点来讨论事件之间的关系与运算.

(1) 事件的包含与相等

引例2 抛掷一颗骰子,记事件 $B = \{$掷出的点数为偶数$\}$,事件 $A = \{$掷出的点数为2$\}$,显然,事件 A 发生时,事件 B 必然发生.

如果事件 A 发生必然导致事件 B 发生,则称事件 A **包含于**事件 B 或事件 B **包含**事件 A,记为 $A \subset B$ 或 $B \supset A$,如图 9.1.1 所示.

如果事件 $A \subset B$,同时 $B \subset A$,则称事件 A 与事件 B 相等,记为 $A = B$.

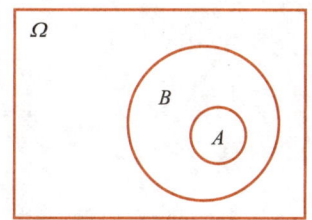

图 9.1.1

(2) 事件的和(并)

引例3 抽检一批产品,记事件 $A = \{$没有不合格品$\}$,事件 $B = \{$有一件不合格品$\}$,事件 $C = \{$最多有一件不合格品$\}$. 事件 C 发生就相当于事件 A 与事件 B 中至少有一个发生.

事件 A 与事件 B 中至少有一个发生的事件称为事件 A 和事件 B 的和(并),记为 $A + B$

（或 $A \cup B$），如图 9.1.2 所示.

（3）事件的积（交）

引例 4 设事件 $A=\{$取到的数字是奇数$\}$，事件 $B=\{$取到的数字小于 4$\}$，事件 $C=\{$取到的数字是 1,3 中的一个$\}$. 事件 C 发生就相当于事件 A 与事件 B 同时发生.

事件 A 与事件 B 同时发生的事件称为事件 A 与事件 B 的积（交），记为 AB（或 $A \cap B$），如图 9.1.3 所示.

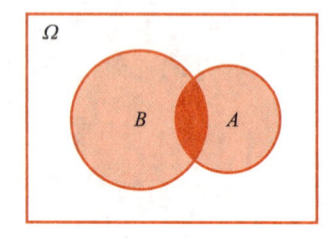

图 9.1.2 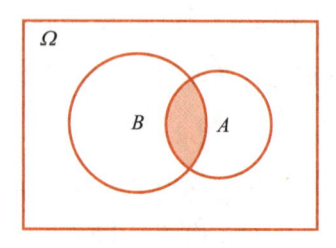　　　　　图 9.1.3

（4）事件的差

引例 5 设事件 $A=\{$甲厂生产的产品$\}$，事件 $B=\{$合格品$\}$，事件 $C=\{$甲厂生产的不合格品$\}$，则事件 C 就是 A 与 B 两个事件的差，即 $C=A-B$.

事件 A 发生而 B 不发生，这样的事件称为事件 A 与 B 的差，记为 $A-B$，如图 9.1.4 所示.

（5）事件的互斥（互不相容）

引例 6 掷一颗骰子，观察出现的点数，事件 $A=\{$出现的点数为偶数$\}$，事件 $B=\{$出现的点数为 1$\}$. 那么事件 A 与事件 B 不能同时发生.

如果事件 A 与事件 B 不能同时发生，那么称事件 A 与事件 B **互斥（互不相容）**，记为 $AB=\varnothing$ 或 $A \cap B=\varnothing$. 如图 9.1.5 所示.

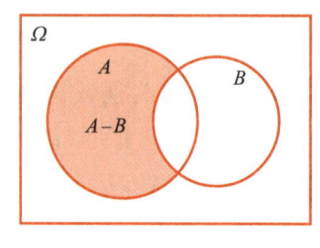

图 9.1.4 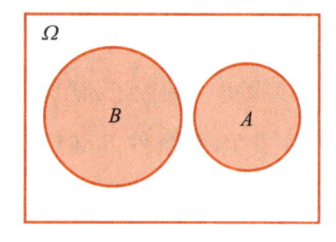　　　　　图 9.1.5

在引例 6 中，事件 A 与事件 B 互斥.

（6）事件的对立（互逆）

引例 7 掷一颗骰子，观察出现的点数，事件 $A=\{$出现的点数为偶数$\}$，事件 $B=\{$出现的点数为奇数$\}$. 显然事件 A 与事件 B 不能同时发生，但其中必然会有一个事件发生.

在一次试验中，如果事件 A 与事件 B 不能同时发生，但其中必有一个发生，即 $AB=\varnothing$ 且 $A \cup B=\Omega$，则称事件 A 与事件 B **对立（互逆）**，记为 $A=\overline{B}$ 或 $B=\overline{A}$，其中，称 $\overline{A}$ 是 A 的**逆事件**，如

图 9.1.6 所示.

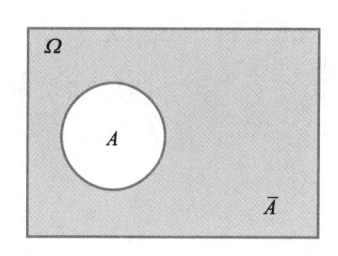

在引例 7 中,事件 A 与事件 B 对立(互逆).

2. 事件的运算规律

事件的运算满足下列运算规律.

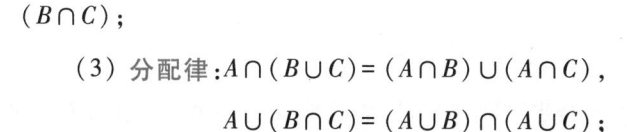

(1) 交换律:$A\cup B=B\cup A,A\cap B=B\cap A$;

(2) 结合律:$(A\cup B)\cup C=A\cup(B\cup C),(A\cap B)\cap C=A\cap(B\cap C)$;

(3) 分配律:$A\cap(B\cup C)=(A\cap B)\cup(A\cap C)$,

$$A\cup(B\cap C)=(A\cup B)\cap(A\cup C);$$

(4) 吸收律:若 $A\subset B$,则 $A\cup B=B$,且 $A\cap B=A$;

(5) 德·摩根律:$\overline{A\cup B}=\overline{A}\cap\overline{B},\overline{A\cap B}=\overline{A}\cup\overline{B}$.

图 9.1.6

例 2 某人连续三次购买彩票,每次一张,用 A,B,C 分别表示第一、二、三次所买的彩票中奖的事件. 试用 A,B,C 及其运算表示下列事件:

(1) 第一次中奖,第二次、第三次不中奖;

(2) 第一次、第二次中奖,第三次不中奖;

(3) 三次都不中奖;

(4) 恰好有一次中奖;

(5) 至少有一次中奖;

(6) 至多中奖两次.

解 (1) $A\overline{B}\,\overline{C}$;   (2) $AB\overline{C}$;

(3) $\overline{A}\,\overline{B}\,\overline{C}$ 或 $\overline{A+B+C}$;   (4) $A\overline{B}\,\overline{C}+\overline{A}B\overline{C}+\overline{A}\,\overline{B}C$;

(5) $A+B+C$;   (6) $\overline{A+B+C}$.

例 3 若事件 A_i 表示某人第 $i(i=1,2,3)$ 次射击目标,试用 A_i 表示以下事件:

(1) 只有第一次击中;

(2) 只有一次击中;

(3) 只有两次击中;

(4) 至少击中两次.

解 (1) 事件"只有第一次击中"意味着"第二次和第三次都未击中",该事件可表示为 $A_1\overline{A_2}\,\overline{A_3}$.

(2) 事件"只有一次击中"并未确定是哪一次击中,"只有第一次击中""只有第二次击中""只有第三次击中"三个事件都可能发生,所以该事件可表示为

$$A_1\overline{A_2}\,\overline{A_3}+\overline{A_1}A_2\overline{A_3}+\overline{A_1}\,\overline{A_2}A_3.$$

(3) 与(2)的分析类似,故该事件可表示为

$$A_1 A_2 \overline{A_3} + A_1 \overline{A_2} A_3 + \overline{A_1} A_2 A_3.$$

(4) 事件"至少击中两次"包含"只有两次击中或三次都击中",该事件可表示为

$$A_1 A_2 \overline{A_3} + A_1 \overline{A_2} A_3 + \overline{A_1} A_2 A_3 + A_1 A_2 A_3.$$

三、随机事件的概率

研究随机现象不仅要知道可能会出现哪些事件,而且要知道各种事件出现的可能性的大小. 因此,我们需要有一个刻画事件发生可能性大小的数量指标,这个数量指标称为事件的概率.

1. 概率的统计定义

先引入两个定义.

定义 1 在 n 次试验中,若事件 A 发生的次数为 m,则称

$$f_n(A) = \frac{m}{n}$$

为事件 A 在 n 次试验中发生的**频率**,m 称为事件 A 在 n 次试验中出现的**频数**.

定义 2 随机事件 A 发生的可能性大小,称为事件 A 的概率,记为 $P(A)$.

事件发生的可能性大小是不能通过一两次试验来判断的. 因为随机事件的发生具有偶然性,次数不多的试验不足以反映随机事件发生的规律性. 只有当试验次数充分多时,事件发生的频率才具有稳定性. 下面看一个例子.

引例 8 表 9.1.1 列出了历史上一些科学家抛掷一枚均匀硬币试验的结果.

表 9.1.1

试验者	抛掷次数(n)	出现正面的次数(m)	出现正面的频率 $\frac{m}{n}$
德·摩根	2 048	1 061	0.518 1
蒲丰	4 040	2 048	0.506 9
皮尔逊	12 000	6 019	0.501 6
皮尔逊	24 000	12 012	0.500 5
维尼	30 000	14 994	0.499 8

从表 9.1.1 中可以看出,出现正面的频率随着抛掷次数 n 的增大而逐渐接近 0.5,并在 0.5 附近摆动,随着抛掷次数的增加,这种摆动的幅度会越来越小,最终逐渐稳定于常数 0.5. 这反映出事件的频率具有一定的稳定性. 一般说来,n 越大,事件 A 发生的频率越接近那个确定的数值,从而事件 A 发生的可能性大小就可以用这个数量指标来刻画.

定义 3 若在相同条件下,重复进行 n 次试验,随机事件 A 出现的频率会随着重复次数

n 的增加而稳定在某一定值 p 附近,则称 $p(0 \leq p \leq 1)$ 为事件 A **的统计概率**,记为 $P(A) = p$.

由此可知,抛掷硬币出现正面的概率 $P(A) = 0.5$.

概率的统计定义是以试验为基础的,但不能认为概率取决于试验,一个事件发生的概率完全由事件本身决定,是先于试验而客观存在的.

注意：概率的统计定义只是描述性的,一般不能用来计算事件的概率,通常只能在 n 充分大时,以事件出现的频率作为概率的近似值.

2. 古典概型

一个随机试验若能满足以下两个条件：

（1）**有限性**：每次试验的可能结果是有限个；

（2）**等可能性**：每个试验结果的出现是等可能的,

则称这样的随机试验为**古典概型**. 例如,多次重复抛掷一颗均匀的骰子,出现 1,2,3,4,5,6 的可能性都是 $\frac{1}{6}$,那么抛掷骰子的试验就是古典概型.

古典概型曾经是概率论发展初期的主要研究对象,它在概率论中占有非常重要的地位. 一方面,由于它简单,所以对它的讨论有助于直观地理解概率论的许多基本概念；另一方面,古典概型概率的计算在产品质量、抽样检查等实际问题中有着重要的作用.

对于古典概型,我们有如下**概率的古典定义**.

定义 4 如果试验的基本事件总数为 n,事件 A 包含的基本事件数为 m,则事件 A 的概率为

$$P(A) = \frac{m}{n} = \frac{\text{事件 } A \text{ 包含的基本事件数}}{\text{基本事件总数}}.$$

由概率的统计定义和古典定义可以得到概率的如下性质：

（1）对于任何事件 A,有 $0 \leq P(A) \leq 1$；

（2）必然事件的概率是 1,即 $P(\Omega) = 1$；

（3）不可能事件的概率是 0,即 $P(\varnothing) = 0$.

计算事件 A 的概率 $P(A)$ 时,要弄清基本事件总数 n 是多少,事件 A 包含哪些基本事件,其个数 m 是多少. 在计算 n 和 m 时,经常要用到排列、组合的相关知识.

小贴士

（1）排列数公式：从 n 个不同元素中不放回地任取 k 个 $(1 \leq k \leq n)$ 元素进行排列,其排列数为

$$A_n^k = n(n-1)(n-2)\cdots(n-k+1) = \frac{n!}{(n-k)!}.$$

特别地,当 $k = n$ 时,称为全排列,其排列数为 $A_n^n = n!$.

（2）组合数公式：从 n 个不同元素中任取 k 个 $(1 \leq k \leq n)$ 元素不考虑其顺序组成一组,称为从 n 个不同元素中取出 k 个元素的一个组合,其组合数为

$$C_n^k = \frac{A_n^k}{k!} = \frac{n!}{(n-k)!\, k!} = C_n^{n-k}.$$

例4 在100件外形完全相同的产品中,有40件一等品、60件二等品.现从这100件产品中任取一件,连续抽取三次,设事件 $A = \{$取出的三件产品均为一等品$\}$. 试求在下列两种情况下事件 A 发生的概率.

（1）每次取出一件,经测试后放回,再继续抽取下一件（有放回抽样）；

（2）每次取出一件,经测试后不放回,然后在余下的产品中继续抽取下一件（无放回抽样）.

解 （1）有放回抽样的每次抽取都是在相同的条件下进行的,这是一个重复排列问题,故随机试验的基本事件总数 $n = 100^3$,事件 A 所包含的基本事件数 $m = 40^3$. 因此有

$$P(A) = \frac{m}{n} = \frac{40^3}{100^3} = 0.064.$$

（2）无放回抽样的第一次抽取是在100件产品中抽取的,第二次抽取是在余下的99件产品中抽取的,第三次抽取是在余下的98件产品中抽取的,这是选择排列问题,故基本事件总数为 $n = A_{100}^3$,事件 A 包含的基本事件数 $m = A_{40}^3$. 因此有

$$P(A) = \frac{m}{n} = \frac{A_{40}^3}{A_{100}^3} \approx 0.061.$$

例5 某城市为推广新能源汽车,举办了一次新能源汽车试驾活动.该活动提供了10辆不同品牌的新能源汽车供参与者试驾,其中有4辆纯电动汽车,3辆混合动力汽车,3辆燃料电池汽车.

（1）若一名参与者随机选择一辆汽车试驾,设事件 $A = \{$选择纯电动汽车$\}$,求 $P(A)$；

（2）若两名参与者同时选择,设事件 $B = \{$两人都选择纯电动汽车$\}$,事件 $C = \{$一人选择纯电动汽车,一人选择混合动力汽车$\}$. 求 $P(B), P(C)$；

（3）若五名参与人同时选择,设事件 $D = \{$选择的5辆汽车中有4辆纯电动汽车$\}$. 求 $P(D)$.

解 （1）基本事件的总数为 C_{10}^1,事件 A 包含的基本事件的个数为 C_4^1,故

$$P(A) = \frac{C_4^1}{C_{10}^1} = \frac{2}{5}.$$

（2）基本事件的总数为 C_{10}^2,事件 B 包含的基本事件的个数为 C_4^2,故

$$P(B) = \frac{C_4^2}{C_{10}^2} = \frac{4 \times 3}{2 \times 1} \cdot \frac{2 \times 1}{10 \times 9} \approx 0.133.$$

事件 C 包含的基本事件的个数为 $C_4^1 C_3^1$,故

$$P(C) = \frac{C_4^1 C_3^1}{C_{10}^2} = \frac{4 \times 3 \times 2 \times 1}{10 \times 9} \approx 0.267.$$

（3）基本事件的总数为 C_{10}^5，事件 D 包含的基本事件的个数为 $C_4^4C_3^1+C_4^4C_3^1$，故

$$P(D)=\frac{C_4^4C_3^1+C_4^4C_3^1}{C_{10}^5}\approx 0.024.$$

习题 9.1

A. 基础巩固

1. 写出下列随机试验的样本空间：

（1）某汽车展厅销售的汽车有汽油车、柴油车、纯电动车和混合动力车，顾客可以购买汽车的燃油类型；

（2）将一枚质地均匀的硬币抛掷 3 次，观察出现正反面的情况；

（3）对一个目标进行射击，直到射中 5 次为止，记录射击的次数.

2. 设 A,B,C 表示三个随机事件，试将下列事件用 A,B,C 表示出来.

（1）仅事件 A 发生；

（2）事件 A,B,C 都发生；

（3）事件 A,B,C 都不发生；

（4）事件 A,B,C 不都发生；

（5）事件 A 不发生，且事件 B,C 中至少有一个事件发生；

（6）事件 A,B,C 中至少有一个事件发生；

（7）事件 A,B,C 中恰好有一个事件发生；

（8）事件 A,B,C 中最多有一个事件发生.

3. 某网络平台的有奖销售中，每购买 200 元商品可得一张奖券，多购多得，每 1 000 张奖券为一个开奖单位. 设特等奖 10 个，一等奖 100 个，二等奖 200 个. 求：

（1）一张奖券中奖的概率；

（2）一张奖券不中特等奖且不中一等奖的概率.

4. 一部五卷的文集按任意次序放到书架上，求：

（1）第一卷出现在两边的概率；

（2）第一卷和第五卷出现在两边的概率；

（3）第三卷正好在中间的概率.

5. 货架上混放着外观相同的商品 15 件，其中有 12 件来自甲产地，3 件来自乙产地. 现从这 15 件商品中随机抽取两件，求这两件来自同一产地的概率.

6. 有 8 张卡片，其中有 3 张奖券，现从中随机抽取两张，求抽到奖券的概率.

B. 能力提升

1. 一批 200 件的产品中，有 182 件合格品，18 件次品，从中随机抽取 5 件，求：

(1) 抽取到的5件全是合格品的概率；

(2) 抽取到的5件中恰好有3件次品的概率；

(3) 抽取到的5件中有次品的概率.

2. 现有一批产品共10件，其中有7件正品，3件次品.

(1) 从中接连抽取两件，取后不放回，求第一次取得次品且第二次取得正品的概率；

(2) 从中接连抽取两件，取后放回，求第一次取得次品且第二次取得正品的概率；

(3) 从中任取两件，求取得一件正品、一件次品的概率.

第二节 概率的基本公式

在研究实际问题时，常常需要考虑试验结果中各种可能的事件，这些事件是相互关联的，通过研究这些事件的概率之间的关系，我们能够更好地了解事件间的关系. 而研究事件之间的关系，首先需要我们掌握概率的基本公式.

【情境与问题】

引例1 某商店销售的某种商品由甲厂与乙厂供货，历年供货资料表明，甲厂按时供货的概率为0.8，乙厂按时供货的概率为0.7，甲、乙两厂都按时供货的概率为0.6，求此种商品在该商店货架上不断档（即至少有一家工厂按时供货）的概率.

设事件 $A=\{$甲厂按时供货$\}$，事件 $B=\{$乙厂按时供货$\}$，则 $AB=\{$两厂都按时供货$\}$，该问题即为在已知 $P(A)=0.8, P(B)=0.7, P(AB)=0.6$ 的条件下，求 $P(A+B)$.

对于这类问题，有下面的加法公式.

一、概率的加法公式

定理1（概率的加法公式） 对于任意两个随机事件 A 与 B，有

$$P(A+B)=P(A)+P(B)-P(AB). \qquad (9.2.1)$$

由此定理，可得引例1的解为

$$P(A+B)=P(A)+P(B)-P(AB)=0.8+0.7-0.6=0.9.$$

公式(9.2.1)也能推广到多个事件的情形. 例如，对于任意三个事件 A, B, C，有

$$P(A+B+C)=P(A)+P(B)+P(C)-P(AB)-P(AC)-P(BC)+P(ABC). \qquad (9.2.2)$$

推论1（互不相容事件的概率加法公式） 如果事件 A, B 互不相容，则事件 $A+B$ 发生（即事件 A 与 B 中至少有一个发生）的概率，等于事件 A 与 B 分别发生的概率的和，即

$$P(A+B)=P(A)+P(B). \qquad (9.2.3)$$

如果 n 个事件 $A_1, A_2, \cdots, A_n$ 互不相容，则事件 $A_1+A_2+\cdots+A_n$ 发生（即 n 个事件中至少有一个发生）的概率，等于这 n 个事件分别发生的概率的和，即

$$P(A_1+A_2+\cdots+A_n)=P(A_1)+P(A_2)+\cdots+P(A_n). \qquad (9.2.4)$$

推论2 设 A 为任一随机事件，则

$$P(\overline{A}) = 1 - P(A). \qquad (9.2.5)$$

例1 某人计划周末外出旅游两天,根据天气预报,周末第一天不下雨的概率为 0.6,周末第二天不下雨的概率为 0.3,周末两天都不下雨的概率为 0.1,求周末至少有一天不下雨的概率.

解 设事件 $A = \{$第一天不下雨$\}$,事件 $B = \{$第二天不下雨$\}$,则
$$P(A+B) = P(A) + P(B) - P(AB) = 0.6 + 0.3 - 0.1 = 0.8.$$

例2 口袋中装有 20 个球,其中有 17 个红球,3 个白球,从中任取 3 个,求至少有 1 个白球的概率.

解 设事件 $A = \{$至少有 1 个白球$\}$,事件 $A_1 = \{$恰好有 1 个白球$\}$,事件 $A_2 = \{$恰好有 2 个白球$\}$,事件 $A_3 = \{$有 3 个白球$\}$.

法一 (运用互不相容事件的加法公式)因为事件 A_1, A_2, A_3 为互不相容事件,所以
$$P(A) = P(A_1 + A_2 + A_3) = P(A_1) + P(A_2) + P(A_3) = \frac{C_3^1 C_{17}^2}{C_{20}^3} + \frac{C_3^2 C_{17}^1}{C_{20}^3} + \frac{C_3^3}{C_{20}^3} \approx 0.403\ 5.$$

法二 (运用对立事件的概率公式)因为事件 A 的对立事件 $\overline{A} = \{$没有白球$\}$,所以
$$P(A) = 1 - P(\overline{A}) = 1 - \frac{C_{17}^3}{C_{20}^3} \approx 0.403\ 5.$$

> **小贴士**
> 计算某事件的概率可以采用多种方法,当直接计算概率较复杂,而该事件的对立事件的概率又容易计算时,我们可以运用对立事件的概率公式来简化计算.

例3 已知某班级有 n 名同学($n \leqslant 365$),问:至少有两名同学的生日在同一天的概率为多大?

解 假定一年按 365 天计算,设事件 $A = \{n$ 名同学中至少有两名同学的生日相同$\}$.

由于直接计算 A 的概率比较烦琐,所以可以考虑用对立事件 $\overline{A}$ 计算,而 $\overline{A} = \{n$ 名同学的生日全不相同$\}$. 由于每名同学都可以在一年 365 天的任一天出生,于是全部可能的情况共有 365^n 种不同情况,没有两人生日相同就是 365 中取 n 的排列 A_{365}^n,于是
$$P(\overline{A}) = \frac{A_{365}^n}{365^n} = \frac{365!}{365^n (365-n)!}.$$

因此
$$P(A) = 1 - \frac{365!}{365^n (365-n)!}.$$

这个例子就是历史上有名的"生日问题",对不同的 n 值,计算得到相应的 $P(A)$ 值如表 9.2.1 所示.

表 9.2.1

n	10	20	23	30	40	50
$P(A)$	0.12	0.41	0.51	0.71	0.89	0.97

从表 9.2.1 中可以看出,当班级中的人数为 23 时,事件 A 发生的概率超过了 50%,而当班级的人数达到 50 时,事件 A 发生的概率竟达到了 97%.因此事件 A,即"一个班级中至少有两名同学的生日相同"这件事情的概率并不如大多数人直觉中想象得那样小,而是相当大. 这个例子告诉我们,"直觉"并不可靠. 这也有力地说明了研究随机现象统计规律性的重要性.

二、条件概率

在实际问题中,一方面要考虑事件 B 的概率 $P(B)$,另一方面还要考虑在事件 A 已经发生的条件下事件 B 发生的概率,通常称后者为条件概率,记为 $P(B|A)$. 相应地,$P(B)$ 称为无条件概率.

引例 2 设一个家庭中有两个孩子,分析孩子可能出现的性别情况的概率.

分析 一个家庭中有两个孩子的所有可能结果为
$$\Omega = \{(男,男),(男,女),(女,男),(女,女)\}.$$
如果设事件 $B = \{两个孩子中已有一个是女孩\}$,则 B 可能包含三种可能,即
$$B = \{(男,女),(女,男),(女,女)\}.$$
再令事件 $A = \{另一个也是女孩\}$,则 A 只有一种可能,即 $A = \{(女,女)\}$. 因此,应该有
$$P(A|B) = \frac{1}{3}.$$

另外,我们还可将上式写成
$$P(A|B) = \frac{\frac{1}{4}}{\frac{3}{4}} = \frac{P(AB)}{P(B)}.$$

事实上,公式 $P(A|B) = \dfrac{P(AB)}{P(B)}$ 不仅适用于古典概型中条件概率的计算,对一般情况下任意两个事件,只要有关的条件概率有意义,此公式都适用.

定义 1 如果事件 A,B 是同一试验下的两个随机事件,且 $P(A) > 0$,则在事件 A 已经发生的条件下事件 B 发生的概率叫作事件 B 的**条件概率**,记为
$$P(B|A) = \frac{P(AB)}{P(A)}. \tag{9.2.6}$$

例4 已知箱中有 100 件同型产品,其中有 70 件(50 件正品,20 件次品)来自甲厂,30 件 (25 件正品,5 件次品)来自乙厂. 现从中任取一件产品,求已知取得的是甲厂产品的情况下,该产品是次品的概率.

解 设事件 $A=\{$所取产品来自甲厂$\}$,事件 $B=\{$所取产品为次品$\}$,根据题意,知

$$P(A)=\frac{70}{100}=\frac{7}{10}, \quad P(AB)=\frac{20}{100}=\frac{2}{10}.$$

所以

$$P(B\mid A)=\frac{P(AB)}{P(A)}=\frac{2}{7}.$$

例5 已知某种水泥的强度能达到 52.5 级标准的概率为 0.9,能达到 62.5 级标准的概率为 0.5,现取一水泥试块进行强度试验,若已达到 52.5 级标准而未被破坏,求其能达到 62.5 级标准的概率.

解 设事件 $A=\{$试块强度达到 52.5 级标准$\}$,事件 $B=\{$试块强度达到 62.5 级标准$\}$,则 $B \subset A, AB=B$. 故所求概率为

$$P(B\mid A)=\frac{P(AB)}{P(A)}=\frac{P(B)}{P(A)}=\frac{0.5}{0.9}=\frac{5}{9}.$$

三、 概率的乘法公式

由条件概率公式(9.2.6)直接可得

$$P(AB)=P(A)P(B\mid A) \quad (P(A)>0), \tag{9.2.7}$$

称上式为概率的乘法公式.

同理,可得乘法公式的另一种形式

$$P(AB)=P(B)P(A\mid B) \quad (P(B)>0). \tag{9.2.8}$$

例6 某人有 5 把钥匙,只有 1 把能打开房门,逐把试开,假设每把试开的可能性相同. 试求:

(1) 第 2 次就打开房门的概率;

(2) 3 次内能打开房门的概率.

解 设事件 $A_i=\{$第 i 次试开就打开房门$\}$ $(i=1,2,3,4,5)$.

(1) 第 2 次就打开房门的概率是

$$P(\overline{A_1}A_2)=P(\overline{A_1})P(A_2\mid \overline{A_1})=\frac{4}{5}\times\frac{1}{4}=0.2.$$

(2) 3 次内能打开房门的概率是

$$P(A_1+\overline{A_1}A_2+\overline{A_1}\overline{A_2}A_3) = P(A_1)+P(\overline{A_1}A_2)+P(\overline{A_1}\overline{A_2}A_3)$$
$$= P(A_1)+P(\overline{A_1})P(A_2|\overline{A_1})+P(\overline{A_1})P(\overline{A_2}|\overline{A_1})P(A_3|\overline{A_1}\overline{A_2})$$
$$= \frac{1}{5}+\frac{4}{5}\times\frac{1}{4}+\frac{4}{5}\times\frac{3}{4}\times\frac{1}{3}=0.6.$$

四、事件的独立性

一般情况下，$P(A|B)\neq P(A)$，也就是说，事件 B 的发生会影响事件 A 发生的概率，但在有些问题中，两个事件的发生不相互影响.

引例 3 已知口袋中有 3 件正品、2 件次品，现从盒子中有放回地依次逐个抽取 2 件产品进行检查，求：

（1）第 1 次抽得次品的条件下第 2 次抽得次品的概率；

（2）第 2 次抽得次品的概率.

解 设事件 $A=\{$第 1 次抽得次品$\}$，事件 $B=\{$第 2 次抽得次品$\}$.

（1）$P(B|A)=\dfrac{2}{5}$.

（2）$P(B)=P(AB)+P(\overline{A}B)=P(A)P(B|A)+P(\overline{A})P(B|\overline{A})$
$$=\frac{3}{5}\times\frac{2}{5}+\frac{2}{5}\times\frac{2}{5}=\frac{2}{5}.$$

所以第 1 次抽得次品的条件下第 2 次抽得次品的概率与第 2 次抽得次品的概率相等. 也就是说，事件 B 发生的概率与事件 A 是否发生无关，这时称事件 B 与事件 A 相互独立.

如果事件 B 发生的可能性不受事件 A 发生与否的影响，即 $P(B|A)=P(B)$，这时乘法公式就有了更简单的形式：$P(AB)=P(A)P(B)$.

由此我们引入下述定义.

定义 2 若事件 A,B 满足等式
$$P(AB)=P(A)P(B), \tag{9.2.9}$$

则称事件 A,B **相互独立**，简称 A,B 独立，否则就是不独立的.

两个事件独立的概率，可以推广到有限个事件的情形，如果事件 $A_1,A_2,\cdots,A_n$ 中任一事件 $A_i(i=1,2,\cdots,n)$ 发生的概率不受其他事件发生与否的影响，则称事件 $A_1,A_2,\cdots,A_n$ 相互独立.

> **小贴士**
>
> （1）若事件 A 与 B 独立，则 A 与 $\overline{B}$，$\overline{A}$ 与 B，$\overline{A}$ 与 $\overline{B}$ 中的每一对事件都相互独立；
>
> （2）若事件 $A_1,A_2,\cdots,A_n$ 相互独立，则有
> $$P(A_1A_2\cdots A_n)=P(A_1)P(A_2)\cdots P(A_n).$$

在实际问题中，两个事件是否独立，一般可根据问题的实际意义来判断. 例如，两人同时

向同一目标射击、有放回地取样等都可以看作是相互独立的.

【想一想】
事件的相互独立与互不相容有区别吗？是否有必然的联系？

例7 有甲、乙两类种子,已知甲类种子的发芽率为 0.9,乙类种子的发芽率为 0.8,从这两类种子中各取一颗,求:

(1) 所取两颗种子都发芽的概率;

(2) 所取两颗种子中,至少有一颗发芽的概率;

(3) 所取两颗种子中,恰有一颗发芽的概率.

解 (1) 设事件 $A=\{$所取甲类种子发芽$\}$,事件 $B=\{$所取乙类种子发芽$\}$,根据实际问题的具体含义知,它们是相互独立的,所以有

$$P(AB)=P(A)P(B)=0.9\times0.8=0.72.$$

(2) 两颗种子中至少有一颗发芽的概率为 $P(A+B)$.

法一 由概率的加法公式,有

$$P(A+B)=P(A)+P(B)-P(AB)=P(A)+P(B)-P(A)P(B)$$
$$=0.9+0.8-0.9\times0.8=0.98.$$

法二

$$P(A+B)=1-P(\overline{A+B})=1-P(\overline{A}\,\overline{B})=1-P(\overline{A})P(\overline{B}).$$
$$=1-0.1\times0.2=0.98.$$

(3) $P(A\overline{B}+\overline{A}B)=P(A\overline{B})+P(\overline{A}B)$

$$=P(A)P(\overline{B})+P(\overline{A})P(B).$$
$$=0.9\times0.2+0.1\times0.8=0.26.$$

小贴士
对多个独立事件至少有一个发生时,用方法二求解更为简便.因此,在计算概率时,需灵活运用各种方法.

五、重复独立试验概型

在实际研究中,我们常常会遇到只有两种结果的随机试验.例如,抛掷硬币一次,不是正面向上,就是反面向上;产品抽样检查,不是抽到正品就是抽到次品.这种只有两种结果的试验称为**伯努利试验**.有些试验的结果可能不止两个,如灯管的寿命可以是不小于零的任意数值.但是根据需要,我们把寿命大于 1000 h 的灯管作为合格品,否则作为次品,那么这类随机现象也可以归结为伯努利试验.

一般地,如果某个随机试验在相同的条件下重复进行 n 次,各次试验的结果互不影响,

每次试验的结果仅有两个：A 与 $\bar{A}$；每次试验独立进行，事件 A 发生的概率不变，即 $P(A)=p$. 我们称这样的试验为 **独立重复试验**，也称为 **伯努利试验**.

定理 2 如果在每次试验中，事件 A 发生的概率都是 $p(0<p<1)$，那么在 n 次独立重复试验中，事件 A 恰好发生 k 次的概率为

$$P_n(k) = C_n^k p^k (1-p)^{n-k} \quad (k=0,1,2,\cdots,n). \qquad (9.2.10)$$

此式称为 n **重伯努利公式**.

例 8 在一次汽车售后的客户满意度调查中，我们发现某汽车品牌的客户对其购买的汽车"非常满意"的概率为 0.7. 现随机抽取 10 位购买该品牌汽车的客户，求恰好有 6 位客户"非常满意"的概率.

解 将调查一位客户看作一次试验，有"非常满意"（成功）和"不满意或一般满意"（失败）两种结果，且各客户之间是否"非常满意"相互独立，故属于 n 重伯努利试验. 这里 $n=10$，$p=0.7, k=6$.

所以恰好有 6 位客户"非常满意"的概率为

$$P_{10}(6) = C_{10}^6 \times 0.7^6 \times (1-0.7)^{10-6} = \frac{10!}{6!(10-6)!} \times 0.7^6 \times 0.3^4 \approx 0.2001.$$

习题 9.2

A. 基础巩固

1. 甲、乙两组同时研发一项新技术，甲组研发成功的概率为 0.8，乙组研发成功的概率为 0.85，两组同时研发成功的概率为 0.68，求新技术研发成功的概率.

2. 假设 10 张奖券中有 3 张为中奖券，其余为非中奖券，某人从中随机抽取 3 次，设 A_i 表示"第 i 次抽得中奖券"$(i=1,2,3)$. 试问：

（1）第 1 次抽得中奖券的概率；

（2）在第 1 次未抽得中奖券的情况下，第 2 次抽得中奖券的概率；

（3）在第 1，2 次均未抽得中奖券的情况下，第 3 次抽得中奖券的概率.

3. 在一家汽车销售店中，有豪华款和普通款两种款式的汽车. 两款汽车的库存共有 100 辆，其中，豪华款汽车有 30 辆，普通款汽车有 70 辆. 已知豪华款汽车中，有 20 辆是黑色的；普通款汽车中，有 30 辆是黑色的. 从中任选一辆试驾，在已知选择的车是黑色的条件下，求这辆车是豪华款汽车的概率.

4. 某公司的雇员分为 A、B 两类，其中，A 类员工占总数的 30%，B 类员工占总数的 70%. 每年有 25% 的 A 类员工可晋升为管理层，有 10% 的 B 类员工可晋升为管理层. 现从该公司随机选择一位员工，问：他是 B 类员工并且晋升为管理层的概率是多少？

5. 甲、乙两名同学都计划考大学,甲同学考上的概率是0.7,乙同学考上的概率是0.8. 求:

(1) 甲、乙两名同学同时考上大学的概率;

(2) 甲、乙两名同学至少有一人考上大学的概率.

6. 甲、乙、丙三人独立地破译同一个密码,他们各自译出的概率分别是 $\frac{1}{5},\frac{1}{3},\frac{1}{4}$,求此密码能被译出的概率.

B. 能力提升

1. 在人寿保险行业中,假如一个投保人能活到70岁的概率为0.6. 若3个人同时投保,求:

(1) 这3个人全部能活到70岁的概率;

(2) 这3人中,恰有2个人能活到70岁的概率;

(3) 这3人中,恰有1个人能活到70岁的概率;

(4) 这3个人都活不到70岁的概率.

2. 甲、乙两所大学的校乒乓球队举行对抗赛. 在一场比赛中,甲校运动员获胜的概率为0.6. 现在双方商量对抗赛的方式,提出了三种方案:

(1) 双方各出3人;

(2) 双方各出5人;

(3) 双方各出7人.

三种方案中均以比赛中得胜人数多的一方为胜利. 问:对乙校的运动员来说,哪一种方案有利?

第三节 随机变量及其分布

随机事件是描述随机试验结果出现与否的一种"定性"的概念. 为了全面研究随机试验的结果,揭示随机现象的统计规律性,还需将随机试验的结果数量化,于是,我们引进一种"定量"的概念,即把随机试验的结果与实数对应起来.

【情境与问题】

引例1 抛掷一颗质地均匀的骰子,观察出现的点数.

在该试验中,出现的点数是一个变量,它的取值具有随机性,可能是数字1,2,3,4,5,6中的任何一个,此随机试验的结果本身就是由数值来表示的.

引例2 抛掷一枚均匀的硬币,求"正面朝上"或"反面朝上"的概率.

在该问题中,没有明显的变量,若规定用数字"1"表示事件"正面朝上",用数字"0"表示事件"反面朝上",这样就得到一个可取"0"或"1"的变量,并且该变量的取值具有随机性.

一、随机变量的概念

我们可以把任意一个随机事件都用一个变量来表示.

定义 1　在随机试验中用来表示随机试验结果的变量,称为**随机变量**. 通常用大写字母 $X,Y,Z,\cdots$ 表示.

在引进随机变量后,随机事件就可以用随机变量的取值来表示了,这样就把对随机事件及其概率的研究转化为对随机变量的取值及其概率的研究,从而有助于讨论随机现象的数量规律.

例如,某人练习射击,假设其每次击中目标的可能性为 0.8,现在他连续射击 30 次,则他击中目标的次数 X 就是一个随机变量,并且 X 所有可能的取值为 $0,1,2,\cdots,30$.

再如,某公共汽车站每 15 分钟发一班车,观察某人在该站候车的时间 X,则 X 是一个随机变量,并且 X 的取值范围为一个区间 $[0,15]$.

二、离散型随机变量及其分布

随机变量可以表示随机试验的结果,有些随机变量的取值可以按一定顺序列出,如引例 1 中,抛掷骰子的点数可用 1,2,3,4,5,6 来表示. 如果随机变量的所有可能取值是有限个或可列个,那么这样的随机变量称为**离散型随机变量**.

引例 3　已知口袋中有 7 个黑球,3 个白球,每次从中随机抽取 1 球,取后不放回,直到取到黑球为止. 记 X 为取到白球的数目,写出 X 的所有可能取值和取得每个值的概率.

由题得,X 的可能取值是 $\{0,1,2,3\}$,且

$$P\{X=0\}=\frac{7}{10},$$

$$P\{X=1\}=\frac{3}{10}\times\frac{7}{9}=\frac{7}{30},$$

$$P\{X=2\}=\frac{3}{10}\times\frac{2}{9}\times\frac{7}{8}=\frac{7}{120},$$

$$P\{X=3\}=\frac{3}{10}\times\frac{2}{9}\times\frac{1}{8}\times\frac{7}{7}=\frac{1}{120}.$$

将 X 的所有可能取值和相应的概率列成如表 9.3.1 的形式.

表 9.3.1

X	0	1	2	3
P	$\dfrac{7}{10}$	$\dfrac{7}{30}$	$\dfrac{7}{120}$	$\dfrac{1}{120}$

为描述随机变量,我们有如下定义.

定义 2　设离散型随机变量 X 的可能取值为 $x_1,x_2,\cdots,x_k,\cdots$,$X$ 取每一个值 $x_k(k=1,2,\cdots)$ 的概率为 p_k,则表 9.3.2 称为**离散型随机变量 X 的概率分布**,简称为 X 的分布列.

表 9.3.2

X	x_1	x_2	$\cdots$	x_k	$\cdots$
P	p_1	p_2	$\cdots$	p_k	$\cdots$

概率分布也可简写为

$$P\{X=x_k\}=p_k(k=1,2,\cdots).$$

离散型随机变量的分布列具有如下两个性质：

(1) $p_k \geqslant 0 (k=1,2,\cdots)$；

(2) $\sum\limits_{k=1}^{\infty} p_k = 1.$

例 1 某品牌新能源汽车的续航里程有三个档次，分别为低续航(200 km 以下)、中续航(200~400 km)和高续航(400 km 以上). 已知生产的该品牌汽车中低续航的占 20%，中续航的占 50%，高续航的占 30%. 设随机变量 X 表示该品牌新能源汽车的续航档次，"$X=1$" 表示低续航，"$X=2$" 表示中续航，"$X=3$" 表示高续航. 求：

(1) X 的概率分布；

(2) $P\{X \geqslant 2\}$.

解 (1) X 的概率分布如表 9.3.3 表示.

表 9.3.3

X	1	2	3
P	20%	50%	30%

(2) $P\{X \geqslant 2\} = P\{X=2\} + P\{X=3\} = 50\% + 30\% = 80\%.$

下面介绍几种常见的离散型随机变量的概率分布.

1. 两点(或 0-1)分布

如果一次随机试验只出现两种结果，用随机变量 X 取 "0" 或 "1" 来表示，则称 X 服从**两点(或 0-1)分布**. 设 "$X=1$" 时的概率为 p，则 X 的概率分布如表 9.3.4 所示.

表 9.3.4

X	1	0
P	p	$1-p$

两点分布虽然很简单,但应用十分广泛,任何一个只有两种可能结果的随机现象都可以将它数量化,变为两点分布,如产品的"合格"与"不合格"、试种一粒种子的"发芽"与"不发芽"、射击一次的"中靶"与"脱靶"、一次试车的"成功"与"不成功"等.

2. 二项分布

在 n 重伯努利试验中,若每次试验中事件 A 发生的概率为 p,随机变量 X 为 n 次试验中事件 A 发生的次数,由 n 重伯努利公式,可得 X 的概率分布为

$$P\{X=k\} = C_n^k p^k (1-p)^{n-k} \quad (k=0,1,2,\cdots,n), \tag{9.3.1}$$

则称 X 服从参数为 n,p 的<u>二项分布</u>或<u>伯努利分布</u>,记作 $X \sim B(n,p)$.

例2 在对某产品进行市场调研时,随机抽取了5位消费者,让他们观看了一种新的广告宣传.已知以往类似广告宣传的成功率为0.4,即有40%的消费者在观看后会产生购买意愿.假设每个消费者是否产生购买意愿相互独立,求:

(1) 在这次市场调研中,有3位消费者产生购买意愿的概率;

(2) 在这次市场调研中,至少有1位消费者产生购买意愿的概率.

解 设 X 是产生购买意愿的消费者人数,则 $X \sim B(5,0.4)$.

(1) 5位消费者中3人产生购买意愿,即"$X=3$",由二项分布的概率公式得

$$P\{X=3\} = C_5^3 0.4^3 (1-0.4)^{5-3} = 0.230\ 4.$$

(2) 5位消费者中没有人产生购买意愿,即"$X=0$",至少有1位消费者产生购买意愿,即"$X \geq 1$",于是有

$$P\{X \geq 1\} = 1 - P\{X=0\} = 1 - C_5^0 0.4^0 0.6^{5-0} \approx 0.922\ 2.$$

3. 泊松分布

二项分布的应用很广泛,但当 n 较大时,计算起来相当困难.这里我们介绍一种二项分布的近似计算方法——泊松分布.它是法国的数学家泊松在进行二项分布的研究时发现的,即若 $X \sim B(n,p)$,则当 n 较大,p 较小时,通常有近似结果:

$$P\{X=k\} = C_n^k p^k (1-p)^{n-k} \approx \frac{\lambda^k}{k!} e^{-\lambda}. \tag{9.3.2}$$

其中,$\lambda = np$.

一般地,如果随机变量 X 的概率分布为

$$P\{X=k\} = \frac{\lambda^k}{k!} e^{-\lambda} \quad (\lambda > 0, k=0,1,2,\cdots),$$

则称随机变量 X 服从参数为 λ 的<u>泊松分布</u>,记为 $X \sim P(\lambda)$,其中,$\lambda = np$.

泊松分布有广泛而重要的应用.比如,某商场在一定时间内顾客的人数,到某公共汽车站候车的人数,一个大工厂发生重大公害事故的次数,打入电话总机的电话的个数等等.在一定时间、一定区域、一定容积内,小概率事件发生的次数的概率分布也常常用泊松分布来

描述.

> **小贴士**
> 由于泊松分布应用广泛,为避免重复计算,一般可通过查表(附表2.1 泊松分布表)得到结果.

例3 有2 000家商店参加了某保险公司设立的火灾保险,每年1月1日各商店会向该保险公司支付1 500元的火灾保险费,在发生火灾时,可向保险公司领取20万元的赔付金额.若在一年中,商店发生火灾的概率为0.002,求:

(1) 未来一年有5家商店发生火灾的概率;

(2) 未来一年内保险公司获利不少于200万元的概率.

解 设X为未来一年内发生火灾的商店数,依题设,$X \sim B(2\,000, 0.002)$,则

$$P\{X=k\} = C_{2000}^k 0.002^k 0.998^{2\,000-k}, k=0,1,2,\cdots,2\,000.$$

由于$n=2\,000$很大,$p=0.002$很小,$np=4$,所以可用公式(9.3.2)进行近似计算,取$\lambda = np = 4$,查表(附表2.1)得

(1) $P\{X=5\} = \dfrac{4^5}{5!} e^{-4} = 0.156\,3.$

(2) 设事件$A=\{$未来一年内保险公司的获利不少于200万元$\}$,则A发生意味着

$$2\,000 \times 1\,500 - 200\,000X \geqslant 2\,000\,000,$$

解得

$$X \leqslant 5.$$

因此,有

$$P\{X \leqslant 5\} = P\{X=0\} + P\{X=1\} + P\{X=2\} + P\{X=3\} + P\{X=4\} + P\{X=5\}$$
$$= 0.018\,3 + 0.073\,3 + 0.146\,5 + 0.195\,4 + 0.195\,4 + 0.156\,3$$
$$\approx 0.785\,2.$$

三、连续型随机变量及其分布

离散型随机变量所有可能的值是有限个或无限可列个,它取值的统计规律可用概率分布完整地描述出来.然而,对于非离散型随机变量,它的取值可能充满整个区间,如"测量某地区的气温""检测某种型号的电子管的寿命"等,所以我们需要讨论它们落在某个区间上的概率.

引例4 某公共汽车站每隔6分钟有一辆公交车停靠,某乘客在任一时刻到车站候车的可能性相等,那么该乘客的候车时间是一个随机变量,它可以取$[0,6]$区间上的一切值.

定义3 对于随机变量X,若存在一个非负函数$f(x)$,使X在任意区间(a, b)内取值的概率为

视频9.3.3

连续型随机变量的概念

$$P\{a \leqslant X \leqslant b\} = \int_a^b f(x)\,dx,$$

则称 X 为**连续型随机变量**,$f(x)$ 称为 X 的**概率分布密度**(简称**分布密度**或**密度**)**函数**。

概率分布密度函数也有如下两个性质:

(1) $f(x) \geqslant 0$;

(2) $\int_{-\infty}^{+\infty} f(x)\,dx = 1$.

注意:

(1) 连续型随机变量 X 取区间内的任一值的概率均为 0,即 $P\{X=a\}=0$;

(2) 连续型随机变量 X 在任一区间上取值的概率与该区间是否包含端点无关,即

$$P\{a \leqslant X \leqslant b\} = P\{a \leqslant X < b\} = P\{a < X \leqslant b\} = P\{a < X < b\} = \int_a^b f(x)\,dx.$$

例 4 设随机变量 X 的概率分布密度函数为

$$f(x) = \begin{cases} ax^2, & 0 < x < 1, \\ 0, & \text{其他}. \end{cases}$$

试求:(1) 系数 a;(2) $P\{-1 < X < 0.2\}$.

解 (1) 根据概率分布密度函数的性质,可得

$$1 = \int_{-\infty}^{+\infty} f(x)\,dx = \int_0^1 ax^2\,dx = a\frac{x^3}{3}\bigg|_0^1 = \frac{a}{3},$$

所以

$$a = 3.$$

(2) $P\{-1 < X < 0.2\} = \int_{-1}^0 0 \cdot dx + \int_0^{0.2} 3x^2\,dx = x^3\big|_0^{0.2} = 0.008.$

下面介绍几种常见的连续型随机变量的概率分布密度函数.

1. 均匀分布

如果随机变量 X 的概率分布密度函数为

$$f(x) = \begin{cases} \dfrac{1}{b-a}, & a \leqslant x \leqslant b, \\ 0, & \text{其他}, \end{cases}$$

则称 X 服从区间 $[a,b]$ 上的**均匀分布**,记为 $X \sim U[a,b]$.

均匀分布在实际问题中较为常见. 例如,在区间 $[a,b]$ 上任取一个实数 X,于是 $X \sim U[a,b]$;轮船在一天 24 h 内可以任意时刻到达某港口,于是到达时刻 $X \sim U[0,24]$;某车站每 10 分钟通过一辆汽车,于是乘客的候车时间 $X \sim U[0,10]$.

> **例5** 一位乘客在某地铁站等候地铁,假设该地铁站每隔5分钟会有一辆地铁通过,求:
>
> (1) 乘客等候时间不超过3 min 的概率;
>
> (2) 乘客等候时间超过4 min 的概率.
>
> **解** 记乘客的候车时间为 X,则乘客在 $0\sim 5$ min 内乘上地铁的可能性是相同的. 因此随机变量 X 服从均匀分布,且概率分布密度函数为
>
> $$f(x)=\begin{cases}\dfrac{1}{5}, & 0\leqslant x\leqslant 5,\\ 0, & \text{其他}.\end{cases}$$
>
> (1) 乘客等候时间不超过 3 min 的概率为
>
> $$P\{0\leqslant X\leqslant 3\}=\int_0^3\frac{1}{5}\mathrm{d}x=0.6;$$
>
> (2) 乘客等候时间超过 4 min 的概率为
>
> $$P\{4\leqslant X\leqslant 5\}=\int_4^5\frac{1}{5}\mathrm{d}x=0.2.$$

2. 指数分布

如果随机变量 X 的概率分布密度函数为

$$f(x)=\begin{cases}\lambda\mathrm{e}^{-\lambda x}, & x\geqslant 0,\\ 0, & x<0\end{cases}\quad(\lambda>0),$$

则称 X 服从参数为 λ 的**指数分布**,记为 $X\sim E(\lambda)$.

指数分布常用来作为各种"寿命"分布的近似. 在实际应用中,其在动物的寿命、电子元件的寿命可靠性理论以及计算机的排队论等中都有广泛的应用.

> **例6** 某台电子计算机在发生故障前正常运行的时间 T(单位:h)服从参数为 $\lambda=\dfrac{1}{100}$ 的指数分布. 求正常运行时间在 $50\sim 100$ h 范围内的概率.
>
> **解** 根据题意,T 的概率分布密度函数为
>
> $$f(x)=\begin{cases}\dfrac{1}{100}\mathrm{e}^{-\frac{1}{100}x}, & x>0,\\ 0, & x\leqslant 0.\end{cases}$$
>
> 所以正常运行时间在 $50\sim 100$ h 范围内的概率为
>
> $$P\{50<T<100\}=\int_{50}^{100}\frac{1}{100}\mathrm{e}^{-\frac{1}{100}x}\mathrm{d}x=\mathrm{e}^{-\frac{1}{2}}-\mathrm{e}^{-1}\approx 0.2387.$$

3. 正态分布

正态分布是最重要且最常见的一种连续型分布,它反映了随机变量服从"正常状态"分布的客观规律,在实际问题中有着广泛的应用. 例如,某区域男性成年人的身高、某班学生各

科的成绩状况、测量误差、混凝土的强度、产品的长度等,它们都服从或近似服从正态分布.

一般地,如果随机变量 X 的概率分布密度函数为

$$f(x)=\frac{1}{\sqrt{2\pi}\sigma}e^{-\frac{(x-\mu)^2}{2\sigma^2}} \quad (-\infty<x<+\infty),$$

其中,$\mu,\sigma(\sigma>0)$ 为参数,则称随机变量 X 服从参数为 μ,σ 的 正态分布,记为 $X \sim N(\mu,\sigma^2)$.

正态分布的概率分布密度函数 $f(x)$ 的图形称为正态曲线,如图 9.3.1 所示. 该正态曲线呈钟形,中间高,两边低. 于是正态分布的图形具有下列特点:

(1) 密度曲线关于 $x=\mu$ 对称;

(2) 曲线在 $x=\mu$ 时达到最大值 $f(x)=\dfrac{1}{\sqrt{2\pi}\sigma}$;

(3) 曲线在 $x=\mu\pm\sigma$ 处有拐点且以 x 轴为渐近线;

(4) μ 确定了曲线的位置,σ 确定了曲线中峰的陡峭程度.

特别地,当 $\mu=0,\sigma=1$ 时的正态分布称为 标准正态分布,即 $X \sim N(0,1)$,其概率分布密度函数为

$$f(x)=\frac{1}{\sqrt{2\pi}}e^{-\frac{x^2}{2}} \quad (-\infty<x<+\infty).$$

标准正态分布的正态曲线如图 9.3.2 所示.

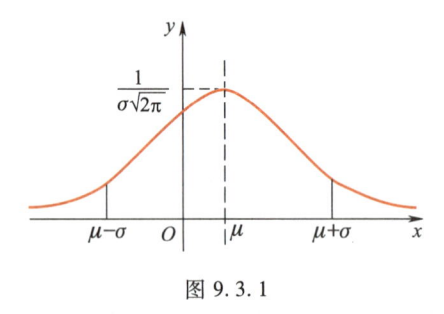

图 9.3.1

图 9.3.2

如果 $X \sim N(0,1)$,则 X 落在区间 $(-\infty,x)$ 内的概率为

$$P\{X<x\}=\int_{-\infty}^{x}\frac{1}{\sqrt{2\pi}}e^{-\frac{t^2}{2}}dt.$$

它是 x 的函数,通常记作 $\Phi(x)$,即

$$\Phi(x)=\int_{-\infty}^{x}\frac{1}{\sqrt{2\pi}}e^{-\frac{t^2}{2}}dt \quad (t \geqslant 0).$$

$\Phi(x)$ 表示服从标准正态分布的随机变量 X 在区间 $(-\infty,x]$ 内取值的概率,为了便于计算,书中附表 2.2(标准正态分布表)已给出了 $x \geqslant 0$ 时 $\Phi(x)$ 的值,而对于取负值的 x 值,可根据正态分布的概率密度函数曲线的对称性(图 9.3.3),得

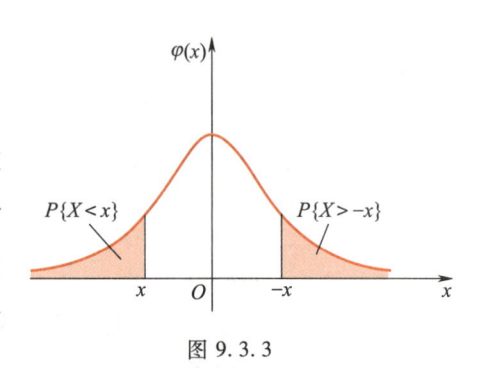

图 9.3.3

$$\varPhi(x)=1-\varPhi(-x).$$

从而查附表 2.2 即可得出 $\varPhi(x)$ 的值.

若 $X \sim N(0,1)$,则对于任意实数 $a,b(a<b)$,都有

$$P\{a \leqslant X \leqslant b\}=\varPhi(b)-\varPhi(a).$$

例 7 设 $X \sim N(0,1)$,要使 $P\{|X| \geqslant \lambda\}=0.05$,问:$\lambda$ 应为何值?

解 由于 $P\{|X| \geqslant \lambda\}=1-P\{|X|<\lambda\}=1-P\{-\lambda<X<\lambda\}$
$$=1-[\varPhi(\lambda)-\varPhi(-\lambda)]=1-[2\varPhi(\lambda)-1]$$
$$=2-2\varPhi(\lambda)=0.05,$$

即 $\varPhi(\lambda)=0.975$,查附表 2.2,得 $\lambda=1.96$.

对于一般的正态分布 $N(\mu,\sigma^2)$ 的概率计算可化为标准正态分布 $N(0,1)$ 概率的计算. 因为

$$P\{X \leqslant x\}=P\left\{\frac{X-\mu}{\sigma} \leqslant \frac{x-\mu}{\sigma}\right\},$$

可以证明:若 $X \sim N(\mu,\sigma^2)$,则 $\dfrac{X-\mu}{\sigma} \sim N(0,1)$.

因此,若 $X \sim N(\mu,\sigma^2)$,则

(1) $P\{X \leqslant b\}=\varPhi\left(\dfrac{b-\mu}{\sigma}\right)$;

(2) $P\{X>a\}=1-P\{X \leqslant a\}=1-\varPhi\left(\dfrac{a-\mu}{\sigma}\right)$;

(3) $P\{a \leqslant X \leqslant b\}=\varPhi\left(\dfrac{b-\mu}{\sigma}\right)-\varPhi\left(\dfrac{a-\mu}{\sigma}\right)$.

例 8 面对全球范围内日益严峻的能源形势与环保压力,环保与低碳成为今后汽车发展的一大趋势,越来越多的消费者对新能源汽车表现出更多的关注. 某新能源汽车制造商对其新推出的一款电动汽车的续航里程进行了测试. 测试结果显示,这批电动汽车的续航里程(单位:km)近似服从正态分布 $N(\mu,\sigma^2)$,其中,μ 是平均续航里程,σ 是续航里程的标准差.

(1) 已知这批电动汽车的平均续航里程 $\mu=400$ km,标准差 $\sigma=30$ km,求从中随机选取的一辆电动汽车的续航里程为 370~430 km 的概率;

(2) 求 x,使得电动汽车的续航里程落在区间 $(400-x,400+x)$ 内的概率不小于 0.95.

解 (1) 由已知 $X \sim N(400,30^2)$,所以求事件的概率为

$$P\{370<X \leqslant 430\}=\varPhi\left(\frac{430-400}{30}\right)-\varPhi\left(\frac{370-400}{30}\right)$$
$$=\varPhi(1)-\varPhi(-1)=\varPhi(1)+\varPhi(1)-1=0.6826.$$

(2) $P\{400-x<X\leq 400+x\}=\varPhi\left(\dfrac{400+x-400}{30}\right)-\varPhi\left(\dfrac{400-x-400}{30}\right)$

$=\varPhi\left(\dfrac{x}{30}\right)-\varPhi\left(\dfrac{-x}{30}\right)=2\varPhi\left(\dfrac{x}{30}\right)-1\geq 0.95,$

则 $\varPhi\left(\dfrac{x}{30}\right)\geq 0.975.$ 查附表2.2,得 $\dfrac{x}{30}\geq 1.96,$ 所以 $x\geq 58.8.$

例9 设 $X\sim N(\mu,\sigma^2),$ 求:

(1) $P\{|X-\mu|\leq \sigma\}$; (2) $P\{|X-\mu|\leq 2\sigma\}$;

(3) $P\{|X-\mu|\leq 3\sigma\}.$

解 (1) $P\{|X-\mu|\leq \sigma\}=P\{\mu-\sigma\leq X\leq \mu+\sigma\}$

$=\varPhi\left(\dfrac{\mu+\sigma-\mu}{\sigma}\right)-\varPhi\left(\dfrac{\mu-\sigma-\mu}{\sigma}\right)=\varPhi(1)-\varPhi(-1)$

$=2\varPhi(1)-1=0.6826.$

同理计算,得

(2) $P\{|X-\mu|\leq 2\sigma\}=2\varPhi(2)-1=0.9544.$

(3) $P\{|X-\mu|\leq 3\sigma\}=2\varPhi(3)-1=0.9974.$

例9说明,X 的取值几乎全部集中在区间 $(\mu-3\sigma,\mu+3\sigma)$ 内,超出这个范围的可能性仅占不到0.3%,如图9.3.4所示. 这在统计学上称为"3σ 原则",该原则在质量管理中有着重要的应用.

图 9.3.4

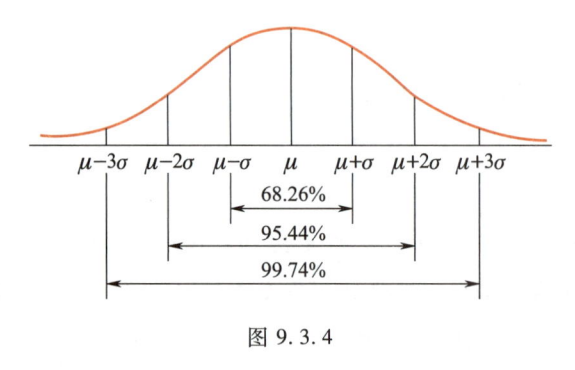

习题9.3

A. 基础巩固

1. 某人从甲地出差去乙地,可以乘飞机、火车或轮船,其费用分别为1 000元、200元和150元,且选择此三种方式前往乙地的概率分别为0.15,0.50和0.35. 若用 X 表示所需的费用,则 X 是一个随机变量. 试写出随机变量 X 的概率分布.

2. 假设三个人进入同一家服装店,每个人购买的概率均为0.3,而且彼此相互独立,求:

(1) 三人中有两人购买的概率;

（2）三人中至少有两人购买的概率；

（3）三人中至多有两人购买的概率．

3. 某公司生产某种产品 300 件，根据历史生产记录知，该产品的废品率为 0.01. 问：这 300 件产品中废品数量大于 5 的概率．

4. 设国际市场上对我国某种出口商品的年需求量（单位：t）在区间 [2 000,4 000] 上服从均匀分布．求在未来一年内，国际市场上对我国该种出口商品的需求量．

（1）恰好为 3 000t 的概率；

（2）小于 2 500t 的概率；

（3）在 2 500~3 800t 范围内的概率．

5. 已知 $X \sim N(8,4^2)$，求：$P\{X \leqslant 16\}$，$P\{X \leqslant 0\}$ 及 $P\{|X-16|<4\}$．

6. 已知公共汽车车门的高度是按照成年男性与车门碰头的概率在 0.01 以下来设计的，设成年男性的身高 X 服从 $\mu=168$ cm，$\sigma=7$ cm 的正态分布，即 $X \sim N(168,7^2)$，问：车门的高度应定为多少？

B. 能力提升

1. 由商店过去的销售记录知道，某种商品每月的销售量可以用参数 $\lambda=10$ 的泊松分布来描述，为了以 95% 以上的把握保证不脱销，问：该商店在月底至少应购进该种商品多少件（假定上个月没有存货）？

2. 某工厂生产的一批零件的尺寸服从均值为 10 mm，标准差为 0.2 mm 的正态分布．工厂规定，零件的尺寸必须在 9.6 mm 到 10.4 mm 之间才算合格．计算这批零件中合格品的比例，并求 x，使得零件的尺寸落在 $(10-x,10+x)$ 内的概率不小于 99%．

第四节 随机变量的数字特征

虽然随机变量的概率分布能对随机现象进行较完整的描述，然而在实际问题中，要确定一个随机变量的概率分布往往是很困难的，并且在某些情况下，也并不需要完全确定随机变量的概率分布，只需知道反映随机变量特征的某些数值就够了．

例如，要比较两个灯泡厂生产的灯泡的质量，首先要比较灯泡寿命的长短，但寿命长短不能一个一个地进行比较，而是用它们寿命的平均值来比较；其次，要比较各个灯泡与该厂灯泡寿命的平均值的偏离程度，偏离越大，说明质量越不稳定；偏离越小，说明质量越稳定．所谓随机变量的数字特征就是描述随机变量"平均值"和"偏离程度"等特征的数值．本节讨论最常用的两种数字特征：数学期望（均值）和方差．

【情境与问题】

引例1 在教学检查时，对某班 12 名学生的数学成绩进行了抽检，其中，60 分和 74 分的各有 3 名，65 分、85 分和 93 分的各有 2 名，则他们的平均成绩应为

$$\frac{60\times3+65\times2+74\times3+85\times2+93\times2}{12}$$

$$=60\times\frac{3}{12}+65\times\frac{2}{12}+74\times\frac{3}{12}+85\times\frac{2}{12}+93\times\frac{2}{12}=74(分).$$

这里，$\frac{3}{12},\frac{2}{12}$是相应考分的频率，也可视为相应考分的概率．

从上面的计算中我们可以看出，他们的平均成绩并不是简单的算术平均数

$$\frac{60+65+74+85+93}{5}=75.4(分).$$

这就是说，这种简单的算术平均数不能完全反映随机变量（抽考成绩）取值的真正平均情况，因为一个随机变量取各个值的可能性是不相等的，它不仅取决于随机变量的一切可能值，而且取决于它取那些值的概率．因此，这个"平均数"应是随机变量取的一切可能值与相应概率乘积的总和，也就是以概率为权数的加权平均值，这就是我们要引入的数学期望的概念．

一、随机变量的数学期望

1. 离散型随机变量的数学期望

定义 1 设离散型随机变量的概率分布如表 9.4.1 所示．

表 9.4.1

X	x_1	x_2	$\cdots$	x_n	$\cdots$
P	p_1	p_2	$\cdots$	p_n	$\cdots$

则称 $E(X)=\sum_{k=1}^{\infty}x_k p_k=x_1 p_1+x_2 p_2+\cdots+x_k p_k+\cdots$ 为随机变量 X 的**数学期望**，简称**期望**或**均值**，记为 $E(X)$．

注意：随机变量的数学期望反映了随机变量取值的平均状况，由于随机变量取什么值试验前是不确定的，所以数学期望也只是一种"期望"而已．但是，它可以作为试验之前的一个估算值，这与通常所说的"平均数"是有区别的．

例 1 续航里程的数学期望既可以帮助消费者在购买新能源汽车时，对其实际续航能力有一个较为准确的预期，也可以帮助汽车制造商在设计和改进产品时，有针对性地提高续航性能．已知某款新能源汽车在良好路况下的续航里程为 400 km 的概率为 0.4，在一般路况下的续航里程为 350 km 的概率为 0.5，在较差路况下的续航里程为 300 km 的概率为 0.1．求这款新能源汽车续航里程的数学期望．

解 $E(X)=400\times0.4+350\times0.5+300\times0.1=365(\text{km})$．

例 2 甲、乙两名工人在一天的生产中出现的废品数的概率分布如表 9.4.2 所示，甲、乙两人出现的废品数分别用 X,Y 表示．

表 9.4.2

工人	甲				乙			
废品数	0	1	2	3	0	1	2	3
概率	0.4	0.3	0.2	0.1	0.3	0.5	0.2	0

若甲、乙两人的日产量相等,问:谁的技术较好?

解 只从概率分布来看,很难作出判断,但是

$$E(X) = 0 \times 0.4 + 1 \times 0.3 + 2 \times 0.2 + 3 \times 0.1 = 1,$$
$$E(Y) = 0 \times 0.3 + 1 \times 0.5 + 2 \times 0.2 + 3 \times 0 = 0.9.$$

由于工人甲平均每天生产的废品的数量要比乙多,所以在产量相同的情况下,我们说工人乙的技术比工人甲的技术要好一些.

例3 设 X 服从两点分布,求 $E(X)$.

解 X 的概率分布:

$$P\{X=0\} = 1-p, \quad P\{X=1\} = p,$$

则

$$E(X) = 0 \times (1-p) + 1 \times p = p.$$

2. 连续型随机变量的数学期望

定义2 设连续型随机变量 X 具有概率分布密度函数 $f(x)$,且反常积分 $\int_{-\infty}^{+\infty} xf(x)\,dx$ 绝对收敛,则称该积分为随机变量 X 的**数学期望**,简称**期望**或**均值**,记为 $E(X)$,即

$$E(X) = \int_{-\infty}^{+\infty} xf(x)\,dx.$$

否则,称 X 的数学期望不存在.

例4 已知随机变量 X 的概率分布密度函数为

$$f(x) = \begin{cases} 2x, & 0 \leq x \leq 1, \\ 0, & \text{其他}, \end{cases}$$

求 $E(X)$.

解 根据连续型随机变量数学期望的定义,得

$$E(X) = \int_{-\infty}^{+\infty} xf(x)\,dx = \int_0^1 x \cdot 2x\,dx = \frac{2}{3}.$$

3. 数学期望的性质

随机变量的数学期望满足以下性质：

（1） $E(C) = C$（C 为常数）；

（2） $E(CX) = CE(X)$（C 为常数）；

（3） $E(X+Y) = E(X) + E(Y)$；

（4） 如果 X 与 Y 相互独立，则 $E(X \cdot Y) = E(X) \cdot E(Y)$.

注意：性质(3)和(4)均可推广到有限个随机变量的情形.

二、随机变量的方差

随机变量的数学期望表示随机变量的取值"中心"，但对许多实际问题来说，仅仅知道随机变量的取值中心还是很不够的，还需要了解随机变量取值的离散程度.

引例 2 有两批灯管，每批随机抽检 10 只，它们的寿命如表 9.4.3 所示（单位：h）.

表 9.4.3

| 第一批 | 960 | 950 | 1 050 | 979 | 1 050 | 1034 | 990 | 979 | 1 050 | 958 |
| 第二批 | 914 | 1 250 | 1 382 | 680 | 1 350 | 628 | 680 | 914 | 1 162 | 1 040 |

可以算出，这两批灯管的平均寿命都是 1 000 h，但仅靠这一点还不能断定这两批灯管的质量相同. 观察表 9.4.3 发现，第一批灯管的寿命与平均寿命的偏差较小，质量比较稳定，第二批灯管的寿命与平均寿命的偏差较大，质量不够稳定. 由此可见，在实际问题中，除了解随机变量的数学期望以外，一般还需要知道随机变量的取值与其数学期望的偏离程度，常用 $[X-E(X)]^2$ 的数学期望来表示 X 取值的离散程度（即 X 取值与其"中心"的偏离程度）.

1. 离散型随机变量的方差

定义 3（随机变量的方差） 设 X 是一个随机变量，若 $E[X-E(X)]^2$ 存在，则称 $E[X-E(X)]^2$ 为 X 的**方差**，记为 $D(X)$，即 $D(X) = E[X-E(X)]^2$，并称 $\sqrt{D(X)}$ 为 X 的**均方差**或**标准差**.

若离散型随机变量 X 的概率分布为 $p_k = P\{X = x_k\}$（$k = 1, 2, \cdots, n$），则 X 的方差为

$$D(X) = \sum_{k=1}^{\infty} [x_k - E(X)]^2 p_k;$$

若连续型随机变量 X 的概率分布密度函数为 $f(x)$，则 X 的方差为

$$D(X) = \int_{-\infty}^{+\infty} [x - E(X)]^2 f(x) \, dx.$$

利用上式计算方差有时是很不方便的，我们利用方差的定义可以推出下面一个常用的公式：

$$D(X) = E(X^2) - [E(X)]^2.$$

> **小贴士**
> 方差是描述随机变量取值集中或分散程度的一个数字特征. 方差小,取值集中;方差大,取值分散.

例5 某机构为了解目前工厂职工的收入状况,对甲、乙两个工厂进行了调查,结果如下:

甲工厂中,20%的工人的月均收入在3 000元以上,75%的工人的月均收入在1 000~3 000元,其余工人的月均收入在1 000元以下;乙工厂中,月均收入超过3 000元的工人达30%,月均收入在1 000~3 000元的工人占40%,其余工人的月均收入在1 000元以下. 问:两个工厂哪个"共同富裕"的程度更高一些?

解 设描述月均收入的随机变量为

$$\xi = \begin{cases} 5\ 000, & \text{人均月收入在3 000元以上,} \\ 2\ 000, & \text{人均月收入在1 000~3 000元,} \\ 800, & \text{人均月收入在1 000元以下.} \end{cases}$$

甲工厂工人的收入为 X,乙工厂工人的收入为 Y,则 X、Y 的概率分布如表9.4.4(a)、(b)所示.

表9.4.4

(a)

X	800	2 000	5 000
P	0.05	0.75	0.20

(b)

Y	800	2 000	5 000
P	0.30	0.40	0.30

由此可知

$$E(X) = 800 \times 0.05 + 2\ 000 \times 0.75 + 5\ 000 \times 0.20 = 2\ 540(元),$$

$$E(Y) = 800 \times 0.30 + 2\ 000 \times 0.40 + 5\ 000 \times 0.30 = 2\ 540(元),$$

$$D(X) = (800 - 2\ 540)^2 \times 0.05 + (2\ 000 - 2\ 540)^2 \times 0.75 + (5\ 000 - 2\ 540)^2 \times 0.20$$
$$= 1\ 580\ 400,$$

$$D(Y) = (800 - 2\ 540)^2 \times 0.30 + (2\ 000 - 2\ 540)^2 \times 0.40 + (5\ 000 - 2\ 540)^2 \times 0.30$$
$$= 2\ 840\ 400,$$

$$\sqrt{D(X)} \approx 1\ 257, \sqrt{D(Y)} \approx 1\ 685.$$

由方差的含义知,甲工厂"共同富裕"的程度更高一些,而乙工厂则有点"贫富不均".

2. 方差的性质

随机变量的方差满足以下性质:

(1) $D(C) = 0$(C 为常数);

(2) $D(CX + Y) = C^2 D(X)$ (C 为常数);

(3) 设 X,Y 为两个相互独立的随机变量,则 $D(X+Y) = D(X) + D(Y)$.

三、常见的随机变量的数学期望和方差

（1）两点（或 0—1）分布：设 X 服从两点分布，则 $E(X)=p, D(X)=pq$.

（2）二项分布：设 $X\sim B(n,p)$，则 $E(X)=np, D(X)=npq$.

（3）泊松分布：设 $X\sim P(\lambda)$，则 $E(X)=\lambda, D(X)=\lambda$.

（4）均匀分布：设 $X\sim U(a,b)$，则 $E(X)=\dfrac{a+b}{2}, D(X)=\dfrac{1}{12}(b-a)^2$.

（5）正态分布：设 $X\sim N(\mu,\sigma^2)$，则 $E(X)=\mu, D(X)=\sigma^2$；特别地，当 $X\sim N(0,1)$ 时，$E(X)=0, D(X)=1$.

习题9.4

A. 基础巩固

1. 设随机变量的概率分布如表 9.4.5 所示.

表 9.4.5

X	-1	0	1
P	$\dfrac{1}{2}$	$\dfrac{1}{4}$	$\dfrac{1}{4}$

求：(1) $E(X)$；(2) $E(2X-1)$.

2. 现有 A、B 两个投资项目，项目 A 有 60% 的概率获得 20% 的收益，40% 的概率亏损 10%；项目 B 有 40% 的概率获得 30% 的收益，60% 的概率亏损 5%. 问：投资者应该选择哪个项目进行投资？

3. 某电商平台上，某商品的销售量服从泊松分布，已知每天的平均销售量为 50 件，每件商品的利润为 30 元，求每天销售该商品的总利润的数学期望.

4. 某地铁站每 5 分钟有一列地铁进站，乘客在任一时刻到达该站候车是等可能的，求任一乘客候车的平均时间.

5. 设甲、乙两台机床同时加工某种型号的零件，每 100 件产品中的次品数的概率分布如表 9.4.6 所示.

表 9.4.6

机床	甲				乙			
次品数	0	1	2	3	0	1	2	3
概率	0.7	0.2	0.06	0.04	0.8	0.06	0.04	0.1

问：哪一台机床的加工质量较好？

B. 能力提升

1. 某保险公司向一家房主提供了一份保单为 15 000 元、期限为一年的房产火灾保险. 根据过去的统计和专业人员的估计,一年中这类房屋每 10 000 栋中平均有 2 栋发生火灾. 如果保险公司向该房主收取 36 元的保险费,那么对这单保险而言,保险公司的期望收入是多少?

2. 已知某种规格的显像管的使用寿命 X(单位:h)的概率分布如表 9.4.7 所示.

表 9.4.7

X	8 000	9 000	10 000	11 000	12 000
P	0.1	0.2	0.4	0.2	0.1

求该种显像管使用寿命的数学期望、方差和标准差.

第五节 数理统计的基本概念

我们知道,很多实际问题中的随机现象可以用随机变量来描述,当我们对所研究的随机变量知之甚少时,如何才能确定出这个随机变量的概率分布或数字特征,就成为一个很重要的问题了. 解决这类问题的一个重要方法就是随机抽样,其基本思想是,从研究对象的全体中抽取一小部分来进行观察和研究,并在此基础上对整体进行推断. 数理统计就是应用概率论的原理,来研究从局部推断整体这类问题的一个数学分支.

数理统计在工农业生产、科学试验、政治经济等各个领域都有着十分广泛的应用. 例如工业生产中对产品质量的控制和检验,农业上良种选优,学校教学质量的评估,经济学中的市场预测等问题都需要运用数理统计的相关知识. 下面先介绍数理统计中的几个基本的概念.

【情境与问题】

引例 1 要了解 A 城市居民 2024 年的收入情况,一般采用抽样调查的方法,即抽查该城市一小部分居民的收入情况,如抽取 1 000 人,并由此推断该城市居民的年收入状况.

引例 2 某工厂为了检测出厂的 10 000 个灯泡的使用寿命,随机抽取了 100 个灯泡进行检测.

上述两个引例有一个共同的特点,就是为了研究某个对象的性质,只研究其中的一部分,通过对这部分个体的研究,推断出研究对象全体的性质. 这就引出了总体和样本的概念.

一、总体与样本

我们将所研究对象的全体称为**总体**,组成总体的每一个研究对象称为**个体**. 从总体中抽取出来的个体称为**样品**,若干个样品组成的集合称为**样本**,一个样本中所含样品的个数称为**样本容量**.

引例 1 中，A 城市居民 2024 年的年收入，就是我们研究的对象，就是总体；A 城市中某一个居民 2024 年的年收入，就是一个个体．从总体中随机抽取的 1 000 个城市居民的年收入，就组成一个样本，样本容量是 1 000．

需要注意的是，A 城市居民本身不是总体，A 城市居民的年收入才是总体．

在一个总体 X 中，抽取 n 个个体 $X_1, X_2, \cdots, X_n$ 称为总体 X 的一个样本．记为 $(X_1, X_2, \cdots, X_n)$．在一次抽取后，$(X_1, X_2, \cdots, X_n)$ 就有了一组确定的值，相应地记为 $(x_1, x_2, \cdots, x_n)$，称为样本观测值，简称样本值．

采用简单随机抽样的方法抽取的样本具有如下特点：

（1）样本（用 $X_1, X_2, \cdots, X_n$ 表示）中的每一个样品 $X_i (i=1,2,\cdots,n)$ 与总体具有相同的分布；

（2）样本中的每一个样品 $X_1, X_2, \cdots, X_n$ 相互独立．

总之，简单随机样本是指独立且与总体同分布的一组随机变量，简称样本．

二、统计量

样本虽然可以代表总体，但是我们由总体获得样本后，由于所研究问题的角度不一样，通常不能直接用样本的观察值来推断总体的特征，需要对样本进行数学上的加工或处理，这种处理通常是构造一个合适的函数来帮助我们解决要研究的问题．

一般地，称不含未知参数的样本函数 $f(X_1, X_2, \cdots, X_n)$ 为统计量．显然，统计量是随机变量的函数，因此，它也是随机变量．

注意：当样本 $(X_1, X_2, \cdots, X_n)$ 未取一组具体样本值时，统计量用大写字母表示；当样本 $(X_1, X_2, \cdots, X_n)$ 取得一组具体样本值 $(x_1, x_2, \cdots, x_n)$ 时，统计量用小写字母表示．

下面介绍几个常用的统计量，它们是样本的数字特征．

设 $X_1, X_2, \cdots, X_n$ 是来自总体 X 的一个样本．

（1）样本均值

$$\overline{X} = \frac{1}{n} \sum_{i=1}^{n} X_i; \tag{9.5.1}$$

（2）样本方差

$$S^2 = \frac{1}{n-1} \sum_{i=1}^{n} (X_i - \overline{X})^2; \tag{9.5.2}$$

（3）样本标准差

$$S = \sqrt{S^2} = \sqrt{\frac{1}{n-1} \sum_{i=1}^{n} (X - \overline{X})^2}. \tag{9.5.3}$$

样本均值 $\overline{X}$ 反映了样本的平均状态，样本方差、样本标准差反映了样本数据的集中（或离散）的程度．

例1 某汽车公司对其生产的一款新能源汽车的电池续航里程进行抽样检测. 从生产线上随机抽取了10辆汽车,它们的续航里程(单位:km)分别为

400, 420, 380, 410, 390, 405, 430, 370, 415, 395.

计算这组样本的样本均值、样本方差和样本标准差.

解 由题中数据,得

$$\overline{X} = \frac{1}{10} \times (400+420+380+410+390+405+430+370+415+395) = 401.5,$$

$$S^2 = \frac{1}{9} \times [(400-401.5)^2 + (420-401.5)^2 + (380-401.5)^2 + (410-401.5)^2 + (390-401.5)^2 + (405-401.5)^2 + (430-401.5)^2 + (370-401.5)^2 + (415-401.5)^2 + (395-401.5)^2]$$

$$\approx 339.166\,7,$$

$$S = \sqrt{S^2} = \sqrt{339.166\,7} \approx 18.416\,5.$$

三、抽样分布

抽样分布是指统计量的分布. 由于在实际问题中许多量都服从正态分布,所以我们仅介绍来自正态总体的几个常用的统计量的概率分布.

1. 样本均值的分布

定义1 若总体 $X \sim N(\mu, \sigma^2)$,且 $X_1, X_2, \cdots, X_n$ 是 X 的一个样本,则

$$\overline{X} \sim N\left(\mu, \frac{\sigma^2}{n}\right),$$

$$U = \frac{\overline{X} - \mu}{\sigma/\sqrt{n}} \sim N(0,1). \tag{9.5.4}$$

在统计中,常用到标准正态分布的上 α 分位点这个概念,介绍如下:

设 $X \sim N(0,1)$,对给定的 $\alpha\,(0 < \alpha < 1)$,称满足条件

$$P\{X > U_\alpha\} = \alpha \tag{9.5.5}$$

或

$$P\{X \leq U_\alpha\} = 1 - \alpha \tag{9.5.6}$$

的点 U_α 为标准正态分布的**上 α 分位点**或**上侧临界值**,简称**上 α 点**. 式(9.5.5)的几何意义如图 9.5.1 所示.

称满足条件

$$P\{|X| > U_{\alpha/2}\} = \alpha \tag{9.5.7}$$

的点 $U_{\alpha/2}$ 为正态分布的**双侧 α 分位点**或**双侧临界值**,简称**双 α 点**,其几何意义如图 9.5.2 所示.

在数理统计中,U_α 可直接根据式(9.5.6)查标准正态分布表(附表 2.2)求得,$U_{\alpha/2}$ 可由

$P\{X>U_{\alpha/2}\}=\dfrac{\alpha}{2}$ 查表求得.

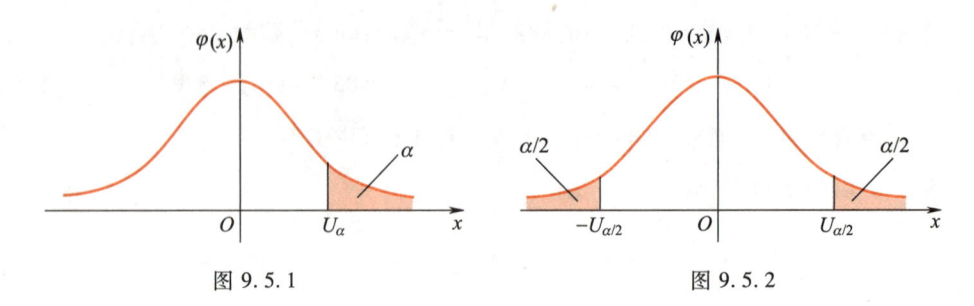

图 9.5.1

图 9.5.2

> **例2** 设 $X \sim N(\mu,\sigma^2)$,$U=\dfrac{\overline{X}-\mu}{\sigma/\sqrt{n}}$($\mu,\sigma$ 已知),$P\{|U|<\lambda\}=0.7372$,求临界值 λ.
>
> **解** 由于 $U \sim N(0,1)$,
> $$P\{|U|<\lambda\}=P\{-\lambda<U<\lambda\}=2\Phi(\lambda)-1=0.7372,$$
> 所以
> $$\Phi(\lambda)=0.8686.$$
> 查附表 2.2,得 $\lambda=1.12$.
>
> **例3** 某彩色显像管的使用寿命 X(单位:h)服从正态分布,即 $X \sim N(\mu,\sigma^2)$,μ 未知,$\sigma^2=100$. 随机地抽取 100 只显像管,求样本均值 $\overline{X}$ 与 μ 的偏差小于 1 的概率.
>
> **解** 根据题意,需求的概率为 $P\{|\overline{X}-\mu|<1\}$. 因为 $n=100,\sigma^2=100$,则 $\dfrac{\sigma}{\sqrt{n}}=1$,所以有
> $$P\{|\overline{X}-\mu|<1\}=P\{-1<\overline{X}-\mu<1\}=P\left\{\dfrac{-1}{\sigma/\sqrt{n}}<\dfrac{\overline{X}-\mu}{\sigma/\sqrt{n}}<\dfrac{1}{\sigma/\sqrt{n}}\right\}$$
> $$=\Phi\left(\dfrac{1}{\sigma/\sqrt{n}}\right)-\Phi\left(\dfrac{-1}{\sigma/\sqrt{n}}\right)=2\Phi(1)-1=0.6826.$$

2. χ^2 分布

定义2 设 $X_1,X_2,\cdots,X_n$ 是取自正态总体 $N(0,1)$ 的样本,称统计量

$$\chi^2 = X_1^2 + X_2^2 + \cdots + X_n^2 \tag{9.5.8}$$

为服从自由度为 n 的 χ^2 分布,记为 $\chi^2 \sim \chi^2(n)$.

这里,自由度是指式(9.5.8)右端所包含的独立变量的个数. χ^2 分布的密度函数为

$$f(x)=\begin{cases}\dfrac{1}{2^{\frac{n}{2}}\Gamma\left(\dfrac{n}{2}\right)}x^{\frac{n}{2}-1}\mathrm{e}^{-\frac{x}{2}}, & x>0,\\ 0, & x\leqslant 0,\end{cases}$$

其中，$\Gamma\left(\dfrac{n}{2}\right)$为 Γ 函数，$\Gamma(n+1)=n!$，$\Gamma\left(\dfrac{1}{2}\right)=\sqrt{\pi}$. $f(x)$的图形如图 9.5.3 所示.

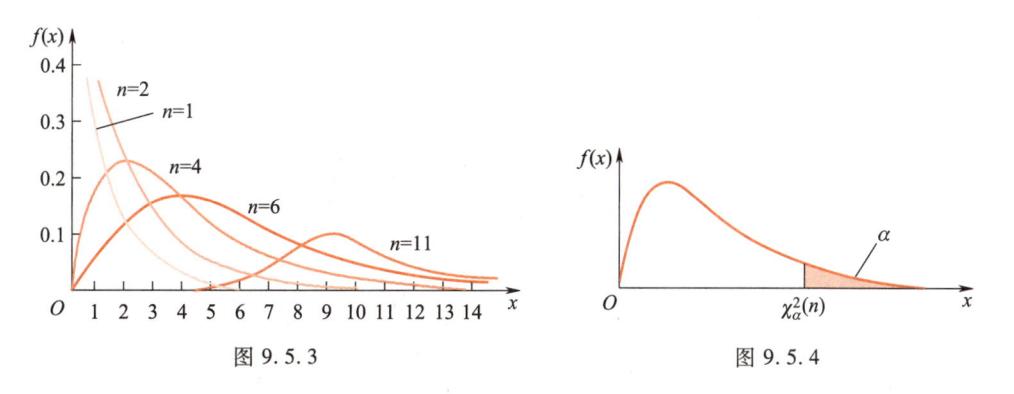

图 9.5.3

图 9.5.4

从图 9.5.3 中可以看出，当 $n\to+\infty$ 时，χ^2 分布近似于正态分布.

定义 3(χ^2 分布的分位点) 设 $\chi^2\sim\chi^2(n)$，对于给定的正数 $\alpha(0<\alpha<1)$，称满足条件

$$P\{\chi^2>\chi_\alpha^2(n)\}=\int_{\chi_\alpha^2(n)}^{+\infty}f(x)\mathrm{d}x=\alpha \tag{9.5.9}$$

的数 $\chi_\alpha^2(n)$ 为 $\chi^2(n)$ 分布的上 α 分位点或上侧临界值，简称上 α 点. 其几何意义如图 9.5.4 所示.

对于给定的 $\alpha(0<\alpha<1)$，当 $P\{\chi^2(n)>\lambda\}=\alpha$ 时，可查 χ^2 分布表（附表 2.3）求出临界值 λ. 例如，当 $\alpha=0.05, n=15$ 时，查附表 2.3，得 $\lambda=\chi_{0.05}^2(15)\approx 25$，即 $P\{\chi^2(15)>25\}=0.05$.

> **小贴士**
> 在自由度 n 取定以后，$\chi_\alpha^2(n)$ 的值就只与 α 有关.

关于 χ^2 分布，有如下重要结论：

(1) 设 $X_1, X_2, \cdots, X_n$ 是取自总体 $X\sim N(\mu, \sigma^2)$ 的样本，则样本均值 $\overline{X}$ 与样本方差 S^2 相互独立，且

$$\dfrac{(n-1)S^2}{\sigma^2}=\dfrac{\sum_{i=1}^n(X_i-\overline{X})^2}{\sigma^2}\sim\chi^2(n-1);$$

(2) $E(\chi^2)=n, D(\chi^2)=2n$.

3. t 分布

定义 4 设 $X\sim N(0,1), Y\sim\chi^2(n)$，且 X 与 Y 相互独立，则称随机变量

$$t=\dfrac{X}{\sqrt{Y/n}} \tag{9.5.10}$$

为服从自由度 n 的 t 分布，记为 $t\sim t(n)$.

当 n 充分大时，t 分布近似于标准正态分布，如图 9.5.5 所示. 但当 n 较小时，t 分布与标

准正态分布仍有一定的差别.

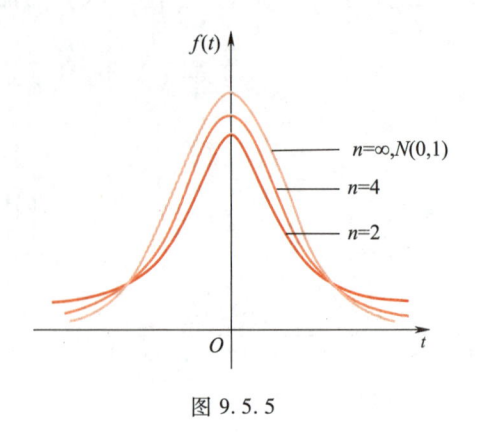

图 9.5.5

定义 5（t 分布的分位点） 设 $T \sim t_\alpha(n)$，对于给定的实数 $\alpha(0<\alpha<1)$，称满足条件

$$P\{T > t_\alpha(n)\} = \int_{t_\alpha(n)}^{+\infty} f(t) \, dt = \alpha \tag{9.5.11}$$

的数 $t_\alpha(n)$ 为 t 分布的上 α 分位点或上侧临界值. 其几何意义如图 9.5.6 所示.

对不同的 α 与 n，t 分布的上侧分位数都可从 t 分布表（附表 2.4）中查得. 类似地，我们可以给出 t 分布的双侧分位点或双侧临界值，即

$$P\{|T| > t_{\alpha/2}(n)\} = \int_{-\infty}^{-t_{\alpha/2}(n)} f(t) \, dt + \int_{t_{\alpha/2}(n)}^{+\infty} f(t) \, dt = \alpha.$$

显然，有

$$P\{T > t_{\alpha/2}(n)\} = \alpha/2, \quad P\{T < -t_{\alpha/2}(n)\} = \alpha/2.$$

其几何意义如图 9.5.7 所示. 例如，设 $t \sim t(8)$，对 $\alpha = 0.05$，查附表 2.4，得到

$$t_\alpha(8) = 1.8595, \quad t_{\alpha/2}(8) = 2.3060.$$

故有

$$P\{T > 1.8595\} = P\{T < -1.8595\} = P\{|T| > 2.3060\} = 0.05.$$

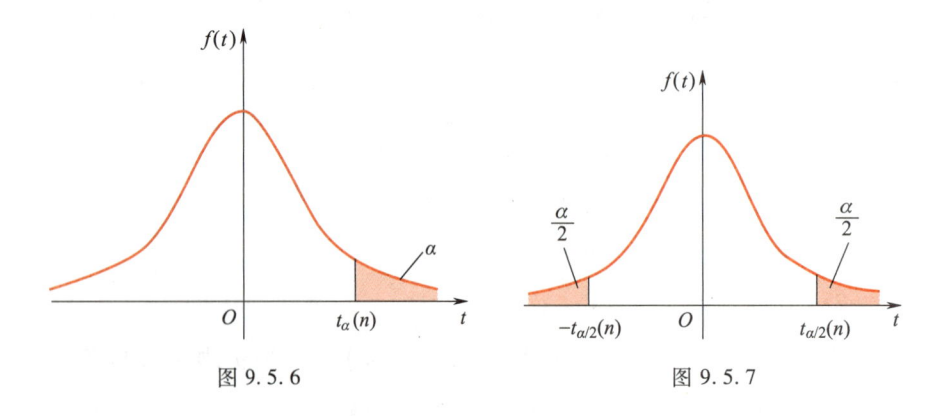

图 9.5.6　　　　图 9.5.7

定理 设 $X_1, X_2, \cdots, X_n$ 是来自总体 $X \sim N(\mu, \sigma^2)$ 的样本，则统计量

$$\frac{\overline{X} - \mu}{S/\sqrt{n}} \sim t(n-1).$$

习题 9.5

1. 从一批零件的毛坯中,随机抽取 20 个,称得质量(单位:g) 如下:

21.5, 22.7, 21.6, 19.2, 20.7, 20.7, 21.4, 21.8, 20.5, 20.0,
18.7, 18.5, 20.2, 21.8, 19.5, 21.5, 20.6, 20.2, 20.8, 21.0.

试估计该批毛坯的均值和方差.

2. 在总体 $N(52,6.3^2)$ 中,随机抽取一个样本容量为 36 的样本,求样本均值 $\bar{X}$ 落在 50.8~53.8 内的概率.

3. 查附表 2.3 求下列 χ^2 分布的上侧分位点:$\chi^2_{0.95}(5)$,$\chi^2_{0.05}(5)$,$\chi^2_{0.99}(10)$,$\chi^2_{0.01}(10)$.

第六节 参数估计

在实际问题中,当所研究的总体分布类型已知,但分布中含有一个或多个未知参数时,如何根据样本来估计未知参数,这就是参数估计问题. 参数估计问题分为点估计问题与区间估计问题两类. 所谓点估计就是用某一个函数值作为总体未知参数的估计值;区间估计就是对于未知参数给出一个范围,并且在一定的可靠度下使这个范围包含未知参数的真值.

一、估计量的评价标准

总体 X 中的未知参数 θ 是未知的但客观存在的固定常数,不是随机变量,而我们所构造的参数 θ 的估计量 $\hat{\theta}$ 是随所选取样本的不同而变动的,是随机变量. 对于同一个参数,可以用多个估计量来估计,这样就有一个衡量估计量优劣的标准问题. 因此我们必须建立一些可比较的标准,下面介绍两个最基本的标准:无偏性和有效性.

(1) **无偏性**. 为了得到比较理想的估计值,我们希望估计量的数学期望等于参数的真实值. 这称之为估计量的**无偏性**.

设 $\hat{\theta}$ 为未知参数 θ 的一个估计量,若 $E(\hat{\theta})=\theta$,则称 $\hat{\theta}$ 为参数 θ 的**无偏估计量**.

无偏性是最基本的要求,它的直观意义是没有系统误差.

$\bar{X}$ 和 S^2 分别是总体均值 μ,总体方差 σ^2 的无偏估计,其中,$E(\bar{X})=\mu$,$E(S^2)=\sigma^2$. S^2 的表达式中,分母是 $n-1$ 而不是 n,正是为了满足无偏性.

(2) **有效性**. 设 $\hat{\theta}_1,\hat{\theta}_2$ 是参数 θ 的两个无偏估计量,若对任意的样本容量 n,有方差 $D(\hat{\theta}_1)<D(\hat{\theta}_2)$,则称 $\hat{\theta}_1$ 比 $\hat{\theta}_2$ 有效.

对于多个无偏估计量,方差小的波动小,稳定性好,即方差 $D(\hat{\theta})$ 越小越好,$\bar{X}$ 是所有无偏估计量中最有效的.

例1 已知总体 $X \sim N(\mu,\sigma^2)$,设 X_1,X_2,X_3 是总体 X 的样本,定义如下两个无偏估计量:

$$\hat{\mu}_1 = \frac{1}{5}X_1 + \frac{3}{5}X_2 + \frac{1}{5}X_3, \quad \hat{\mu}_2 = \frac{1}{3}X_1 + \frac{1}{3}X_2 + \frac{1}{3}X_3.$$

问:$\hat{\mu}_1$ 与 $\hat{\mu}_2$ 中哪一个更有效?

解 易知,$\hat{\mu}_1$ 与 $\hat{\mu}_2$ 是参数 μ 的两个无偏估计量,分别计算 $\hat{\mu}_1$ 与 $\hat{\mu}_2$ 的方差,得

$$D(\hat{\mu}_1) = \frac{1}{25}D(X_1) + \frac{9}{25}D(X_2) + \frac{1}{25}D(X_3) = \frac{11}{25}\sigma^2,$$

$$D(\hat{\mu}_2) = \frac{1}{9}D(X_1) + \frac{1}{9}D(X_2) + \frac{1}{9}D(X_3) = \frac{1}{3}\sigma^2.$$

因为 $\frac{1}{3} < \frac{11}{25}$,所以 $\hat{\mu}_2$ 比 $\hat{\mu}_1$ 有效.

由此不难看出,样本均值 $\overline{X}$ 符合估计量的两个标准,是较好的估计量.

二、参数的点估计

由于未知数 θ 是数轴上的一个点,用样本的统计量 $\hat{\theta}$ 去估计 θ 时,正是用一个点去估计另一个点,所以称为**点估计**.

点估计中常用的方法有两种,一种是矩估计法,另一种是极大似然估计法. 这里我们只介绍矩估计法.

设总体 X 的分布函数为 $F(x)$,其中含有未知参数,这时我们不妨将 X 的分布函数设为 $F(x,\theta)$,我们的问题是,从一组样本值 $x_1, x_2, \cdots, x_n$ 出发,对未知参数 θ 进行估计.

设总体 X 的均值 $E(X) = \mu$,方差 $D(X) = \sigma^2$,标准差 $\sqrt{D(X)} = \sigma$,μ,σ^2 及 σ 是总体的数字特征,它们是客观存在的,但通常我们很难得到 μ,σ^2 及 σ 的真值. 实际中,我们可以用样本的数字特征来估计总体的数字特征,这是对总体的数字特征进行点估计的一种方法,称为**矩估计法**. 具体来说,就是用样本均值 $\overline{X}$ 估计总体均值 μ,记作 $\hat{\mu}$,即

$$\hat{\mu} = \overline{X} = \frac{1}{n}\sum_{i=1}^{n} X_i; \tag{9.6.1}$$

用样本方差 S^2 估计总体方差 σ^2,记作 $\hat{\sigma}^2$,即

$$\hat{\sigma}^2 = S^2 = \frac{1}{n-1}\sum_{i=1}^{n}(X_i - \overline{X})^2; \tag{9.6.2}$$

用样本均方差 S 估计总体标准差 σ,记作 $\hat{\sigma}$,即

$$\hat{\sigma} = S = \sqrt{\frac{1}{n-1}\sum_{i=1}^{n}(X_i - \overline{X})^2}. \tag{9.6.3}$$

例2 一本书的一页中印刷错误的个数 X 是一个随机变量,它服从参数为 $\lambda(\lambda>0)$ 的泊松分布,参数 λ 未知. 为了估计 λ 的值,随机抽查了这本书的 100 页,记录每页印刷错误的个数,其结果如表 9.6.1 所示. 试估计参数 λ 的值.

表 9.6.1

错误个数 k	0	1	2	3	4	5	6	≥7	
页数 f_k	36	40	19	2	0	2	1	0	$\sum f_k = 100$

解 由于 X 服从参数为 λ 的泊松分布,所以 $E(X)=\lambda$. 由矩估计法,得

$$\hat{E}(X) = \hat{\lambda} = \overline{X}$$

$$= \frac{1}{100} \times (0 \times 36 + 1 \times 40 + 2 \times 19 + 3 \times 2 + 4 \times 0 + 5 \times 2 + 6 \times 1) = 1,$$

即 $\hat{\lambda}=1$.

例 3 某工厂生产的某种零件的长度 $X \sim N(\mu, \sigma^2)$,其中 μ, σ^2 未知. 现随机抽取 8 个零件,测得长度(单位:mm)分别为

$$11,\quad 12,\quad 13,\quad 11,\quad 12,\quad 13,\quad 11,\quad 13.$$

试求 μ 及 σ^2 的矩估计值.

解 对正态总体 $N(\mu, \sigma^2)$,有 $E(X)=\mu, D(X)=\sigma^2$,由矩估计法,得估计量

$$\hat{\mu} = \hat{E}(X) = \overline{X}, \quad \hat{\sigma}^2 = \hat{D}(X) = S^2.$$

因为

$$\overline{X} = \frac{1}{8} \times (11+12+13+11+12+13+11+13) = 12,$$

所以

$$S^2 = \frac{1}{8-1} \times [3 \times (11-13)^2 + 2 \times (12-13)^2 + 3 \times (13-13)^2] = 2.$$

于是,μ 的矩估计值 $\hat{\mu}=12$,σ^2 的矩估计值为 $\hat{\sigma}^2=2$.

三、 参数的区间估计

点估计是一个单一数值,它究竟与真实值 θ 相差多少呢? 这就需要估计它的误差,我们希望估计出一个范围(区间)和这个范围包含参数真值 θ 的可靠程度. 这个区间即为 θ 的估计区间,这种估计称为参数的区间估计.

设 θ 为总体的一个未知参数,θ_1, θ_2 为由一组样本所确定的对 θ 的两个估计量. 对于给定的 $0<\alpha<1$,若 $P\{\theta_1 \leq \theta \leq \theta_2\} = 1-\alpha$,则称区间 (θ_1, θ_2) 为置信度为 $1-\alpha$ 的置信区间. 其中,θ_1, θ_2 分别为置信区间的下限和上限;$1-\alpha$ 称为置信度或置信水平,表示区间估计的可靠度;α 称为显著性水平.

我们主要研究一个正态总体 $X \sim N(\mu, \sigma^2)$ 的均值和方差的区间估计.

1. 已知方差 σ^2，均值 μ 的置信区间

设 $X \sim N(\mu,\sigma^2)$，μ 的无偏估计 $\overline{X} = \dfrac{1}{n}\sum_{i=1}^{n} X_i \sim N\left(\mu,\dfrac{\sigma^2}{n}\right)$，则统计量

$$U = \dfrac{\overline{X} - \mu}{\sigma/\sqrt{n}} \sim N(0,1).$$

对于给定的置信度 $1-\alpha$，查正态分布表（附表 2.2），可求 $U_{\alpha/2}$，使

$$P\{|U| < U_{\alpha/2}\} = P\left\{\left|\dfrac{\overline{X} - \mu}{\sigma/\sqrt{n}}\right| < U_{\alpha/2}\right\} = 1 - \alpha,$$

即

$$P\left\{\overline{X} - U_{\alpha/2}\dfrac{\sigma}{\sqrt{n}} < \mu < \overline{X} + U_{\alpha/2}\dfrac{\sigma}{\sqrt{n}}\right\} = 1 - \alpha.$$

上式表明，μ 的置信度为 $1-\alpha$ 的置信区间为

$$\left(\overline{X} - U_{\alpha/2}\dfrac{\sigma}{\sqrt{n}},\ \overline{X} + U_{\alpha/2}\dfrac{\sigma}{\sqrt{n}}\right). \tag{9.6.4}$$

例 4 某车间生产滚珠，从长期实践中得知，滚珠的直径 $X \sim N(\mu, 0.05)$。现从某天的产品中随机抽取 6 个，量得直径如下（单位：mm）：

$$14.6,\quad 15.1,\quad 14.9,\quad 14.8,\quad 15.2,\quad 15.1.$$

试求直径 X 的均值 μ 的置信度为 95% 的置信区间。

解 依题设，$\sigma = \sqrt{0.05}$，$n = 6$，

$$\overline{X} = \dfrac{1}{6} \times (14.6 + 15.1 + 14.9 + 14.8 + 15.2 + 15.1) = 14.95.$$

由 $P\{|U| < U_{\alpha/2}\} = 95\%$，得

$$\Phi(U_{\alpha/2}) = 0.975,$$

查标准正态分布表（附表 2.2），得

$$U_{\alpha/2} = 1.96.$$

所以

$$\overline{X} - U_{\alpha/2}\dfrac{\sigma}{\sqrt{n}} = 14.95 - 1.96\sqrt{\dfrac{0.05}{6}} \approx 14.77,$$

$$\overline{X} + U_{\alpha/2}\dfrac{\sigma}{\sqrt{n}} = 14.95 + 1.96\sqrt{\dfrac{0.05}{6}} \approx 15.13.$$

于是 μ 的置信度为 95% 的置信区间为

$$(14.77, 15.13).$$

【想一想】

若置信度改为 99% 或 90%,则置信区间的长短如何改变?

2. 未知方差 σ^2,均值 μ 的置信区间

在实际中,总体的方差通常是未知的. 这样,上述区间就无法算出. 此时,一个很自然的想法,就是用样本方差 S^2 去代替总体方差 σ^2. 构选统计量

$$T = \frac{\overline{X}-\mu}{S/\sqrt{n}} \sim t(n-1).$$

当置信度为 $1-\alpha$ 时,

$$P\{|T|<t_{\alpha/2}(n-1)\} = P\left\{\left|\frac{\overline{X}-\mu}{S/\sqrt{n}}\right|<t_{\alpha/2}(n-1)\right\} = 1-\alpha,$$

即

$$P\left\{\overline{X}-t_{\alpha/2}(n-1)\frac{S}{\sqrt{n}}<\mu<\overline{X}+t_{\alpha/2}(n-1)\frac{S}{\sqrt{n}}\right\} = 1-\alpha.$$

这就是说,μ 的置信度为 $1-\alpha$ 的置信区间为

$$\left(\overline{X}-t_{\alpha/2}(n-1)\frac{S}{\sqrt{n}}, \overline{X}+t_{\alpha/2}(n-1)\frac{S}{\sqrt{n}}\right). \tag{9.6.5}$$

例 5 随机抽取了 25 块某型号新能源汽车电池,测量其容量,计算得样本均值 $\overline{X}=65(\mathrm{kW\cdot h})$,样本标准差 $S=3(\mathrm{kW\cdot h})$. 假设电池容量总体服从正态分布,求总体均值 μ 的置信度为 90% 的置信区间.

解 总体方差未知,由题意知,$n=25$,$\overline{X}=65$,$S=3$. 由所给置信度 $1-\alpha=0.90$,得 $\alpha=0.1$,查 t 分布表(附表 2.4),可得

$$t_{\alpha/2}(n-1) = t_{0.05}(24) = 1.7109.$$

从而得到置信下限为

$$\overline{X}-t_{\alpha/2}(n-1)\frac{S}{\sqrt{n}} = 65-1.7109\times\frac{3}{\sqrt{25}} \approx 63.9735,$$

置信上限为

$$\overline{X}+t_{\alpha/2}(n-1)\frac{S}{\sqrt{n}} = 65+1.7109\times\frac{3}{\sqrt{25}} \approx 66.0265.$$

因此,所求的置信区间为 $(63.9735, 66.0265)$.

3. 方差 σ^2 的置信区间

设 $(X_1, X_2, \cdots, X_n)$ 是来自总体 $X\sim N(\mu, \sigma^2)$ 的样本,μ,σ^2 均未知. 由于样本方差 S^2 是 σ^2 的无偏估计,所以我们可以利用 S^2 来求得 σ^2 的置信区间. 我们知道

$$\chi^2 = \frac{(n-1)S^2}{\sigma^2} \sim \chi^2(n-1),$$

对于给定的 $\alpha(0<\alpha<1)$ 和自由度 $n-1$,查 χ^2 分布表(附表2.3),可得到临界值

$$\chi^2_{1-\alpha/2}(n-1), \quad \chi^2_{\alpha/2}(n-1),$$

使

$$P\{\chi^2<\chi^2_{1-\alpha/2}(n-1)\} = P\{\chi^2>\chi^2_{\alpha/2}(n-1)\} = \frac{\alpha}{2}.$$

于是,有

$$P\{\chi^2_{1-\alpha/2}(n-1)<\chi^2<\chi^2_{\alpha/2}(n-1)\} = 1-\alpha,$$

即

$$P\left\{\chi^2_{1-\alpha/2}(n-1)<\frac{(n-1)S^2}{\sigma^2}<\chi^2_{\alpha/2}(n-1)\right\} = 1-\alpha.$$

因此

$$P\left\{\frac{(n-1)S^2}{\chi^2_{\alpha/2}(n-1)}<\sigma^2<\frac{(n-1)S^2}{\chi^2_{1-\alpha/2}(n-1)}\right\} = 1-\alpha.$$

这就是说,σ^2 的置信度为 $1-\alpha$ 的置信区间为

$$\left(\frac{(n-1)S^2}{\chi^2_{\alpha/2}(n-1)}, \frac{(n-1)S^2}{\chi^2_{1-\alpha/2}(n-1)}\right). \tag{9.6.6}$$

例6 某酒厂用自动灌装机装酒,规定每瓶酒的质量为500 g. 某天从装好的酒中随机抽取了9瓶进行检测,测得质量的样本均值 $\overline{X}=499$ g. 若样本方差 $S^2=16.03^2$,求总体方差 σ^2 的置信度为90%的置信区间.

解 由题意,得

$$n=9, \quad \overline{X}=499, \quad S^2=16.03^2, \quad \alpha=0.10$$

$$\chi^2_{0.05}(8)=15.507, \quad \chi^2_{0.95}(8)=2.733.$$

因此,σ^2 的置信度为90%的置信区间为

$$\left(\frac{(n-1)S^2}{\chi^2_{\alpha/2}(n-1)}, \frac{(n-1)S^2}{\chi^2_{1-\alpha/2}(n-1)}\right) = \left(\frac{8\times16.03^2}{15.507}, \frac{8\times16.03^2}{2.733}\right)$$

$$=(132.57, 752.17).$$

习题9.6

A. 基础巩固

1. 设某种灯泡的使用寿命 $X\sim N(\mu,\sigma^2)$,其中,μ 和 σ^2 未知,今随机抽取5只灯泡,测得它们的使用寿命(单位:h)分别为

$$1623, \quad 1527, \quad 1287, \quad 1432, \quad 1591.$$

求 μ 和 σ^2 的估计量.

2. 某果园有 2000 株果树,在采摘前希望能估计出单株果树的产量,从中随机选取了 10 株果树,产量(单位:kg)分别为

$$161,\ 68,\ 45,\ 102,\ 38,\ 87,\ 100,\ 92,\ 76,\ 90.$$

假设果树的产量服从正态分布,试求该果园果树产量的均值与标准差的估计值,并估计一株果树产量超过 100 kg 的概率.

3. 某白糖生产厂家,要检验本厂生产的袋装白糖的平均质量,随机抽取了 9 袋,测其净重(单位:kg)如下:

$$1.014,\ 0.95,\ 1.02,\ 0.982,\ 1.048,\ 0.976,\ 0.968,\ 0.944,\ 1.03.$$

求白糖的平均质量的均值和方差的无偏估计.

4. 对某一距离进行 5 次独立测量,得到的测量数据如下(单位:cm):

$$2781,\ 2836,\ 2807,\ 2763,\ 2858.$$

已知测量无系统偏差,求该距离的置信度为 95% 的置信区间(测量值可认为服从正态分布).

5. 已知某小区每户居民每月对某种商品的需求量 X 服从正态分布 $N(\mu,9)$,从小区居民中随机调查 30 户居民,他们每月对此商品的平均需求量为 20 kg,试以 0.99 的置信度求该小区每户居民每月对此商品的平均需求量 μ 的置信区间.

B. 能力提升

1. 假设某地旅游者的消费额服从正态分布 $N(\mu,\sigma^2)$,且标准差 $\sigma=12$(元),现要对该地旅游者的平均消费额加以估计. 为了能以 95% 的置信度相信该估计误差会小于 2 元,问:至少需要调查多少人?

2. 某旅行社为调查当地每一位旅游者的平均消费额,随机访问了 100 名旅游者,得知他们的平均消费额 $\overline{X}=500$(元). 根据经验,旅游者的消费额服从正态分布 $N(\mu,\sigma^2)$,且 $\sigma=200$(元). 试求该地旅游者的平均消费额 μ 的置信度为 95% 的置信区间.

本 章 小 结

一、主要内容

1. 基本概念

(1) 概率论的基本概念:随机试验和随机事件的概念,事件之间的关系及其运算,概率的统计定义和古典定义,古典模型,伯努利概型,概率的加法公式、乘法公式、条件概率公式和事件的独立性,随机变量的概念,离散型随机变量及其分布,连续型随机变量及其分布,常见随机变量的分布,随机变量的期望和方差;

(2) 数理统计的基本概念:总体、样本、点估计、区间估计.

2. 常用的统计量

(1) 样本均值;

(2) 样本方差;

（3）样本标准差.

二、基本方法

（1）利用事件的关系进行事件的运算；

（2）利用古典概型的概率公式、条件概率公式、乘法公式进行事件的概率的计算；

（3）利用有限项求和与定积分知识求随机变量的数学期望和方差；

（4）利用矩估计法进行点估计.

三、重点与难点

1. 重点

事件概率的概念及概率的性质，古典概型的概率计算，事件的独立性概念，随机变量及其分布的概念及理解，常见随机变量的分布、期望与方差，样本均值和样本方差的计算，参数估计的原理与方法.

2. 难点

事件间的各种关系及运算，n 次独立试验概型计算公式的应用，数学期望、方差的计算及意义，用参数估计的原理与方法解决概率及统计中的实际应用问题.

【阅读与提高】

概率统计的发展简史

概率论是研究大量随机现象的统计规律的一门学科，有着广泛的应用. 概率论产生于 17 世纪，后来逐渐演变成一个重要的数学分支. 概率论在近代物理、气象、生物、医学、保险等许多领域都有深入的应用，许多新兴的学科，如信息论、对策论、排队论、控制论、模糊数学等，基本上都以概率论作为基础.

从古至今，人们总是热衷于探索自然界中的规律，然而，很多现象的发生都没有明显的规律，古希腊哲学家亚里士多德关于偶然性和必然性的思考以及《周易》中的六十四卦都是人们对概率的早期思考. 现在，一般认为概率论思想源于数学家对合理分配赌金问题的分析和思考中. 赌金分配问题简单地说，就是"如果两个人的赌博被迫中断，该如何分配赌金". 第一本关于概率的书籍也是惠更斯的《论赌博中的计算》. 但概率论真正作为一门数学分支的奠基人是伯努利的《猜测术》，这本书中提出了现在称之为"伯努利定理"的所谓极限定理：若在一系列独立试验中，事件 A 发生的概率为常数且等于 p，那么对 $\forall \varepsilon > 0$ 以及充分大的试验次数 n，有

$$P\left\{\left|\left(\frac{m}{n}-p\right)\right|<\varepsilon\right\}>1-\eta \quad (\eta \text{ 为任意小正数}),$$

其中，m 为 n 次试验中事件 A 出现的次数. 伯努利定律作为大数定律的最早形式在概率论史上占有重要的地位. 继伯努利之后，棣莫弗、蒲丰、拉普拉斯、高斯、泊松等都对概率论的发展

作出了巨大贡献,尤其是拉普拉斯在 1812 年出版的著作《概率的分析理论》中开创了使用分析工具分析概率问题的新做法.另外,概率的古典定义也是拉普拉斯给出的. 19 世纪后期,极限理论的发展成为概率论研究的中心课题,俄国数学家切比雪夫在 1866 年建立了关于独立随机变量序列的大数定律,使伯努利定理和泊松大数定律成为其特例.切比雪夫还将棣莫弗-拉普拉斯极限定理推广为更一般的中心极限定理.

数理统计学是伴随着概率论的发展而发展起来的.早期的统计工作,如全国人口的调查、经济状况的统计等,所用的方法仅仅是收集数据,绘制统计图表和计算平均数等. 18 世纪末,拉普拉斯与高斯分别在研究误差理论时发现了在数理统计中非常重要的"正态分布".人们也逐渐将当时已获得的概率论方法用于物理学、保险业、人口学以及其他社会科学领域.之后,人们便开始研究统计学与概率论之间的关系.到 19 世纪末期,经过包括皮尔逊在内的一些学者的努力,这门学科开始形成.但数理统计学发展成一门成熟的学科,则是 20 世纪上半叶的事,它在很大程度上要归功于费希尔等学者的工作.

【案例分析】

三 门 问 题

三门问题(Monty Hall problem)亦称为蒙提霍尔问题或蒙提霍尔悖论,出自美国的电视游戏节目主持人蒙提·霍尔的游戏情景,情景叙述如下:

参与者在一个游戏节目中,可以看见三扇关了的门,其中一扇门后面是一辆车,另外两扇门后面是山羊,选中后面有汽车的那扇门可赢得该汽车.当参与者选定一扇门后,比如说 1 号门,主持人便开启剩下两扇门的其中一扇,比如 3 号门,露出其中一只山羊,此时,主持人会对参与者说:"你想选 2 号门吗?"我们的问题是,换另一扇门是否会增加参与者赢得汽车的概率.

关于这一问题,有两种不同的答案:节目主持人蒙提·霍尔认为无论换门与否,选中汽车的概率都是 $\frac{1}{2}$;1975 年史蒂夫·塞尔文(Steve Selvin)对主持人的说法提出了质疑,并利用古典概率计算公式给出了换门和不换门两个条件下选中汽车的概率分别是 $\frac{2}{3}$ 和 $\frac{1}{3}$.由此引发了广泛争论,众多学者参与其中.

设 $A_1=\{$参与者选择有汽车的门$\}$,$A_2=\{$参与者选择有山羊甲的门$\}$,$A_3=\{$参与者选择有山羊乙的门$\}$,$B_1=\{$主持人打开有汽车的门$\}$,$B_2=\{$主持人打开有山羊甲的门$\}$,$B_3=\{$主持人打开有山羊乙的门$\}$.

由问题,可知

$$P(A_1)=P(A_2)=P(A_3)=\frac{1}{3},$$

$$P(B_1) = 0, \quad P(B_2) = P(B_3) = \frac{1}{2}.$$

显然,作为知道答案的主持人,不可能选择开启有汽车的门,所以他永远都会选择开启一扇有山羊的门,也就是说主持人选择开启其中一扇门时,他的选择并不是一个纯随机事件. 于是,有以下推论:

(1) 如果参与者选择了一扇有山羊的门,那么主持人必须选择打开另一扇有山羊的门. 因此,

$$P(B_3 | A_2) = 1, \quad P(B_2 | A_3) = 1.$$

(2) 如果参与者选择了一扇有汽车的门,那么主持人会随机在另外两扇有山羊的门中挑一扇. 因此,

$$P(B_2 | A_1) = \frac{1}{2}, \quad P(B_3 | A_1) = \frac{1}{2}.$$

我们可以遍历所有可能性,那么存在以下几种情形.

情形一:参与者第一次选择有汽车的门,主持人选择有山羊甲的门,不换门,得到汽车. 该种情况发生的概率为

$$P_1 = P(A_1) P(B_2 | A_1) = \frac{1}{3} \times \frac{1}{2} = \frac{1}{6}.$$

情形二:参与者第一次选择有汽车的门,主持人选择有山羊乙的门,不换门,得到汽车. 该种情况发生的概率为

$$P_2 = P(A_1) P(B_3 | A_1) = \frac{1}{3} \times \frac{1}{2} = \frac{1}{6}.$$

情形三:参与者第一次选择有山羊甲的门,主持人只能选择有山羊乙的门,换门,得到汽车. 该种情况发生的概率为

$$P_3 = P(A_2) P(B_3 | A_2) = \frac{1}{3} \times 1 = \frac{1}{3}.$$

情形四:参赛者第一次选择有山羊乙的门,主持人只能选择有山羊甲的门,换门,得到汽车. 该种情况发生的概率为

$$P_4 = P(A_2) P(B_3 | A_2) = \frac{1}{3} \times 1 = \frac{1}{3}.$$

根据以上情形可知,不换门后得到汽车的概率为

$$P_{不换} = P_1 + P_2 = \frac{1}{3},$$

换门后得到汽车的概率为

$$P_{换} = P_3 + P_4 = \frac{2}{3}.$$

三门问题给我们的启示:在用数学知识解决实际问题时,必须用数学语言准确刻画问题情景,即数学抽象要与实际问题的背景相一致.

复习题九

1. 选择题.

(1) 设 A,B,C 为任意三个事件,则"至多有三个事件发生"可表示为(　　).

A. $\overline{A}+\overline{B}+\overline{C}$ B. $\overline{ABC}$ C. $A\overline{BC}+\overline{A}BC$ D. Ω

(2) 若 $P(A)>0$,且 $P(B|A)=P(B)$,则下列各式正确的是(　　).

A. $AB=\varnothing$ B. $P(\overline{AB})=P(\overline{A})P(\overline{B})$

C. 事件 A 与 B 对立   D. $P(\overline{A}B)=P(\overline{A})P(B)$

(3) 三人抽签决定谁可以得到唯一的一张足球票. 现制作了两张假足球票与真足球票混在一起, 三人依次抽取, 则(　　).

A. 第一个抽取的人获得足球票的机会最大   B. 第三个抽取的人获得足球票的机会最大

C. 三人获得足球票的机会相同   D. 第三个抽取的人获得足球票的机会最小

(4) 设随机变量 X 的概率分布为 $P\{X=k\}=2ak, k=1,2,3$,则 $a=$(　　).

A. $\dfrac{1}{6}$ B. $\dfrac{1}{8}$ C. $\dfrac{1}{12}$ D. $\dfrac{1}{4}$

(5) 设随机变量 X 和 Y 均服从区间 $[0,2]$ 上的均匀分布,则 $E(X+Y)=$(　　).

A. 0.5   B. 1   C. 1.5   D. 2

(6) 一批产品的次品率为 0.02,从中每次随机取一件,有放回地抽取 100 次, X 表示抽到的次品数,则 $D(X)=$(　　).

A. 1.96   B. 1.98   C. 1.94   D. 2

(7) 设总体 $X \sim N(\mu,\sigma^2)$,其中 μ 已知, σ^2 未知, X_1, X_2, X_3 是来自总体 X 的样本,则不是统计量的是(　　).

A. $3X_1+X_2-2X_3$ B. X_1+X_3 C. $X_1+X_2+\mu$ D. $\dfrac{1}{\sigma^2}(X_1^2+X_2^2+X_3^2)$

(8) 设 $X_1, X_2, \cdots, X_n$ 是来自正态总体 $X \sim N(\mu,\sigma^2)$ 的样本,则 $\overline{X}=\dfrac{1}{n}(X_1+X_2+\cdots+X_n)$ 服从(　　).

A. t 分布   B. χ^2 分布   C. $N(0,1)$ D. $N\left(\mu,\dfrac{\sigma^2}{n}\right)$

(9) 若 $X \sim N(\mu,\sigma^2)$, $X_1, X_2, \cdots, X_n$ 是来自总体 X 的样本,则下列结论中错误的是(　　).

A. $\overline{X} \sim N\left(\mu,\dfrac{\sigma^2}{n}\right)$ B. $\dfrac{\overline{X}-\mu}{\sigma} \sim N(0,1)$ C. $\dfrac{\overline{X}-\mu}{\dfrac{S}{\sqrt{n}}} \sim t(n-1)$ D. $\dfrac{nS^2}{\sigma^2} \sim \chi^2(n-1)$

(10) 设总体 X 的期望 μ 和方差 σ^2 都存在且均未知, $X_1, X_2, \cdots, X_n$ 是来自总体 X 的样本,则用矩估计法得 μ 的估计值 $\hat{\mu}$ 为(　　).

A. $\min\{X_1, X_2, \cdots, X_n\}$ B. $\max\{X_1, X_2, \cdots, X_n\}$

C. $\overline{X} = \dfrac{1}{n}\sum\limits_{i=1}^{n} X_i$ D. $\dfrac{1}{n}\sum\limits_{i=1}^{n}(X_i - \overline{X})^2$

2. 填空题.

(1) 设 A,B,C 为三个随机事件,则"A,B,C 中至少发生一个"的事件可以表示为_____.

(2) 设 $P(A) = \dfrac{1}{2}$, $P(B) = \dfrac{1}{3}$, 则当 A 与 B 互斥时, $P(A+B) = $_____, $P(AB) = $_____; 当 A 与 B 相互独立时, $P(A+B) = $_____, $P(AB) = $_____.

(3) 已知 20000 件产品中有 1000 件废品, 从中任意抽取 150 件检验, 则其中废品数的数学期望为_____.

(4) 设离散型随机变量 $X \sim B(2,p)$, 且 $P\{X \geqslant 1\} = \dfrac{5}{9}$, 则 $P\{X = 2\} = $_____.

(5) 设 $X \sim N(3, 0.49)$, 则 $E(3X+2) = $_____, $D(3X+2) = $_____.

(6) 设总体 $X \sim N(\mu, \sigma^2)$, X_1, X_2, X_3 为其样本, 则当常数 $a = $_____时, $\hat{\mu} = \dfrac{1}{3}X_1 + aX_2 + \dfrac{1}{6}X_3$ 是未知参数 μ 的无偏估计.

3. 某单位共有 50 名职工, 其中, 会英语的有 35 名, 会日语的有 25 名, 既会英语又会日语的有 18 名. 现从该单位任意选取 1 名职工, 求他既不会英语也不会日语的概率.

4. 一个袋子中装有 3 个红球和 5 个白球, 现进行不放回抽样, 连续抽取两次, 每次抽取一个球. 求在第一次抽到红球的条件下, 第二次也抽到红球的概率.

5. 某篮球运动员进行投篮练习, 设每次投篮的命中率为 0.8, 独立投篮 5 次, 求:

(1) 恰好有 4 次命中的概率;

(2) 至少有 4 次命中的概率;

(3) 至多有 4 次命中的概率.

6. 某学生在过去的测试中, 答对题目的概率为 0.7. 若该学生参加 5 次测试, 求至少有 3 次答对的概率.

7. 某产品的长度(单位:mm)服从参数 $\mu = 10.05$, $\sigma = 0.06$ 的正态分布, 若规定长度在 (10.05 ± 0.12) mm 之间为合格品, 求合格品的概率.

8. 某企业家需要就该企业是否与另一家外国企业合资联营做出决策, 据有关专家估算, 合资联营的成功率为 0.4, 若合资联营成功, 则可增加利润 7 万元; 若合资联营失败, 则会减少利润 4 万元; 若不联营, 则利润不变. 问: 此企业家应如何做出决策?

9. 在灯泡厂生产的一批灯泡中随机抽取 6 件样品, 测得它们的使用寿命(单位:h)分别为

      1100,   1200,   1000,   900,   900,   900.

用矩估计法估计该批灯泡的使用寿命 X(单位:h)的均值 μ 和方差 σ^2.

10. 用某仪器间接测量温度, 重复测量 5 次, 五次测量的结果分别为

      1250°,   1265°,   1245°,   1260°,   1275°.

试问: 温度真值在什么范围内? ($\alpha = 0.05$)

第十章 无穷级数

无穷级数是数与函数的重要表达形式之一,是研究微积分理论及其应用的强有力的工具.研究无穷级数及其和,可以说是研究数列及其极限的另一种形式,尤其在研究极限的存在性及计算极限方面有很大的优越性,它在表达函数、研究函数的性质、计算函数值以及求解微分方程等方面都有重要的应用,在解决工程技术、经济管理、数值计算等方面的问题中也有着十分广泛的应用.

☆☆☆学习目标

(1) 了解无穷级数及其一般项、部分和、收敛与发散以及收敛级数的和等基本概念,了解调和级数的敛散性,以及任意项级数绝对收敛和条件收敛的概念;

(2) 理解数项级数收敛、发散及级数和的概念,幂级数的概念,以及函数展开成幂级数的条件;

(3) 掌握几何级数和 p 级数的敛散性判别条件,级数收敛的必要条件,收敛级数的基本性质,正项级数的比较判别法、比值判别法,以及交错级数的莱布尼茨判别法;

(4) 掌握幂级数的收敛半径、收敛域的求法,幂级数在其收敛区间的一些基本性质,将函数展开成幂级数的基本方法,求幂级数在收敛区间的和函数的一些方法.

第一节 常数项级数的概念和性质

【情境与问题】

引例1 考虑边长为 1 的正方形,首先将正方形割下一半,则割下部分的面积是 $\frac{1}{2}$,再将正方形剩余的一半割下一半,则第二次割下部分的面积为 $\frac{1}{2} \times \frac{1}{2} = \frac{1}{4}$,两次割下面积之和为 $\frac{1}{2} + \frac{1}{2^2}$. 如果将这一过程一直进行下去,如图 10.1.1 所示,则所有割下部分的面积的和为

$$\frac{1}{2} + \frac{1}{2^2} + \frac{1}{2^3} + \frac{1}{2^4} + \cdots.$$

从图 10.1.1 可知,这个过程可以无限地进行下去,把割下部分的面积加起来,则这些面积的和越来越逼近 1,这些面积相加的过程表示为

$$\frac{1}{2} + \frac{1}{2^2} + \frac{1}{2^3} + \frac{1}{2^4} + \cdots$$

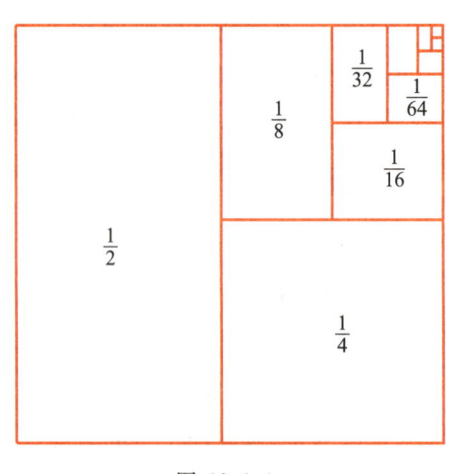

图 10.1.1

这个引例的背景是无穷多个数之和的数学表达式.

一、常数项级数的概念

一般地,若给定一个数列 $u_1, u_2, \cdots, u_n, \cdots$,则由此数列构成的表达式

$$u_1 + u_2 + \cdots + u_n + \cdots \tag{10.1.1}$$

称为常数项无穷级数,简称数项级数或(无穷)级数,记作 $\sum_{i=1}^{\infty} u_i$,即

$$\sum_{i=1}^{\infty} u_i = u_1 + u_2 + \cdots + u_n + \cdots.$$

其中第 n 项 u_n 叫作级数的通项或一般项.

无穷级数的定义在形式上表达了无穷多个数的和,那么应该如何理解其意义呢? 由于任意有限个数的和是可以完全确定的,所以我们可以通过考察无穷级数的前 n 项的和随着 n 的变化趋势来认识这个级数.

级数 $\sum_{i=1}^{\infty} u_i$ 的前 n 项之和

$$u_1+u_2+\cdots+u_n \qquad (10.1.2)$$

称为该级数的前 n 项部分和,记为 S_n,即 $S_n=u_1+u_2+\cdots+u_n$. 当 n 依次取 $1,2,3,\cdots$ 时,它们构成一个新的数列 $\{S_n\}$:

$$S_1=u_1,$$
$$S_2=u_1+u_2,$$
$$S_3=u_1+u_2+u_3,$$
$$\cdots\cdots$$
$$S_n=u_1+u_2+\cdots+u_n.$$

称此数列为级数 $\sum_{i=1}^{\infty} u_i$ 的前 n 项部分和数列.

根据前 n 项部分和数列是否有极限,我们给出级数 (10.1.1) 收敛与发散的概念.

定义 当 n 无限增大时,如果级数 $\sum_{i=1}^{\infty} u_i$ 的前 n 项部分和数列 $\{S_n\}$ 有极限 S,即 $\lim_{n\to\infty} S_n = S$,则称级数 $\sum_{i=1}^{\infty} u_i$ 收敛,这时极限 S 称为级数 $\sum_{i=1}^{\infty} u_i$ 的和,并记为

$$S=u_1+u_2+\cdots+u_n+\cdots.$$

如果前 n 项部分和数列 $\{S_n\}$ 没有极限,则称级数 $\sum_{i=1}^{\infty} u_i$ 发散.

当级数 $\sum_{i=1}^{\infty} u_i$ 收敛于 S 时,则其前 n 项部分和 S_n 是级数 $\sum_{i=1}^{\infty} u_i$ 的部分和 S 的近似值,它们的差

$$r_n = S-S_n = u_{n+1}+u_{n+2}+\cdots+u_{n+k}+\cdots$$

称为级数 $\sum_{i=1}^{\infty} u_i$ 的余项. 显然 $\lim_{n\to\infty} r_n = 0$,而 $|r_n|$ 是用 S_n 近似代替 S 所产生的误差.

注意: (1) 由级数的定义,级数 $\sum_{i=1}^{\infty} u_i$ 与其前 n 项部分和数列 $\{S_n\}$ 同时收敛或同时发散,且收敛时 $\sum_{i=1}^{\infty} u_i = \lim_{n\to\infty} S_n$;

(2) 收敛的级数有和值 S,发散的级数没有"和".

例 1 证明级数 $1+2+3+\cdots+n+\cdots$ 是发散的.

证明 级数的部分和为

$$S_n = 1+2+3+\cdots+n = \frac{n(n+1)}{2}.$$

显然 $\lim\limits_{n\to\infty} S_n = \infty$,因此该级数发散.

例 2 判断级数 $\dfrac{1}{1\times 2}+\dfrac{1}{2\times 3}+\cdots+\dfrac{1}{n(n+1)}+\cdots$ 的敛散性.

解 由 $u_n = \dfrac{1}{n(n+1)} = \dfrac{1}{n}-\dfrac{1}{n+1}$,得

$$S_n = \frac{1}{1\times 2}+\frac{1}{2\times 3}+\cdots+\frac{1}{n(n+1)}$$

$$= \left(1-\frac{1}{2}\right)+\left(\frac{1}{2}-\frac{1}{3}\right)+\cdots+\left(\frac{1}{n}-\frac{1}{n+1}\right) = 1-\frac{1}{n+1}.$$

所以

$$\lim_{n\to\infty} S_n = \lim_{n\to\infty}\left(1-\frac{1}{n+1}\right) = 1.$$

因此该级数收敛,其和为 1.

例 3 判定级数 $\sum\limits_{n=1}^{\infty} \ln\dfrac{n+1}{n}$ 的敛散性.

解 因为

$$S_n = \ln\frac{2}{1}+\ln\frac{3}{2}+\ln\frac{4}{3}+\cdots+\ln\frac{n+1}{n}$$

$$= \ln 2 - \ln 1 + \ln 3 - \ln 2 + \cdots + \ln(n+1) - \ln n$$

$$= \ln(n+1),$$

所以

$$\lim_{n\to+\infty} S_n = \lim_{n\to+\infty} \ln(n+1) = +\infty.$$

因此该级数发散.

例 4 判定级数 $\dfrac{1}{1\times 6}+\dfrac{1}{6\times 11}+\dfrac{1}{11\times 16}+\cdots+\dfrac{1}{(5n-4)(5n+1)}+\cdots$ 的敛散性.

解 由 $u_n = \dfrac{1}{(5n-4)(5n+1)} = \dfrac{1}{5}\left(\dfrac{1}{5n-4}-\dfrac{1}{5n+1}\right)$,得

$$S_n = \frac{1}{1\times 6}+\frac{1}{6\times 11}+\cdots+\frac{1}{(5n-4)(5n+1)}$$

$$= \frac{1}{5}\left[\left(1-\frac{1}{6}\right)+\left(\frac{1}{6}-\frac{1}{11}\right)+\cdots+\left(\frac{1}{5n-4}-\frac{1}{5n+1}\right)\right]$$

$$= \frac{1}{5}\left(1-\frac{1}{5n+1}\right).$$

所以

$$\lim_{n\to\infty} S_n = \lim_{n\to\infty} \frac{1}{5}\left(1-\frac{1}{5n+1}\right) = \frac{1}{5}.$$

因此该级数收敛.

例 5 讨论几何级数(等比级数)

$$\sum_{n=0}^{\infty} aq^n = a+aq+aq^2+\cdots+aq^n+\cdots \quad (a\neq 0)$$

的敛散性.

解 当 $q\neq 1$,有

$$S_n = a+aq+aq^2+\cdots+aq^{n-1} = \frac{a(1-q^n)}{1-q}.$$

当 $|q|<1$,有 $\lim\limits_{n\to\infty} q^n = 0$,则

$$\lim_{n\to\infty} S_n = \frac{a}{1-q}.$$

当 $|q|>1$,有 $\lim\limits_{n\to\infty} q^n = \infty$,则 $\lim\limits_{n\to\infty} S_n = \infty$.

当 $q=1$,有 $S_n = na$,则 $\lim\limits_{n\to\infty} S_n = \infty$.

当 $q=-1$,则级数变为

$$S_n = \underbrace{a-a+a-a+\cdots+(-1)^{n-1}a}_{n\uparrow} = \frac{1}{2}a[1-(-1)^n].$$

易见 $\lim\limits_{n\to\infty} S_n$ 不存在.

综上所述,当 $|q|<1$ 时,几何级数收敛,且

$$a+aq+aq^2+\cdots+aq^n+\cdots = \frac{a}{1-q}.$$

当 $|q|\geq 1$,几何级数发散.

小贴士

几何级数是收敛级数中最著名的一个级数. 阿贝尔曾经指出,"除了几何级数之外,数学中不存在任何一种它的和被严格确定的无穷级数". 几何级数在判断无穷级数的敛散性、求无穷级数的和以及将一个函数展开为无穷级数等方面都有着广泛而重要的应用.

二、收敛级数的基本性质

由于对无穷级数的收敛性的讨论可以转化为对其部分和数列的收敛性的讨论,所以,根据收敛数列的基本性质可得到下列关于收敛级数的基本性质.

性质 1 若级数 $\sum\limits_{n=1}^{\infty} u_n$ 收敛,且其和为 S,则级数 $\sum\limits_{n=1}^{\infty} ku_n$ (k 为常数)也收敛,且其和为 kS. 同理,若级数 $\sum\limits_{n=1}^{\infty} u_n$ 发散,且 $k\neq 0$,则级数 $\sum\limits_{n=1}^{\infty} ku_n$ 也发散.

性质 1 说明，级数的每一项同乘一个非零常数后，其敛散性不变．

性质 2 若级数 $\sum_{n=1}^{\infty} u_n$ 与 $\sum_{n=1}^{\infty} v_n$ 都收敛，其和分别为 S 与 σ，则级数 $\sum_{n=1}^{\infty}(u_n + v_n)$ 也收敛，且其和为 $S+\sigma$．

例如，

$$\sum_{n=1}^{\infty} \frac{2^n + (-1)^n}{3^n} = \sum_{n=1}^{\infty}\left(\frac{2}{3}\right)^n + \sum_{n=1}^{\infty}\left(-\frac{1}{3}\right)^n = \frac{\frac{2}{3}}{1-\frac{2}{3}} + \frac{-\frac{1}{3}}{1-\left(-\frac{1}{3}\right)}$$

$$= 2 - \frac{1}{4} = \frac{7}{4}.$$

性质 2 说明，两个收敛级数逐项相加减后所得的级数仍然收敛．但应注意，两个发散级数逐项相加减后所得的级数不一定发散．例如，级数 $\sum_{n=1}^{\infty} n$ 与 $\sum_{n=1}^{\infty}(-n)$ 都发散，但 $\sum_{n=1}^{\infty}[n+(-n)] = \sum_{n=1}^{\infty} 0 = 0$ 却是收敛的．

性质 3 级数增加或减少有限项后，其敛散性不变．

当级数收敛时，增加或减少有限项后仍然是收敛的，但级数的和却会改变．

例如，级数 $1 + \frac{1}{2} + \frac{1}{4} + \frac{1}{8} + \frac{1}{16} + \cdots = \sum_{n=1}^{\infty} \frac{1}{2^{n-1}} = \frac{1}{1-\frac{1}{2}} = 2$，删去前三项，即有

$$\frac{1}{8} + \frac{1}{16} + \frac{1}{32} + \cdots = \sum_{n=1}^{\infty} \frac{1}{2^{n+2}} = \frac{\frac{1}{8}}{1-\frac{1}{2}} = \frac{1}{4}.$$

性质 4 若一个级数收敛，则对其中一些项添加括号后形成的新级数也是收敛的，且其和不变．

推论 如果加括号后所成的级数发散，则原来的级数也发散．

但应注意，一个带括号的收敛级数在去掉括号后所得的级数不一定收敛．例如，级数

$$\sum_{n=1}^{\infty}(a-a) = (a-a) + (a-a) + \cdots$$

是收敛的，去掉括号后，级数化为 $a-a+a-a+\cdots$ 却是发散的．这一事实也可以反过来表述：即使级数加括号之后收敛，它也不一定收敛．

性质 5（级数收敛的必要条件） 若级数 $\sum_{n=1}^{\infty} u_n$ 收敛，则 $\lim_{n \to +\infty} u_n = 0$．

性质 5 说明，$\lim_{n \to +\infty} u_n = 0$ 是级数 $\sum_{n=1}^{\infty} u_n$ 收敛的必要条件，即如果 $\lim_{n \to +\infty} u_n \neq 0$，则级数 $\sum_{n=1}^{\infty} u_n$ 必发散．这是判定级数发散的一种常用方法．

例 6 说明级数 $\sum_{n=1}^{\infty} \frac{1}{\sqrt[n]{3}}$ 的敛散性．

解 因为

$$\lim_{n\to\infty} u_n = \lim_{n\to\infty} \frac{1}{\sqrt[n]{3}} = \lim_{n\to\infty} 3^{-\frac{1}{n}} = 1 \neq 0,$$

所以根据级数收敛的必要条件,可知该级数是发散的.

> **小贴士**
>
> $\lim_{n\to+\infty} u_n = 0$ 是级数 $\sum_{n=1}^{\infty} u_n$ 收敛的必要条件但不是充分条件,如在例 3 中,虽有
>
> $$\lim_{n\to\infty} u_n = \lim_{n\to\infty} \ln\frac{n+1}{n} = \lim_{n\to\infty} \ln\left(1+\frac{1}{n}\right) = 0,$$
>
> 但级数 $\sum_{n=1}^{\infty} \ln\frac{n+1}{n}$ 却是发散的.

例 7 为了治病需要,医生希望某药物在病人体内的长期效用水平达 100 mg,同时知道每天人体会排放 25% 的药物. 试问:医生确定的每天的用药量是多少?

解 因为是连续等量服药,所以留存人体内的药物水平是前一天药物量的 (1-25%) 加上当日的服用量 a mg,可见第 n 天人体内该药物的含量(令 $q = 1-25\% = 0.75$)为

$$a + aq + aq^2 + \cdots + aq^{n-1} = a(1 + q + q^2 + \cdots + q^{n-1}) = a\frac{1-q^n}{1-q}.$$

由于是长期服药,也考虑到会产生抗药性等复杂情况,为简化计算,服药期间可算作 n 趋于无穷大,所以人体内该药物最终的存留量 100 mg 不妨理解为等比级数

$$\sum_{n=1}^{\infty} (0.75^{n-1} a) = a \sum_{n=1}^{\infty} 0.75^{n-1}$$

的和,根据几何级数的敛散性,则有

$$\frac{a}{1-0.75} = 100,\text{ 即 } a = 100 \times 0.25 = 25 (\text{mg}).$$

因此,为使该药物在人体内的长期效用水平达到 100 mg,在目前情况下,医生确定的每天用药量应为 25 mg.

习题 10.1

A. 基础巩固

1. 写出下列级数的前 5 项.

(1) $\sum_{n=1}^{\infty} \frac{1+n}{1+n^2}$;

(2) $\sum_{n=1}^{\infty} \frac{1 \times 3 \times \cdots \times (2n-1)}{2 \times 4 \times \cdots \times 2n}$;

(3) $\sum_{n=1}^{\infty} \frac{(-1)^{n-1}}{3^n}$;

(4) $\sum_{n=1}^{\infty} \frac{n!}{n^n}$.

2. 写出下列级数的一般项.

(1) $1-\dfrac{1}{2}+\dfrac{1}{3}-\dfrac{1}{4}+\cdots$; (2) $\dfrac{1}{2}+\dfrac{2}{5}+\dfrac{3}{10}+\dfrac{4}{17}+\cdots$.

3. 判定下列级数的敛散性,若收敛,则求其和.

(1) $\dfrac{1}{1\times 3}+\dfrac{1}{2\times 4}+\dfrac{1}{3\times 5}+\cdots+\dfrac{1}{n(n+2)}+\cdots$;

(2) $\dfrac{1}{2}+\dfrac{1}{\sqrt{2}}+\dfrac{1}{\sqrt[3]{2}}+\dfrac{1}{\sqrt[4]{2}}+\cdots$;

(3) $1+\dfrac{1}{3}+\dfrac{1}{9}+\cdots+\dfrac{1}{3^{n-1}}+\cdots$.

4. 判定下列级数的敛散性.

(1) $\sum\limits_{n=1}^{\infty}(-1)^{n}\dfrac{8^{n}}{9^{n}}$; (2) $\sum\limits_{n=1}^{\infty}\dfrac{1}{3n}$;

(3) $\sum\limits_{n=1}^{\infty}\dfrac{3n^{n}}{(1+n)^{n}}$.

B. 能力提升

一只球从 100 m 高空落下,每次弹回的高度为上次高度的 $\dfrac{1}{2}$,这样运动下去,直至无穷,求小球运动的总路程.

第二节 常数项级数敛散性的判别法

【情境与问题】

引例 1 假设在一个城市的交通网络中,有一系列的路口,我们研究每天通过某个特定区域内各路口的车辆数. 在该区域的第一个路口,每天平均有 100 辆车经过,我们记为 $a_1=100$;第二个路口由于道路狭窄,经过的车辆数是第一个路口的 80%,即 $a_2=100\times 80\%=80$;第三个路口经过的车辆数又是第二个路口的 80%,即 $a_3=100\times(80\%)^2=64$. 以此类推,第 n 个路口每天经过的车辆数 $a_n=100\times 0.8^{n-1}$. 如果我们想知道所有路口一天总共经过的车辆数,就需要对这个数列 $\sum\limits_{n=1}^{\infty}a_n=\sum\limits_{n=1}^{\infty}100\times 0.8^{n-1}$ 进行研究.

这就是一个常数项级数在交通流量分析中的应用场景. 通过分析这个常数项级数的敛散性等性质,我们可以评估这个区域的交通流量规模情况. 如果级数收敛,则说明这个区域的交通流量有一个稳定的总量概念;如果级数发散,则可能意味着交通流量在不断增加或者这个模型需要进一步调整和细化分析.

引例 2 判断调和级数 $1+\dfrac{1}{2}+\dfrac{1}{3}+\dfrac{1}{4}+\cdots+\dfrac{1}{n}+\cdots$ 是否收敛.

调和级数使一代又一代的数学家们困惑并为之着迷,许多数学家都研究过它,最终由法国数学家尼古拉·奥雷姆证明了它的敛散性.

分析　我们先来求它的 n 项部分和,依次为

$$S_1 = 1,$$

$$S_2 = 1 + \frac{1}{2},$$

$$S_3 = 1 + \frac{1}{2} + \frac{1}{3},$$

$$\cdots\cdots\cdots$$

$$S_n = 1 + \frac{1}{2} + \frac{1}{3} + \cdots + \frac{1}{n}.$$

因为该级数每一项均为非负的,所以部分和数列

$$S_1, S_2, S_3, \cdots, S_n, \cdots$$

是单调增加的.对于这样一类特殊的级数,直接求和是很困难的,但是否有比较简单的判定其是否收敛的方法呢?由于级数的敛散性可较好地归结为正项级数的敛散性问题,所以正项级数的敛散性判定就显得十分重要.

一、正项级数的敛散性判别法

定义 1　若级数 $\sum\limits_{n=1}^{\infty} u_n$ 中的每一项都是非负的,即 $u_n \geq 0 (n = 1, 2, 3, \cdots)$,则称级数 $\sum\limits_{n=1}^{\infty} u_n$ 为正项级数.

易知正项级数 $\sum\limits_{n=1}^{\infty} u_n$ 的部分和数列 $\{S_n\}$ 是单调增加数列,即

$$S_1 \leq S_2 \leq S_3 \leq \cdots \leq S_n \leq \cdots.$$

根据数列的单调有界准则知,$\{S_n\}$ 收敛的充分必要条件是 $\{S_n\}$ 有界.因此可得到下述重要结论.

定理 1　正项级数 $\sum\limits_{n=1}^{\infty} u_n$ 收敛的充分必要条件是它的前 n 项部分和数列 $\{S_n\}$ 有界.

下面借助正项级数收敛的充分必要条件,介绍两种判断正项级数敛散性的方法.

1. 比较判别法

定理 2　设两个正项级数 $\sum\limits_{n=1}^{\infty} u_n$ 与 $\sum\limits_{n=1}^{\infty} v_n$,且 $u_n \leq v_n (n=1,2,3,\cdots)$,则

（1）当级数 $\sum\limits_{n=1}^{\infty} v_n$ 收敛时,级数 $\sum\limits_{n=1}^{\infty} u_n$ 也收敛;

（2）当级数 $\sum\limits_{n=1}^{\infty} u_n$ 发散时,级数 $\sum\limits_{n=1}^{\infty} v_n$ 也发散.

例1 判定调和级数 $\sum_{n=1}^{\infty} \frac{1}{n}$ 的敛散性.

解 由于调和级数

$$\sum_{n=1}^{\infty} \frac{1}{n} = 1 + \frac{1}{2} + \frac{1}{3} + \frac{1}{4} + \frac{1}{5} + \frac{1}{6} + \frac{1}{7} + \frac{1}{8} + \cdots$$

$$= \left(1 + \frac{1}{2}\right) + \left(\frac{1}{3} + \frac{1}{4}\right) + \left(\frac{1}{5} + \frac{1}{6} + \frac{1}{7} + \frac{1}{8}\right) + \cdots$$

的各项均大于级数

$$\frac{1}{2} + \left(\frac{1}{4} + \frac{1}{4}\right) + \left(\frac{1}{8} + \frac{1}{8} + \frac{1}{8} + \frac{1}{8}\right) + \cdots$$

$$= \frac{1}{2} + \frac{1}{2} + \frac{1}{2} + \cdots = \sum_{n=1}^{\infty} \frac{1}{2}$$

的对应项,而后一个级数是发散的,由比较判别法可知,调和级数 $\sum_{n=1}^{\infty} \frac{1}{n}$ 是发散的.

例2 判定级数 $1 + \frac{1}{3} + \frac{1}{5} + \frac{1}{7} + \cdots + \frac{1}{2n-1} + \cdots$ 的敛散性.

解 级数的一般项 $u_n = \frac{1}{2n-1} > \frac{1}{2n} > 0$,且级数 $\sum_{n=1}^{\infty} \frac{1}{2n}$ 与级数 $\sum_{n=1}^{\infty} \frac{1}{n}$ 有相同的敛散性. 因为调和级数 $\sum_{n=1}^{\infty} \frac{1}{n}$ 是发散的,所以级数 $\sum_{n=1}^{\infty} \frac{1}{2n}$ 亦发散. 由正项级数的比较判别法,可推得级数 $\sum_{n=1}^{\infty} \frac{1}{2n-1}$ 也发散.

例3 讨论 p 级数 $\sum_{n=1}^{\infty} \frac{1}{n^p} = 1 + \frac{1}{2^p} + \frac{1}{3^p} + \cdots + \frac{1}{n^p} + \cdots (p > 0)$ 的敛散性.

解 当 $p \leq 1$ 时 $\frac{1}{n^p} \geq \frac{1}{n}$;由于调和级数是发散的,根据比较判别法,当 $p \leq 1$ 时,p 级数是发散的;

当 $p > 1$ 时,顺序把所给级数一项、两项、四项、八项……括在一起,得到

$$\sum_{n=1}^{\infty} \frac{1}{n^p} = 1 + \frac{1}{2^p} + \frac{1}{3^p} + \cdots + \frac{1}{n^p} + \cdots$$

$$= 1 + \left(\frac{1}{2^p} + \frac{1}{3^p}\right) + \left(\frac{1}{4^p} + \frac{1}{5^p} + \frac{1}{6^p} + \frac{1}{7^p}\right) + \left(\frac{1}{8^p} + \cdots + \frac{1}{15^p}\right) + \cdots$$

$$< 1 + \left(\frac{1}{2^p} + \frac{1}{2^p}\right) + \left(\frac{1}{4^p} + \frac{1}{4^p} + \frac{1}{4^p} + \frac{1}{4^p}\right) + \left(\frac{1}{8^p} + \frac{1}{8^p} + \cdots + \frac{1}{8^p}\right) + \cdots$$

$$= 1 + \left(\frac{1}{2^{p-1}}\right) + \left(\frac{1}{2^{p-1}}\right)^2 + \left(\frac{1}{2^{p-1}}\right)^3 + \cdots.$$

最后一个级数是等比级数,其公比 $q = \frac{1}{2^{p-1}} < 1$,所以收敛. 于是,当 $p > 1$ 时,p 级数收敛.

综上所述:p 级数 $\sum\limits_{n=1}^{\infty}\dfrac{1}{n^p}$ 当 $p\leqslant 1$ 时发散;当 $p>1$ 时收敛.

例如:(1) 级数

$$1+\frac{1}{\sqrt{2}}+\frac{1}{\sqrt{3}}+\frac{1}{\sqrt{4}}+\cdots+\frac{1}{\sqrt{n}}+\cdots=1+\frac{1}{2^{\frac{1}{2}}}+\frac{1}{3^{\frac{1}{2}}}+\frac{1}{4^{\frac{1}{2}}}+\cdots+\frac{1}{n^{\frac{1}{2}}}+\cdots$$

为 p 级数,因为其中 $p=\dfrac{1}{2}<1$,故该级数发散.

(2) 级数

$$1+\frac{1}{2^2}+\frac{1}{3^2}+\cdots+\frac{1}{n^2}+\cdots$$

为 p-级数,因为其中 $p=2>1$,故该级数收敛.

这是所谓"正整数平方倒数和问题",是 17 世纪下半叶的著名数学难题之一,困惑着欧洲当时一流的数学家,牛顿、莱布尼茨和雅各布·伯努利等都曾经研究过它,但都未能得到解答,这一问题最终由欧拉解决.

例 4 判定级数 $\sum\limits_{n=1}^{\infty}\dfrac{1}{\sqrt{n(n+1)}}$ 的敛散性.

解 因为 $n(n+1)<(n+1)^2$,所以

$$\frac{1}{\sqrt{n(n+1)}}>\frac{1}{n+1}.$$

又因为级数 $\sum\limits_{n=1}^{\infty}\dfrac{1}{n+1}=\dfrac{1}{2}+\dfrac{1}{3}+\dfrac{1}{4}+\cdots$ 是调和级数去掉第一项所得的级数,由级数的性质 3 知,它是发散的,再由比较判别法可知,级数 $\sum\limits_{n=1}^{\infty}\dfrac{1}{\sqrt{n(n+1)}}$ 也是发散的.

应用比较判别法的关键在于,把所要判定的正项级数与一个已知的正项级数做比较.一般地,可以把几何级数、调和级数、p 级数作为比较级数.

对于比较判别法,在应用时必须预先找到一个作为比较用的基本级数,而且该级数的收敛性是已知的,但是,这样的级数找起来有时比较困难. 此时,自然会提出这样的问题:能否仅通过级数自身就能判定级数的敛散性呢?下面我们介绍另外一种判别法——比值判别法.

2. 比值判别法

定理 3 对于一个正项级数 $\sum\limits_{n=1}^{\infty}u_n$,若

$$\lim_{n\to\infty}\frac{u_{n+1}}{u_n}=\rho,$$

则

(1) 当 $\rho<1$ 时,级数 $\sum\limits_{n=1}^{\infty} u_n$ 收敛;

(2) 当 $\rho>1$(或 $\rho=+\infty$) 时,级数 $\sum\limits_{n=1}^{\infty} u_n$ 发散;

(3) 当 $\rho=1$ 时,本判别法失效.

例 5 判定下列级数的敛散性.

(1) $\sum\limits_{n=1}^{\infty} \dfrac{n+1}{2^n}$; (2) $\sum\limits_{n=1}^{\infty} \dfrac{n^n}{n!}$; (3) $\sum\limits_{n=1}^{\infty} \dfrac{1}{(2n-1)2n}$.

解 (1) 因为 $u_n=\dfrac{n+1}{2^n}$,所以

$$\rho=\lim_{n\to+\infty}\dfrac{u_{n+1}}{u_n}=\lim_{n\to\infty}\dfrac{\dfrac{n+1+1}{2^{n+1}}}{\dfrac{n+1}{2^n}}=\dfrac{1}{2}\lim_{n\to+\infty}\dfrac{n+2}{n+1}=\dfrac{1}{2}<1.$$

由比值判别法可知,级数 $\sum\limits_{n=1}^{\infty}\dfrac{n+1}{2^n}$ 收敛.

(2) 因为 $u_n=\dfrac{n^n}{n!}$,所以

$$\rho=\lim_{n\to\infty}\dfrac{u_{n+1}}{u_n}=\lim_{n\to\infty}\dfrac{(n+1)^{n+1}\cdot n!}{n^n\cdot(n+1)!}=\lim_{n\to\infty}\left(1+\dfrac{1}{n}\right)^n=e>1.$$

由比值判别法知,级数 $\sum\limits_{n=1}^{\infty}\dfrac{n^n}{n!}$ 发散.

(3) 因为 $u_n=\dfrac{1}{(2n-1)2n}$,所以

$$\rho=\lim_{n\to\infty}\dfrac{u_{n+1}}{u_n}=\lim_{n\to\infty}\dfrac{(2n-1)2n}{2n(2n+1)}=1.$$

此时,用比值判别法无法确定该级数的敛散性.由 $2n>2n-1>n$,可得

$$(2n-1)2n>n^2,$$

即 $\dfrac{1}{(2n-1)2n}<\dfrac{1}{n^2}$.

而级数 $\sum\limits_{n=1}^{\infty}\dfrac{1}{n^2}$ 收敛,由比较判别法知,级数 $\sum\limits_{n=1}^{\infty}\dfrac{1}{(2n-1)2n}$ 也收敛.

二、交错级数的敛散性判别法

形如 $\sum\limits_{n=1}^{\infty}(-1)^{n-1}u_n(u_n>0)(n=1,2,\cdots)$ 的级数称为交错级数.

交错级数的特点是正项负项交替出现. 对于交错级数, 有以下判别法:

定理 4（莱布尼茨判别法）

若交错级数 $\sum\limits_{n=1}^{\infty}(-1)^{n-1}u_n$ 满足条件:

(1) $u_n \geq u_{n+1}(n=1,2,\cdots)$;

(2) $\lim\limits_{n \to +\infty}u_n=0$,

则此级数收敛, 且其和 $S \leq u_1$.

例 6 判定级数 $\sum\limits_{n=1}^{\infty}(-1)^{n-1}\dfrac{1}{n}$ 的敛散性.

解 该级数是一个交错级数, 由于

$$u_n=\frac{1}{n}>\frac{1}{n+1}=u_{n+1},$$

$$\lim_{n \to +\infty}u_n=\lim_{n \to +\infty}\frac{1}{n}=0,$$

由莱布尼茨判别法可知, 该级数收敛且其和 $S \leq 1$.

例 7 判定交错级数 $\sum\limits_{n=1}^{\infty}(-1)^{n-1}\dfrac{\ln n}{n}$ 的敛散性.

解 级数 $\sum\limits_{n=1}^{\infty}(-1)^{n-1}\dfrac{\ln n}{n}$ 为交错级数, $u_n=\dfrac{\ln n}{n}$, 令 $f(x)=\dfrac{\ln x}{x}, x>3$, 则

$$f'(x)=\frac{1-\ln x}{x^2}<0, \quad x>3,$$

所以当 $n>3$ 时, 数列 $\left\{\dfrac{\ln n}{n}\right\}$ 是递减数列, 即 $u_n>u_{n+1}$. 又由洛必达法则, 知

$$\lim_{n \to \infty}\frac{\ln n}{n}=\lim_{x \to +\infty}\frac{\ln x}{x}=\lim_{x \to +\infty}\frac{1}{x}=0.$$

由莱布尼茨判别法可知该级数收敛.

三、绝对收敛与条件收敛

现在, 我们来讨论一般的常数项级数

$$\sum_{n=1}^{\infty}u_n=u_1+u_2+u_3+\cdots+u_n+\cdots, \tag{10.2.1}$$

其中, u_n 可以是正数、负数或零. 对于此级数, 可以构造一个正项级数

$$\sum_{n=1}^{\infty}|u_n|=|u_1|+|u_2|+|u_3|+\cdots+|u_n|+\cdots, \tag{10.2.2}$$

称级数 (10.2.2) 为原级数 (10.2.1) 的绝对值级数. 上述两个级数的敛散性有下面的联系:

定理 5（绝对收敛定理） 如果级数 $\sum_{n=1}^{\infty} |u_n|$ 收敛，则级数 $\sum_{n=1}^{\infty} u_n$ 必收敛.

根据定理 5，我们可以将许多一般常数项级数的敛散性判别问题转化为正项级数的敛散性判别问题. 也就是说，当一个一般常数项级数所对应的绝对值级数收敛时，这个一般常数项级数必收敛. 对于级数的这种敛散性，我们给出以下概念.

定义 2 （1）如果级数 $\sum_{n=1}^{\infty} |u_n|$ 收敛，则称级数 $\sum_{n=1}^{\infty} u_n$ 绝对收敛；

（2）如果级数 $\sum_{n=1}^{\infty} |u_n|$ 发散，而级数 $\sum_{n=1}^{\infty} u_n$ 收敛，则称级数 $\sum_{n=1}^{\infty} u_n$ 条件收敛.

根据上述定义，对于一般常数项级数，我们应当判别它是绝对收敛，还是条件收敛，还是发散. 而判断一般常数项级数的绝对收敛性时，我们可以借助正项级数的判别法来讨论.

例 8 判定下列级数的敛散性.

(1) $\sum_{n=1}^{\infty} \dfrac{\sin \dfrac{n\pi}{3}}{4^n}$；　　(2) $\sum_{n=1}^{\infty} (-1)^{n-1} \dfrac{1}{\ln(n+1)}$.

解 （1）级数 $\sum_{n=1}^{\infty} \dfrac{\sin \dfrac{n\pi}{3}}{4^n}$ 是一个任意项级数，先考察正项级数 $\sum_{n=1}^{\infty} \left| \dfrac{\sin \dfrac{n\pi}{3}}{4^n} \right|$.

因为 $\left| \dfrac{\sin \dfrac{n\pi}{3}}{4^n} \right| \leq \dfrac{1}{4^n}$，而级数 $\sum_{n=1}^{\infty} \dfrac{1}{4^n}$ 是一个公比为 $\dfrac{1}{4}$ 的等比级数，它是收敛的. 由比较判别法可知，级数 $\sum_{n=1}^{\infty} \left| \dfrac{\sin \dfrac{n\pi}{3}}{4^n} \right|$ 是收敛的，所以原级数是绝对收敛的.

（2）该级数为交错级数，因为

$$u_n = \dfrac{1}{\ln(n+1)} > \dfrac{1}{\ln(n+2)} = u_{n+1},$$

$$\lim_{n \to +\infty} u_n = \lim_{n \to +\infty} \dfrac{1}{\ln(n+1)} = 0,$$

由莱布尼茨判别法可知，该级数收敛. 但因为 $|u_n| = \dfrac{1}{\ln(n+1)} > \dfrac{1}{n+1}$，而级数 $\sum_{n=1}^{\infty} \dfrac{1}{n+1}$ 发散，由比较判别法可知，级数 $\sum_{n=1}^{\infty} \left| (-1)^{n-1} \dfrac{1}{\ln(n+1)} \right| = \sum_{n=1}^{\infty} \dfrac{1}{\ln(n+1)}$ 发散，所以原级数是条件收敛的.

虽然每个绝对收敛的级数都是收敛的，但并不是每个收敛级数都是绝对收敛的. 例如，级数

$$1 - \dfrac{1}{2} + \dfrac{1}{3} - \dfrac{1}{4} + \cdots + (-1)^{n-1} \dfrac{1}{n} + \cdots$$

是收敛的,但是它的各项取绝对值所成的级数

$$1+\frac{1}{2}+\frac{1}{3}+\frac{1}{4}+\cdots+\frac{1}{n}+\cdots$$

却是发散的.

习题 10.2

A. 基础巩固

1. 用比较判别法判定下列正项级数的敛散性.

(1) $1+\frac{1}{3}+\frac{1}{5}+\frac{1}{7}+\cdots+\frac{1}{2n-1}+\cdots$;

(2) $\frac{1}{2}+\frac{1}{5}+\frac{1}{10}+\frac{1}{17}+\cdots+\frac{1}{n^2+1}+\cdots$;

(3) $\frac{1}{\ln 2}+\frac{1}{\ln 3}+\frac{1}{\ln 4}+\frac{1}{\ln 5}+\cdots+\frac{1}{\ln(n+1)}+\cdots$.

2. 用比值判别法判定下列正项级数的敛散性.

(1) $1+\frac{1}{2!}+\frac{1}{3!}+\frac{1}{4!}+\cdots+\frac{1}{n!}+\cdots$;

(2) $\frac{1}{2\times 1}+\frac{1}{2^3\times 3}+\frac{1}{2^5\times 5}+\frac{1}{2^7\times 7}+\cdots+\frac{1}{2^{2n-1}(2n-1)}+\cdots$;

(3) $1+\frac{5}{2!}+\frac{5^2}{3!}+\frac{5^3}{4!}+\cdots+\frac{5^{n-1}}{n!}+\cdots$.

B. 能力提升

1. 判定下列交错级数的敛散性.

(1) $\sum_{n=1}^{\infty}\frac{(-1)^n}{\sqrt{n}}$; (2) $\sum_{n=1}^{\infty}(-1)^{n-1}\frac{1}{\sqrt{n(n+1)}}$;

(3) $\sum_{n=1}^{\infty}(-1)^{n-1}\frac{n}{\ln(n+1)}$; (4) $\sum_{n=1}^{\infty}(-1)^{n-1}\frac{n}{2^n}$.

2. 下列级数哪些是发散的?哪些是绝对收敛的?哪些是条件收敛的?

(1) $1-\frac{1}{3^2}+\frac{1}{5^2}-\frac{1}{7^2}+\cdots$; (2) $\frac{1}{2}-\frac{1}{2\times 2^2}+\frac{1}{3\times 2^3}-\frac{1}{4\times 2^4}+\cdots$;

(3) $\sum_{n=1}^{\infty}\frac{(-1)^{n+1}}{\ln(n+1)}$; (4) $\sum_{n=1}^{\infty}\frac{\sin na}{(n+1)^2}$.

第三节 幂级数

【情境与问题】

引例1 考虑汽车发动机的性能衰减情况与使用时间的关系. 假设一辆汽车新的发动机初始功率为 $P_0=150$ kW. 随着汽车的使用,发动机由于磨损等原因功率会逐渐降低. 在投入使用后第1年,功率降低5 kW,以后每年降低的功率为前一年的80%,那么第1年末发动机的功率 $P_1=150-5$(kW). 第2年,功率在第1年末的基础上又降低了 5×0.8(kW)(假设降低幅度逐年递减),此时功率 $P_2=(150-5)-5\times0.8$(kW). 第3年,功率 $P_3=(150-5)-5\times0.8-5\times0.8^2$(kW). 以此类推,经过 n 年,发动机功率可以用幂级数来表示:$S(n)=\sum_{k=0}^{n}a_k$,这里 $a_0=150, a_1=-5, a_2=-5\times0.8, a_3=-5\times0.8^2$. 一般地,$a_k(k\geq1)$ 可以写成 $a_k=-5\times0.8^{k-1}$.

这个幂级数能够帮助汽车维修人员和车主了解发动机性能随时间的变化趋势,从而合理安排维修和更换发动机的计划. 同时,对于汽车生产厂家来说,也可以根据这种模型来改进发动机设计,提高耐用性.

引例2（多项式逼近） 用计算机软件画出函数 $y=e^x$ 的图形,然后依次画出如下多项式函数的图形：

（1）$y=1+x$；

（2）$y=1+x+\dfrac{1}{2}x^2$；

（3）$y=1+x+\dfrac{1}{2}x^2+\dfrac{1}{6}x^3$；

（4）$y=1+x+\dfrac{1}{2}x^2+\dfrac{1}{6}x^3+\dfrac{1}{24}x^4$；

（5）$y=1+x+\dfrac{1}{2}x^2+\dfrac{1}{6}x^3+\dfrac{1}{24}x^4+\dfrac{1}{120}x^5$；

（6）$y=1+x+\dfrac{1}{2}x^2+\dfrac{1}{6}x^3+\dfrac{1}{24}x^4+\dfrac{1}{120}x^5+\dfrac{1}{720}x^6$.

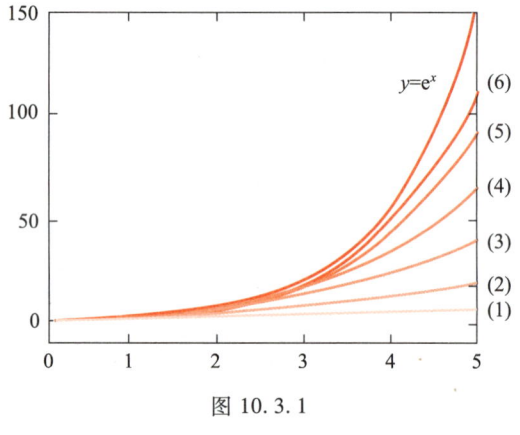

图 10.3.1

各函数的图形如图 10.3.1 所示,根据这些图形,你能找到什么规律？

分析 由图 10.3.1 可以看出,随着多项式次数的增加,对应的曲线逐渐逼近 $y=e^x$,若用曲线（6）对应的多项式函数作为函数 $y=e^x$ 的近似,则在区间 $[0,3]$ 上求值时,误差是较小的. 例如,我们可以由近似式

$$e^x \approx 1+x+\frac{1}{2}x^2+\frac{1}{6}x^3+\frac{1}{24}x^4+\frac{1}{120}x^5+\frac{1}{720}x^6$$

求得 e 的近似值为

$$e^x \approx 1+2+\frac{1}{2}+\frac{1}{6}+\frac{1}{24}+\frac{1}{120}+\frac{1}{720} \approx 2.71806.$$

多项式函数是一种特性非常好的函数,只涉及加法、减法和乘法运算,因此对于 x 的任意值都可以计算出来. 但对 $e^x, \ln x, \sin x, \arctan x$ 等之类的函数,它们的函数值的计算就很困难了. 上述分析表明,可以用多项式函数来逼近这些函数,从而为我们解决函数的计算问题提供了一种方法. 至于如何用多项式函数来逼近函数,与幂级数有关,下面我们进行专门研究.

一、幂级数的概念

形如

$$\sum_{n=0}^{\infty} a_n(x-x_0)^n = a_0+a_1(x-x_0)+a_2(x-x_0)^2+\cdots+a_n(x-x_0)^n+\cdots \quad (10.3.1)$$

的级数称为 $(x-x_0)$ 的幂级数,其中, $a_0, a_1, a_2, \cdots, a_n, \cdots$ 称为幂级数的系数.

特别地,当 $x_0=0$ 时,幂级数(10.3.1)变为

$$\sum_{n=0}^{\infty} a_n x^n = a_0+a_1 x+a_2 x^2+\cdots+a_n x^n+\cdots. \quad (10.3.2)$$

式(10.3.2)称为 x 的幂级数.

因为通过变换 $t=x-x_0$ 即可将幂级数(10.3.1)化为幂级数(10.3.2)的形式,所以本节只讨论(10.3.2)形式的幂级数.

当 x 取定值 x_0 时,幂级数 $\sum_{n=0}^{\infty} a_n x^n$ 就成为常数项级数 $\sum_{n=0}^{\infty} a_n x_0^n$,如果 $\sum_{n=0}^{\infty} a_n x_0^n$ 收敛,则称 x_0 为该幂级数的收敛点,一个幂级数的收敛点的全体称为该幂级数的收敛域;如果 $\sum_{n=0}^{\infty} a_n x_0^n$ 发散,则称 x_0 为该幂级数的发散点,一个幂级数的发散点的全体称为该幂级数的发散域.

对于给定的幂级数,它的收敛域是怎样的呢? 我们先来考察幂级数

$$\sum_{n=0}^{\infty} x^n = 1+x+x^2+\cdots+x^n+\cdots$$

的敛散性. 这个级数是几何级数,当 $|x|<1$ 时,它收敛于和 $\frac{1}{1-x}$;当 $|x|>1$ 时,它发散. 因此,该级数的收敛域为开区间 $(-1,1)$,发散域为 $(-\infty,-1] \cup [1,+\infty)$.

对一般的幂级数 $\sum_{n=0}^{\infty} a_n x^n$,显然,点 $x=0$ 是其收敛点. 对任意一点 x,我们可以利用比值判别法来判定其收敛性. 为此,考察正项级数

$$\sum_{n=0}^{\infty} a_n x^n = a_0+a_1 x+a_2 x^2+\cdots+a_n x^n+\cdots.$$

若设 $\lim_{n \to \infty} \left| \frac{a_{n+1}}{a_n} \right| = \rho$,则有

$$\lim_{n \to +\infty} \frac{u_{n+1}}{u_n} = \lim_{n \to +\infty} \left| \frac{a_{n+1} x^{n+1}}{a_n x^n} \right| = \rho|x|.$$

于是,由比值判别法可知:

(1) 当 $0<\rho<+\infty$ 时,若 $|x|<\dfrac{1}{\rho}$,则 $\rho|x|<1$,所以幂级数(10.3.2)绝对收敛;若 $|x|>\dfrac{1}{\rho}$,则 $\rho|x|>1$,所以幂级数(10.3.2)发散. 因此,幂级数(10.3.2)的收敛域是一个以原点为中心,从 $-\dfrac{1}{\rho}$ 到 $\dfrac{1}{\rho}$ 的一个区间. 正数 $R=\dfrac{1}{\rho}$ 称为幂级数(10.3.2)的收敛半径,$\left(-\dfrac{1}{\rho},\dfrac{1}{\rho}\right)$ 称为其收敛区间.

(2) 当 $\rho=0$ 时,由于 $\rho|x|=0<1$,所以幂级数(10.3.2)在 $(-\infty,+\infty)$ 内处处绝对收敛,此时其收敛半径可记作 $R=+\infty$.

(3) 当 $\rho=+\infty$ 时,由于只要 $x\neq 0$,就有 $\rho|x|=+\infty>1$,所以幂级数(10.3.2)在除点 $x=0$ 外处处发散,即仅在点 $x=0$ 处收敛,此时其收敛半径可记作 $R=0$.

综上所述,得到如下结论.

定理 1 设幂级数 $\displaystyle\sum_{n=0}^{\infty}a_nx^n$ 的所有系数 $a_n\neq 0$,如果 $\displaystyle\lim_{n\to\infty}\left|\dfrac{a_{n+1}}{a_n}\right|=\rho$,则

(1) 当 $\rho\neq 0$ 时,该幂级数的收敛半径为 $R=\dfrac{1}{\rho}$;

(2) 当 $\rho=0$ 时,该幂级数的收敛半径 $R=+\infty$;

(3) 当 $\rho=+\infty$ 时,该幂级数的收敛半径 $R=0$.

此外,当收敛半径 $R=\dfrac{1}{\rho}$ 为有限正数时,还需分别将 $x=\pm R$ 代入幂级数(10.3.2),然后用常数项级数的判别法判定该级数在两个端点处的敛散性,以确定它的收敛域是否包含端点.

例 1 求幂级数 $1+x+\dfrac{1}{2!}x^2+\cdots+\dfrac{1}{n!}x^n+\cdots$ 的收敛域.

解 因为

$$\rho=\lim_{n\to\infty}\left|\dfrac{a_{n+1}}{a_n}\right|=\lim_{n\to\infty}\dfrac{\dfrac{1}{(n+1)!}}{\dfrac{1}{n!}}=\lim_{n\to\infty}\dfrac{1}{n+1}=0,$$

所以收敛半径 $R=+\infty$,从而收敛域为 $(-\infty,+\infty)$.

例 2 求下列幂级数的收敛半径与收敛域.

(1) $\displaystyle\sum_{n=1}^{\infty}(-1)^{n-1}\dfrac{x^n}{n}$;   (2) $\displaystyle\sum_{n=1}^{\infty}\dfrac{2n-1}{2^n}x^{2n-2}$;

(3) $\displaystyle\sum_{n=1}^{\infty}(-1)^n\dfrac{2^n}{\sqrt{n}}\left(x-\dfrac{1}{2}\right)^n$.

解 (1) 因为 $a_n=(-1)^{n-1}\dfrac{1}{n}$,所以

$$\rho = \lim_{n \to \infty} \left| \frac{a_{n+1}}{a_n} \right| = \lim_{n \to \infty} \frac{n}{n+1} = 1.$$

故所求级数的收敛半径为 $R=1$.

对于左端点 $x=-1$,幂级数成为 $\sum_{n=1}^{\infty} \left(-\frac{1}{n} \right)$,显然是发散的;对于右端点 $x=1$,幂级数成为 $\sum_{n=1}^{\infty} (-1)^{n-1} \frac{1}{n}$,显然是收敛的.

综上,所求级数的收敛域为 $(-1,1]$.

(2) 此幂级数缺少奇次幂项,可用比值判别法的原理来求收敛半径.

因为 $u_n = \frac{2n-1}{2^n} x^{2n-2}$,则

$$\lim_{n \to \infty} \left| \frac{u_{n+1}(x)}{u_n(x)} \right| = \lim_{n \to \infty} \frac{2n+1}{4n-2} |x|^2 = \frac{1}{2} |x|^2.$$

由比值判别法知,当 $\frac{1}{2} |x|^2 < 1$,即 $|x| < \sqrt{2}$ 时,幂级数收敛;当 $\frac{1}{2} |x|^2 > 1$,即 $|x| > \sqrt{2}$ 时,幂级数发散.

对于左、右端点 $x = \pm \sqrt{2}$,幂级数成为 $\sum_{n=1}^{\infty} \frac{2n-1}{2^n} (\pm\sqrt{2})^{2n-2} = \sum_{n=1}^{\infty} \frac{2n-1}{2}$,显然是发散的.

综上,所求级数的收敛域为 $(-\sqrt{2}, \sqrt{2})$,收敛半径为 $R = \sqrt{2}$.

(3) 因为 $u_n = (-1)^n \frac{2^n}{\sqrt{n}} \left(x - \frac{1}{2} \right)^n$,所以

$$\lim_{n \to \infty} \left| \frac{u_{n+1}(x)}{u_n(x)} \right| = \lim_{n \to \infty} \frac{2\sqrt{n}}{\sqrt{n+1}} \left| x - \frac{1}{2} \right| = 2 \left| x - \frac{1}{2} \right|.$$

由比值判别法知,当 $2 \left| x - \frac{1}{2} \right| < 1$,即 $0 < x < 1$ 时,幂级数收敛;当 $2 \left| x - \frac{1}{2} \right| > 1$,即 $x < 0$ 或 $x > 1$ 时,幂级数发散.

对于左端点 $x=0$,幂级数成为 $\sum_{n=1}^{\infty} (-1)^n \frac{2^n}{\sqrt{n}} \left(-\frac{1}{2} \right)^n = \sum_{n=1}^{\infty} \frac{1}{\sqrt{n}}$,显然是发散的;对于右端点 $x=1$,幂级数成为 $\sum_{n=1}^{\infty} (-1)^n \frac{2^n}{\sqrt{n}} \left(1 - \frac{1}{2} \right)^n = \sum_{n=1}^{\infty} (-1)^n \frac{1}{\sqrt{n}}$,显然是收敛的.

综上,所求级数的收敛区间为 $(0,1)$,收敛域为 $(0,1]$,收敛半径为 $R = \frac{1}{2}$.

例3 求幂级数 $\sum_{n=1}^{\infty} \frac{(2x+1)^n}{n}$ 的收敛半径与收敛域.

解 设 $2x+1=t$，则原幂级数化为关于 t 的幂级数 $\sum\limits_{n=1}^{\infty}\dfrac{t^n}{n}$. 因为

$$\rho = \lim_{n\to+\infty}\left|\dfrac{a_{n+1}}{a_n}\right| = \lim_{n\to+\infty}\left|\dfrac{\dfrac{1}{n+1}}{\dfrac{1}{n}}\right| = \lim_{n\to+\infty}\dfrac{n}{n+1} = 1,$$

所以所求级数的收敛半径为 $R = \dfrac{1}{\rho} = 1$.

于是，当 $|t| = |2x+1| < 1$，即 $-1 < x < 0$ 时，原幂级数绝对收敛.

又对于左端点 $x=-1$，级数成为 $\sum\limits_{n=1}^{\infty}(-1)^n\dfrac{1}{n}$，是收敛的；对于右端点 $x=0$，级数成为 $\sum\limits_{n=1}^{\infty}\dfrac{1}{n}$，是发散的.

所以所求级数的收敛域为 $[-1,0)$.

二、幂级数的运算性质

下面不加证明地给出幂级数的一些运算性质及分析性质.

性质1（加法和减法运算） 设幂级数 $\sum\limits_{n=0}^{\infty}a_n x^n$ 及 $\sum\limits_{n=0}^{\infty}b_n x^n$ 的收敛区间分别为 $(-R_1, R_1)$ 与 $(-R_2, R_2)$，则当 $|x| < R$ 时，

$$\sum_{n=0}^{\infty}a_n x^n \pm \sum_{n=0}^{\infty}b_n x^n = \sum_{n=0}^{\infty}(a_n \pm b_n)x^n.$$

其中，$R = \min\{R_1, R_2\}$.

性质2（连续性） 幂级数 $\sum\limits_{n=0}^{\infty}a_n x^n$ 的和函数 $s(x)$ 在收敛域 D 上连续.

性质3（可导性） 幂级数 $\sum\limits_{n=0}^{\infty}a_n x^n$ 的和函数 $s(x)$ 在收敛区间 $(-R, R)$ 内可导，且有逐项可导公式：

$$s'(x) = \left(\sum_{n=0}^{\infty}a_n x^n\right)' = \sum_{n=0}^{\infty}(a_n x^n)' = \sum_{n=1}^{\infty}na_n x^{n-1}, \quad x \in (-R, R).$$

性质4（可积性） 幂级数 $\sum\limits_{n=0}^{\infty}a_n x^n$ 的和函数 $s(x)$ 在收敛区间 $(-R, R)$ 内可积，且有逐项可积公式

$$\int_0^x s(x)\,\mathrm{d}x = \int_0^x\left(\sum_{n=0}^{\infty}a_n x^n\right)\mathrm{d}x = \sum_{n=0}^{\infty}\int_0^x a_n x^n\,\mathrm{d}x = \sum_{n=0}^{\infty}\dfrac{a_n}{n+1}x^{n+1}, \quad x \in (-R, R).$$

性质 2～4 称为幂级数的分析运算性质，它常用于求幂级数的和函数. 此外，几何级数的和函数

$$1 + x + x^2 + \cdots + x^{n-1} + \cdots = \dfrac{1}{1-x}$$

是幂级数求和中的一个基本的结果. 我们所讨论的许多级数求和的问题都可以利用幂级数的运算性质转化为几何级数的求和问题来解决.

例 4 求幂级数 $\sum_{n=1}^{\infty} nx^{n-1}$ 的和函数.

解 易知题设级数的收敛半径为 1, 设其和函数为 $s(x)$. 即

$$s(x) = \sum_{n=1}^{\infty} nx^{n-1} = 1 + 2x + 3x^2 + \cdots + nx^{n-1} + \cdots.$$

在上式两边积分, 得

$$\int_0^x s(x)\,dx = x + x^2 + x^3 + \cdots + x^n + \cdots = \frac{x}{1-x}, \quad x \in (-1,1).$$

再对上式两边求导, 即得所求和函数

$$s(x) = \left[\int_0^x s(x)\,dx\right]' = \left(\frac{x}{1-x}\right)' = \frac{1}{(1-x)^2}, \quad x \in (-1,1).$$

例 5 求幂级数 $\sum_{n=0}^{\infty} (-1)^{n-1} \frac{x^n}{n}$ 的和函数及数项级数 $\sum_{n=0}^{\infty} (-1)^{n-1} \frac{1}{n}$ 的和.

解 由例 2(1) 的结果知, 幂级数 $\sum_{n=0}^{\infty} (-1)^{n-1} \frac{x^n}{n}$ 的收敛域为 $(-1,1]$, 设其和函数为 $s(x)$, 即

$$s(x) = x - \frac{x^2}{2} + \frac{x^3}{3} - \frac{x^4}{4} + \cdots + (-1)^{n-1} \frac{x^n}{n} + \cdots, \quad x \in (-1,1).$$

由逐项可导性, 得

$$s'(x) = 1 - x + x^2 - \cdots + (-1)^{n-1} x^{n-1} + \cdots$$
$$= \frac{1}{1-(-x)} = \frac{1}{1+x}, \quad x \in (-1,1).$$

两边积分, 即得幂级数的和函数为

$$s(x) = \int_0^x \frac{1}{1+x}\,dx = \ln(1+x).$$

再令和函数中的 $x = 1$, 可得到数项级数 $\sum_{n=0}^{\infty} (-1)^{n-1} \frac{1}{n}$ 的和为 $\ln 2$.

三、函数展开成幂级数

前面讨论了幂级数的收敛域及其和函数的性质. 但在许多应用中, 我们遇到的却是相反的问题: 给定函数 $f(x)$, 要考虑它是否能在某个区间内 "展开成幂级数". 也就是说, 是否能找到这样一个幂级数, 它在某区间内收敛, 且其和恰好就是给定的函数 $f(x)$. 如果能找到这样的幂级数, 我们就说, 函数在该区间内能展开成幂级数, 而这个幂级数在该区间内就表达了函数 $f(x)$.

1. 泰勒公式

可以证明,如果 $f(x)$ 在点 x_0 的某邻域内有 $n+1$ 阶的导数,则对 x_0 附近的任一 x 有

$$f(x)=f(x_0)+\frac{f'(x_0)}{1!}(x-x_0)+\frac{f''(x_0)}{2!}(x-x_0)^2+\cdots+\frac{f^{(n)}(x_0)}{n!}(x-x_0)^n+$$

$$\frac{f^{(n+1)}(\xi)}{(n+1)!}(x-x_0)^{n+1} \quad (\text{其中 }\xi\text{ 在 }x\text{ 与 }x_0\text{ 之间}).$$

上式称为 $f(x)$ 的泰勒展开式或泰勒公式,利用泰勒公式,可以用一个关于 $x-x_0$ 的 n 次多项式(也称为泰勒多项式)

$$p_n(x)=f(x_0)+\frac{f'(x_0)}{1!}(x-x_0)+\frac{f''(x_0)}{2!}(x-x_0)^2+\cdots+\frac{f^{(n)}(x_0)}{n!}(x-x_0)^n$$

来近似地表达函数 $f(x)$,并可通过余项

$$R_n(x)=\frac{f^{n+1}(\xi)}{(n+1)!}(x-x_0)^{n+1}$$

估计误差.

在泰勒公式中,当 $x_0=0$ 时,记 $\xi=\theta x(0<\theta<1)$,此时公式

$$f(x)=f(0)+\frac{f'(0)}{1!}x+\frac{f''(0)}{2!}x^2+\cdots+\frac{f^{(n)}(0)}{n!}x^n+\frac{f^{(n+1)}(\theta x)}{(n+1)!}x^{n+1}$$

称为 $f(x)$ 的麦克劳林公式,或称为按 x 的幂展开的泰勒公式.

2. 泰勒级数

定理 2 如果 $f(x)$ 在点 x_0 的某邻域内具有各阶导数 $f'(x),f''(x),\cdots,f^{(n)}(x),\cdots$,则称级数

$$\sum_{n=0}^{\infty}\frac{f^{(n)}(x_0)}{n!}(x-x_0)^n=f(x_0)+f'(x_0)(x-x_0)+\frac{f''(x_0)}{2!}(x-x_0)^2+\cdots+\frac{f^{(n)}(x_0)}{n!}(x-x_0)^n+\cdots$$

为 $f(x)$ 在点 $x=x_0$ 处的泰勒级数.特别地,当 $x_0=0$ 时,则称它为 $f(x)$ 的麦克劳林级数,即

$$f(0)+f'(0)x+\frac{f''(0)}{2!}x^2+\cdots+\frac{f^{(n)}(0)}{n!}x^n+\cdots.$$

泰勒级数是泰勒多项式从有限项到无限项的推广,随之也带来了两个问题:一个是该级数在什么条件下收敛;二是该级数是否收敛于函数 $f(x)$.关于这些问题,有下述结论.

设函数 $f(x)$ 在点 x_0 的某邻域内具有各阶导数,则 $f(x)$ 能展开成泰勒级数的充要条件是 $f(x)$ 的泰勒公式中的余项 $R_n(x)$ 当 $n\to\infty$ 时的极限为零,即

$$\lim_{n\to\infty}R_n(x)=0.$$

也就是说,函数 $f(x)$ 能展开成泰勒级数必须满足如下两个条件:

(1) 函数 $f(x)$ 在所讨论的点 x_0 的某邻域内存在各阶导数;

(2) 余项 $\lim_{n\to\infty}R_n(x)=0$.

两者缺一不可.此外,我们还可以证明这种展开式是唯一的.

可以证明,如果 $f(x)$ 能展开成 x 的幂级数,那么这个幂级数就是 $f(x)$ 的麦克劳林级数,即

函数的泰勒级数展开式是唯一的. 下面我们将具体讨论把函数 $f(x)$ 展开成 x 的幂级数的方法.

3. 函数展开成幂级数的方法

1) 直接展开法

由以上讨论结果可以看出,直接按公式将所给函数 $f(x)$ 展开成 x 的幂级数的步骤如下:

(1) 求出 $f(x)$ 的各阶导数 $f'(x), f''(x), \cdots, f^{(n)}(x), \cdots$,如果在点 x_0 处某阶导数不存在,就停止进行.

(2) 求函数及各阶导数在点 x_0 处的值 $f(x_0), f'(x_0), f''(x_0), \cdots, f^{(n)}(x_0), \cdots$.

(3) 求出幂级数

$$f(x_0) + f'(x_0)(x-x_0) + \frac{f''(x_0)}{2!}(x-x_0)^2 + \cdots + \frac{f^{(n)}(x_0)}{n!}(x-x_0)^n + \cdots$$

的收敛半径 R.

(4) 考察当 x 在收敛区间 $(-R, R)$ 内时,余项 $R_n(x)$ 的极限

$$\lim_{n\to\infty} R_n(x) = \lim_{n\to\infty} \frac{f^{(n+1)}(\xi)}{(n+1)!}(x-x_0)^{n+1} \quad (\text{其中 } \xi \text{ 在 } x \text{ 与 } x_0 \text{ 之间})$$

是否为零,如果为零,则第三步求出的幂级数就是函数 $f(x)$ 的幂级数展开式;如果不为零,则幂级数虽然收敛,但它的和并不是所给的函数 $f(x)$.

例 6 将函数 $f(x) = e^x$ 展开成 x 的幂级数.

解 求出各阶导数:

$$f'(x) = e^x, \quad f''(x) = e^x, \cdots, f^{(n)}(x) = e^x, \cdots,$$

则

$$f(0) = 1, \quad f'(0) = 1, \quad f''(0) = 1, \cdots, f^{(n)}(0) = 1, \cdots.$$

于是 $f(x) = e^x$ 的麦克劳林级数为

$$1 + x + \frac{x^2}{2!} + \cdots + \frac{x^n}{n!} + \cdots,$$

它的收敛半径为 $R = +\infty$.

对于任何有限数 x, ξ (ξ 在 0 与 x 之间) 余项的绝对值为

$$|R_n(x)| = \left|\frac{e^\xi}{(n+1)!} x^{n+1}\right| < \frac{|x|^{n+1}}{(n+1)!} e^{|x|}.$$

因为 $e^{|x|}$ 有限,而 $\frac{|x|^{n+1}}{(n+1)!}$ 是收敛级数的一般项,所以当 $n \to \infty$ 时,

$$\frac{|x|^{n+1}}{(n+1)!} e^{|x|} \to 0, \quad \text{即} \lim_{n\to\infty} R_n(x) = 0.$$

所以得展开式

$$e^x = 1 + x + \frac{x^2}{2!} + \cdots + \frac{x^n}{n!} + \cdots \quad (-\infty < x < +\infty).$$

例7 将函数 $f(x) = \sin x$ 展开成 x 的幂级数.

解 求出各阶导数

$$f'(x) = \cos x, \quad f''(x) = -\sin x, \quad f'''(x) = -\cos x, \cdots, f^{(n)}(x) = \sin\left(x + n\frac{\pi}{2}\right), \cdots,$$

则

$$f(0) = 0, \quad f'(0) = 1, \quad f''(0) = 0, \quad f'''(0) = -1, \cdots$$

即 $f^{(n)}(0)$ 按顺序循环地取 $0, 1, 0, -1 (n = 0, 1, 2, \cdots)$,于是 $f(x)$ 的麦克劳林级数为

$$x - \frac{x^3}{3!} + \frac{x^5}{5!} - \cdots + (-1)^n \frac{x^{2n+1}}{(2n+1)!} + \cdots,$$

它的收敛半径 $R = +\infty$.

对于任何有限数 x, ξ (ξ 在 0 与 x 之间)余项的绝对值,在 $n \to \infty$ 时极限为零,即

$$|R_n(x)| = \left|\frac{\sin\left[\xi + \frac{(n+1)\pi}{2}\right]}{(n+1)!}x^{n+1}\right| \leq \frac{|x|^{n+1}}{(n+1)!} \to 0 \,(n \to \infty),$$

所以

$$\lim_{n \to \infty} R_n(x) = 0.$$

因此得展开式

$$\sin x = x - \frac{x^3}{3!} + \frac{x^5}{5!} - \cdots + (-1)^n \frac{x^{2n+1}}{(2n+1)!} + \cdots \quad (-\infty < x < +\infty).$$

用同样的方法,可得

$$\cos x = 1 - \frac{x^2}{2!} + \frac{x^4}{4!} - \cdots + (-1)^n \frac{x^{2n}}{(2n)!} + \cdots \quad (-\infty < x < +\infty).$$

2) 间接展开法

以上两个例子是用直接方法(直接按公式 $a_n = \frac{f^{(n)}(0)}{n!}$ 计算幂级数的系数)展开成幂级数的,这种直接方法计算量较大,并且最后还要考察余项 R_n 是否收敛于零,这是一件很不容易的事情.下面,我们利用幂级数本身的性质,如四则运算、逐项微分、逐项积分等,把函数 $f(x)$ 展开成为 x 的幂级数,这样计算简单,并且往往可以避免直接研究余项,这种方法我们称为函数展开成幂级数的间接法,实质上函数的幂级数展开是求幂级数和函数的逆过程.

例如,

$$\sin x = x - \frac{x^3}{3!} + \frac{x^5}{5!} - \cdots + (-1)^n \frac{x^{2n+1}}{(2n+1)!} + \cdots \quad (-\infty < x < +\infty),$$

把它逐项微分,就得到

$$\cos x = 1 - \frac{x^2}{2!} + \frac{x^4}{4!} - \cdots + (-1)^n \frac{x^{2n}}{(2n)!} + \cdots \quad (-\infty < x < +\infty).$$

例8 将函数 $f(x)=\ln(1+x)$ 展开成 x 的幂级数.

解 因为 $f'(x)=\dfrac{1}{1+x}$，而 $\dfrac{1}{1+x}$ 是收敛的几何级数 $\sum\limits_{n=0}^{\infty}(-1)^n x^n(-1<x<1)$ 的和函数，即

$$\frac{1}{1+x}=1-x+x^2-x^3+\cdots+(-1)^n x^n+\cdots\quad(-1<x<1).$$

将上式从 0 到 x 逐项积分，得

$$\ln(1+x)=x-\frac{x^2}{2}+\frac{x^3}{3}-\frac{x^4}{4}+\cdots+(-1)^n\frac{x^{n+1}}{n+1}+\cdots\quad(-1<x<1).$$

此展开式对于 $x=1$ 也是正确的，于是有

$$\ln(1+x)=x-\frac{x^2}{2}+\frac{x^3}{3}-\frac{x^4}{4}+\cdots+(-1)^n\frac{x^{n+1}}{n+1}+\cdots\quad(-1<x\leqslant 1).$$

为了便于记忆和查阅，现将几个重要函数的 x 幂级数展开式归纳如下：

(1) $\dfrac{1}{1+x}=1-x+x^2-x^3+\cdots+(-1)^n x^n+\cdots\quad(-1<x<1);$

(2) $\mathrm{e}^x=1+x+\dfrac{x^2}{2!}+\cdots+\dfrac{x^n}{n!}+\cdots\quad(-\infty<x<+\infty);$

(3) $\sin x=x-\dfrac{x^3}{3!}+\dfrac{x^5}{5!}-\cdots+(-1)^n\dfrac{x^{2n+1}}{(2n+1)!}+\cdots\quad(-\infty<x<+\infty);$

(4) $\cos x=1-\dfrac{x^2}{2!}+\dfrac{x^4}{4!}-\cdots+(-1)^n\dfrac{x^{2n}}{(2n)!}+\cdots\quad(-\infty<x<+\infty);$

(5) $\ln(1+x)=x-\dfrac{x^2}{2}+\dfrac{x^3}{3}-\dfrac{x^4}{4}+\cdots+(-1)^n\dfrac{x^{n+1}}{n+1}+\cdots\quad(-1<x\leqslant 1);$

(6) $(1+x)^{\alpha}=1+\alpha x+\dfrac{\alpha(\alpha-1)}{2!}x^2+\cdots+$

$\dfrac{\alpha(\alpha-1)\cdots(\alpha-n+1)}{n!}x^n+\cdots\quad(-1<x<1).$

例9 将函数 $f(x)=\arctan x$ 展开成 x 的幂级数.

解 $(\arctan x)'=\dfrac{1}{1+x^2}$，而 $\dfrac{1}{1+x^2}$ 展开式为

$$\frac{1}{1+x^2}=1-x^2+x^4-x^6+\cdots+(-1)^n x^{2n}+\cdots,\quad x\in(-1,1).$$

两边从 0 到 x 逐项积分，得

$$\arctan x=\int_0^x\frac{1}{1+x^2}\mathrm{d}x=x-\frac{1}{3}x^3+\frac{1}{5}x^5-\cdots+(-1)^n\frac{x^{2n+1}}{2n+1}+\cdots,\quad x\in(-1,1).$$

因为当 $x=1$ 时，级数 $\sum\limits_{n=0}^{\infty}(-1)^n\dfrac{1}{2n+1}$ 是收敛的；当 $x=-1$ 时，级数 $\sum\limits_{n=0}^{\infty}\dfrac{1}{2n+1}$ 是发散的，

所以 $f(x) = \arctan x$ 在 $x \in (-1, 1]$ 上的幂级数展开式为

$$\arctan x = x - \frac{1}{3}x^3 + \frac{1}{5}x^5 - \cdots + (-1)^n \frac{x^{2n+1}}{2n+1} + \cdots.$$

掌握了函数展开成麦克劳林级数后，当要把函数展开成 $x-x_0$ 的幂级数时，只需把 $f(x)$ 转化成 $x-x_0$ 的表达式，把 $x-x_0$ 看成变量 t，展开成 t 的幂级数，即得 $x-x_0$ 的幂级数. 对于较复杂的函数，可作变量替换 $x-x_0 = t$，于是

$$f(x) = f(t+x_0) = \sum_{n=0}^{\infty} a_n t^n = \sum_{n=0}^{\infty} a_n (x-x_0)^n.$$

例 10 将 $f(x) = \dfrac{1}{3-x}$ 在点 $x=1$ 处展开成泰勒级数.

解 由 $\dfrac{1}{3-x} = \dfrac{1}{2-(x-1)} = \dfrac{1}{2} \dfrac{1}{1-\dfrac{x-1}{2}}$，令 $\dfrac{x-1}{2} = t$，有

$$\frac{1}{3-x} = \frac{1}{2}\frac{1}{1-t} = \frac{1}{2}(1+t+t^2+\cdots+t^n+\cdots), \quad t \in (-1, 1).$$

将 t 换回 $\dfrac{x-1}{2}$，得

$$\frac{1}{3-x} = \frac{1}{2}\left(1 + \frac{x-1}{2} + \frac{(x-1)^2}{2^2} + \cdots + \frac{(x-1)^n}{2^n} + \cdots\right), \quad x \in (-1, 3).$$

例 11 把函数 $f(x) = (1-x)\ln(1+x)$ 展开成 x 的幂级数.

解 由 $\ln(1+x) = \sum\limits_{n=1}^{\infty} \dfrac{(-1)^{n-1}}{n} x^n \ (-1 < x \leq 1)$，得

$$f(x) = (1-x) \sum_{n=1}^{\infty} \frac{(-1)^{n-1}}{n} x^n$$

$$= \sum_{n=1}^{\infty} \frac{(-1)^{n-1}}{n} x^n - \sum_{n=1}^{\infty} \frac{(-1)^{n-1}}{n} x^{n+1}$$

$$= \sum_{n=1}^{\infty} \frac{(-1)^{n-1}}{n} x^n - \sum_{n=2}^{\infty} \frac{(-1)^n}{n-1} x^n$$

$$= x + \sum_{n=2}^{\infty} \frac{(-1)^{n-1}(2n-1)}{n(n-1)} x^n \quad (-1 < x \leq 1).$$

四、幂级数的应用

幂级数的应用非常广泛，下面举几个简单的例子.

例 12 计算定积分 $I = \int_0^1 \dfrac{\sin x}{x} dx$ 的近似值，精确到 0.000 1.

解 因为 $\lim\limits_{x \to 0} \dfrac{\sin x}{x} = 1$，所以只需定义函数 $\dfrac{\sin x}{x}$ 在 $x=0$ 处的值为 1，那么它在区间 $[0, 1]$ 上

就连续了．将被积函数展开成幂级数，得

$$\frac{\sin x}{x} = 1 - \frac{x^2}{3!} + \frac{x^4}{5!} - \cdots + (-1)^{n-1} \frac{x^{2(n-1)}}{(2n-1)!} + \cdots \quad (-\infty < x < \infty).$$

由幂级数的可积性，在区间 $[0,1]$ 上逐项积分，得

$$\int_0^1 \frac{\sin x}{x} dx = 1 - \frac{1}{3 \times 3!} + \frac{1}{5 \times 5!} - \frac{1}{7 \times 7!} + \cdots + (-1)^{n-1} \frac{1}{(2n-1)(2n-1)!} + \cdots.$$

因为其误差满足

$$|R_n| < \frac{1}{7 \times 7!} = \frac{1}{35\ 280} < 2.9 \times 10^{-5},$$

所以只需取前三项的和即可作为定积分的近似值，即

$$\int_0^1 \frac{\sin x}{x} dx \approx 1 - \frac{1}{3 \times 3!} + \frac{1}{5 \times 5!} \approx 0.946\ 11.$$

例 13 计算 $\ln 2$ 的近似值（精确到小数点后第 4 位）.

解 我们可利用展开式

$$\ln(1+x) = x - \frac{x^2}{2} + \frac{x^3}{3} - \frac{x^4}{4} + \cdots + (-1)^{n-1} \frac{x^n}{n} + \cdots \quad (-1 < x \leq 1),$$

令 $x = 1$，即

$$\ln 2 = 1 - \frac{1}{2} + \frac{1}{3} - \frac{1}{4} + \cdots + (-1)^{n-1} \frac{1}{n} + \cdots,$$

其误差为

$$|R_n| = |\ln 2 - S_n| = \left| (-1)^n \frac{1}{n+1} + (-1)^{n+1} \frac{1}{n+2} + \cdots \right|$$

$$= \left| \frac{1}{n+1} - \frac{1}{n+2} + \cdots \right| < \frac{1}{n+1}.$$

因此要使精度达到 10^{-4}，需要的项数 n 应满足 $\frac{1}{n+1} < 10^{-4}$，即

$$n > 10^4 - 1 = 9999,$$

亦即 n 应取到 10 000 项．这个计算量实在是太大了．那么有没有计算 $\ln 2$ 更有效的方法呢？

将展开式

$$\ln(1+x) = x - \frac{x^2}{2} + \frac{x^3}{3} - \frac{x^4}{4} + \cdots + (-1)^{n-1} \frac{x^n}{n} + \cdots \quad (-1 < x \leq 1)$$

中的 x 换成 $(-x)$，得

$$\ln(1-x) = -x - \frac{x^2}{2} - \frac{x^3}{3} - \frac{x^4}{4} - \cdots - \frac{x^n}{n} - \cdots \quad (-1 \leq x < 1).$$

两式相减，得到如下不含有偶次幂的幂级数展开式

$$\ln\frac{1+x}{1-x}=2\left(\frac{x}{1}+\frac{x^3}{3}+\frac{x^5}{5}+\frac{x^7}{7}+\cdots\right) \quad (-1<x<1).$$

在上式中,令 $\frac{1+x}{1-x}=2$,可解得 $x=\frac{1}{3}$,将 $x=\frac{1}{3}$ 代入上式,得

$$\ln 2=2\left(\frac{1}{1}\times\frac{1}{3}+\frac{1}{3}\times\frac{1}{3^3}+\frac{1}{5}\times\frac{1}{3^5}+\frac{1}{7}\times\frac{1}{3^7}+\cdots\right).$$

其误差为

$$|R_{2n+1}|=|\ln 2-S_{2n-1}|=2\cdot\left|\frac{1}{2n+1}\cdot\frac{1}{3^{2n+1}}+\frac{1}{2n+3}\cdot\frac{1}{3^{2n+3}}+\cdots\right|$$

$$\leqslant 2\cdot\frac{1}{2n+1}\cdot\frac{1}{3^{2n+1}}\left|1+\frac{1}{3^2}+\frac{1}{3^4}+\cdots\right|<\frac{1}{4(2n+1)\cdot 3^{2n-1}}.$$

用试根的方法可确定当 $n=4$ 时满足误差 $|R_{2n-1}|<10^{-4}$,此时的 $\ln 2\approx 0.693\ 14$. 显然这一计算方法大大提高了计算的速度,这种处理手段通常称为幂级数收敛的加速技术.

例 14 计算 e 的近似值.

解 在 e^x 的幂级数展开式

$$e^x=1+x+\frac{x^2}{2!}+\cdots+\frac{x^n}{n!}+\cdots, \quad x\in(-\infty,+\infty)$$

中,令 $x=1$,得

$$e=1+1+\frac{1}{2!}+\cdots+\frac{1}{n!}+\cdots.$$

取前 $n+1$ 项作为 e 的近似值:

$$e\approx 1+1+\frac{1}{2!}+\cdots+\frac{1}{n!}.$$

取 $n=7$,即取级数的前 8 项来近似计算,得

$$e\approx 1+1+\frac{1}{2!}+\frac{1}{3!}+\frac{1}{4!}+\frac{1}{5!}+\frac{1}{6!}+\frac{1}{7!},$$

即 $e\approx 2.71828$.

习题 10.3

A. 基础巩固

1. 求下列幂级数的收敛域.

(1) $\sum\limits_{n=1}^{\infty}\frac{(-1)^{n-1}}{3^n}x^{2n}$;

(2) $\sum\limits_{n=1}^{\infty}\frac{(-1)^{n-1}}{n\cdot 2^n}(x-1)^n$;

(3) $\sum\limits_{n=1}^{\infty}\frac{1}{n^2\cdot 5^n}(x+3)^n$;

(4) $\sum\limits_{n=1}^{\infty}\frac{1}{5^n\sqrt{n+1}}x^n$.

2. 求下列幂级数的和函数以及和函数的定义域.

(1) $\sum_{n=1}^{\infty} \frac{x^n}{n}$;

(2) $\sum_{n=1}^{\infty} nx^n$;

(3) $\sum_{n=1}^{\infty} n(n+1)x^n$.

B. 能力提升

将下列函数展开成 x 的幂级数,并求其收敛区间.

(1) $f(x) = x\ln(x+1)$;

(2) $f(x) = \cos^2 x$ (提示:将 $\cos^2 x$ 表示成 $\frac{1+\cos 2x}{2}$);

(3) $f(x) = \ln\frac{1}{1-x}$;

(4) $f(x) = a^x$;

(5) $f(x) = \frac{1}{2x^2-3x+1}$ (提示:先将 $f(x)$ 分解成 $f(x) = \frac{1}{2x^2-3x+1} = -\frac{2}{2x-1} + \frac{1}{x-1}$, 再利用几何级数求解).

本 章 小 结

一、主要内容

(1) 无穷级数的概念,级数的收敛和发散,级数的基本性质,级数收敛的必要条件,常数项级数的判别法;

(2) 幂级数的概念,幂级数的运算,幂级数的收敛域,函数展开成幂级数的方法(直接法、间接法).

二、主要方法

1. 常数项级数收敛和发散的判别

(1) 先考察是否有 $\lim\limits_{n\to\infty} u_n \neq 0$,如果有,那么级数必定发散;

(2) 如果 $\lim\limits_{n\to\infty} u_n = 0$,那么对交错级数采用交错级数判别法判别;对正项级数先采用比值判别法判别,如果 $\lim\limits_{n\to\infty} \frac{u_{n+1}}{u_n} = 1$,再用比较判别法或定义来判别.

特别地,如果所给级数是等比级数或 p 级数,那么可直接利用结论加以判别. 如果上述方法无法直接应用,那么需先对级数变形后再使用上述各判别法.

2. 幂级数的收敛域的求法

先求收敛半径 R,确定收敛区间 $(-R, R)$,再将 $x = \pm R$ 分别代入幂级数中成为常数项级数,按常数项级数的判别法判断敛散性,从而求出收敛域.

3. 将函数展开成幂级数

(1) 直接法:利用泰勒公式在点 $x = 0$ 处将函数展开成幂级数:

$$f(0)+f'(0)x+\frac{f''(0)}{2!}x^2+\cdots+\frac{f^{(n)}(0)}{n!}x^n+\cdots.$$

先求出 $f(x)$ 在点 $x=0$ 处的各阶导数值,再利用上面的展开式直接写出幂级数,并求出收敛区间.

（2）间接法：利用已知函数的幂级数展开式,使用代数运算、分析运算、其他变量代换等方法将函数展开成幂级数.

三、重点和难点

1. 重点

无穷级数的收敛与发散,正项级数敛散性的判别法,幂级数的收敛半径与收敛域的求法.

2. 难点

正项级数的敛散性的判定,函数的幂级数展开.

【拓展阅读】

级数的起源与发展

级数是数学分析中的一个重要概念,它在数学的各个分支以及物理学、工程学等众多领域都有着广泛的应用.级数的发展历程贯穿了数学发展的漫长历史,反映了人类对无穷概念的不断探索和对数学工具的深入挖掘.

一、级数的起源

级数的思想在古代就已经有了初步的体现.早在公元前3世纪,古希腊的数学家们就对一些特殊的几何级数有了一定的认识.例如,古希腊哲学家亚里士多德就曾接触到公比小于1的无穷几何级数.当时虽然没有形成系统的级数理论,但这些早期的探索为后来级数的发展奠定了基础.

在古代计算圆的面积和周长时,也蕴含了级数的思想.例如,用内接和外切正多边形逼近圆的方法来计算圆周率 π,这种逼近的过程在某种程度上可以看作是一种原始的级数思想,即通过不断增加多边形的边数来得到越来越精确的结果,类似于一个无穷级数的部分和不断逼近极限值.

在中世纪,数学的发展相对缓慢,但在一些学者的著作中仍然可以看到级数思想的影子.不过,在这一时期,级数并没有成为一个独立的研究对象,其相关的理论研究也较为零散.

二、级数在近代的发展

1. 17世纪——牛顿和莱布尼茨时期

17世纪,随着微积分的创立,级数迎来了一个重要的发展阶段.牛顿和莱布尼茨在他们创立微积分的过程中,广泛地使用了级数.牛顿在他的数学研究中,常常将函数展开成幂级数来进行计算和分析.例如,牛顿对二项式定理进行了推广,得到了一般的牛顿二项式级数,即 $(1+x)^n = \sum_{k=0}^{\infty} \binom{n}{k} x^k$ (其中 n 为任意实数).

莱布尼茨也对级数有深入的研究,他在求积分和研究一些特殊函数时,经常利用级数展开的方法.例如,莱布尼茨发现了一些三角函数和对数函数的级数展开式,如 $\ln(1+x) = \sum_{n=1}^{\infty} (-1)^{n+1} \frac{x^n}{n}$ ($|x|<1$).这一时期,虽然级数得到了广泛的应用,但数学家们对级数的收敛性问题还没有给予足够的重视,在使用级数时往往比较随意.

2. 18 世纪——形式上的繁荣与收敛性问题的初现

18 世纪,数学家们对级数进行了大量的形式上的运算和研究,发现了许多新的级数及其性质.然而,随着研究的深入,级数的收敛性问题逐渐暴露出来.当时的数学家们在计算过程中发现,有些级数在按照传统的方法进行运算时会得出奇怪的结果.例如,对于调和级数 $\sum_{n=1}^{\infty} \frac{1}{n}$,它的部分和会随着项数的增加而无限增大,即调和级数是发散的,但在 18 世纪初期,数学家们对这种发散性并没有清晰的认识,在处理类似级数时经常出现错误.

3. 19 世纪——收敛性理论的建立

19 世纪,随着数学分析的逐渐成熟,数学家们开始重视级数的敛散性问题.柯西是这一时期对级数敛散性理论做出重大贡献的数学家之一.柯西还提出了一系列判断级数收敛性的判别法,如柯西判别法(根值判别法)和比值判别法等.这些判别法为判断级数的敛散性提供了有力的工具,使得数学家们在使用级数时能够更加严谨.阿贝尔在级数研究方面也有重要贡献.他在研究幂级数时,发现了阿贝尔定理,这一定理进一步完善了幂级数的理论.

三、现代级数理论及其应用

1. 傅里叶级数的诞生与发展

19 世纪初,傅里叶在研究热传导问题时,提出了傅里叶级数.傅里叶级数的提出在数学和物理学界引起了巨大的轰动,它为解决热传导、振动等物理问题提供了一种强有力的数学工具,同时也推动了函数概念的进一步发展.随着时间的推移,数学家们对傅里叶级数的敛散性、唯一性等性质进行了深入的研究.狄利克雷给出了傅里叶级数收敛的充分条件,即狄利克雷条件,这一条件在傅里叶分析中具有重要的意义.

2. 现代数学中的级数应用

在现代数学中,级数已经成为许多分支学科的重要基础.在复变函数论中,泰勒级数和洛朗级数是研究解析函数的重要工具.在数值分析中,级数被用来构造数值算法和逼近函数.在物理学领域,级数的应用更是广泛.除了傅里叶级数在热传导和振动问题中的应用外,在量子力学中,波函数常常可以用一些特殊函数的级数展开来表示;在电磁学中,一些复杂的场分布也可以通过级数来进行分析和计算.

级数从古代的萌芽到现代成为数学和其他科学领域不可或缺的工具,经历了漫长而曲折的发展历程.从早期的几何级数到现代的各种函数级数,从对级数形式上的操作到严格的收敛性理论的建立,每一步都反映了数学家们对数学真理的执着追求.随着科学技术的不断发展,级数在新的领域和问题中将继续发挥重要的作用,其理论也将不断地得到丰富和完善.

芝诺悖论问题

公元前5世纪,哲学家和数学家芝诺提出了四个问题,这些问题后来被公认为芝诺悖论.在其中的第二个问题中,芝诺辩解说,传说中的希腊英雄阿基里斯无论如何也赶不上一只乌龟,假设一开始乌龟在前100码(1码 = 0.9144m)处,阿基里斯的速度是乌龟的10倍.当阿基里斯跑完这100码时乌龟向前跑了10码;当阿基里斯再跑完这10码时,乌龟又向前跑了1码……如此下去,阿基里斯永远也追不上这只乌龟.

现在我们换一种方式来叙述和讨论这个表面上的悖论,其结果当然也是和常识相矛盾的.

假定一个人离门只有10m远,如图10.1所示,利用芝诺的推理,我们可以宣称:此人永远也走不到屋门处.理由如下:

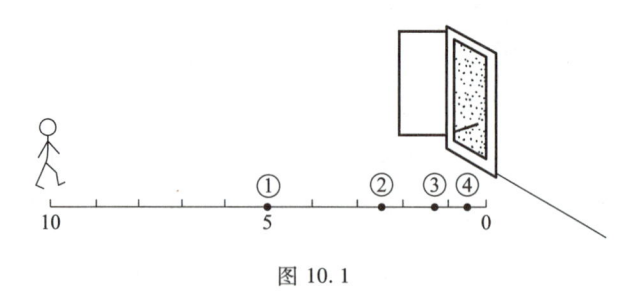

图 10.1

他要走完这段路程,首先就要走完该路程的一半(5m),即到达图10.1的点①处;然后他又必须走完剩下的5m的一半$\frac{5}{2}$m,即到达点②处……如此继续下去,那么,不管此人离门有多近,在他面前总有剩下路程的一半没有走完,他还得将剩下的路程一半一半地走下去,永无止境.

尽管连小孩都不会相信芝诺的诡辩,但要彻底驳倒他,还得用到2000多年后的级数理论.下面我们就用学过的级数知识证明,这个人在有限的时间内能够到达屋门处.

假定此人以0.5 m/s的速度开始向屋门走去.我们应用芝诺的论证方式来算算他到达屋门所用的时间.由 $t = \frac{s}{v}$,此人走到离屋门5m(从离屋门10m处开始走)处所用的时间为 $t_0 = \frac{5}{0.5} = 10(\text{s})$;走到离屋门$\frac{5}{2}$m处所用的时间为 $t_1 = \frac{\frac{5}{2}}{0.5} = 5(\text{s})$;再走到离屋门$\frac{5}{4}$m处所用

的时间为 $t_2 = \dfrac{\frac{5}{4}}{0.5} = \dfrac{5}{2}$ (s). 由于每次走的距离是这点到屋门距离的一半,所以很显然,接下去所用的时间应依次为 $\dfrac{5}{4}$s, $\dfrac{5}{8}$s, $\cdots$, $\dfrac{5}{2^{n-1}}$s, $\cdots$. 这样,他走到屋门所用的总时间是

$$t = 10 + 5 + \frac{5}{2} + \frac{5}{4} + \frac{5}{8} + \cdots + \frac{5}{2^{n-1}} + \cdots$$

$$= 5\left(2 + 1 + \frac{1}{2} + \frac{1}{4} + \frac{1}{8} + \cdots + \frac{1}{2^{n-1}} + \cdots\right)$$

$$= 5 \lim_{n \to \infty} \frac{2\left[1 - \left(\frac{1}{2}\right)^n\right]}{1 - \frac{1}{2}} = 10 \times \frac{1}{1 - \frac{1}{2}} = 20 \text{(s)}.$$

由此可见,所谓芝诺悖论实际上根本不成立.

复习题十

1. 选择题.

(1) 若( )成立,则级数 $\sum_{n=1}^{\infty} a_n$ 发散,其中,S_n 表示此级数的部分和.

A. $\lim\limits_{n\to\infty} S_n \neq 0$ B. a_n 单调上升   C. $\lim\limits_{n\to\infty} a_n = 0$ D. $\lim\limits_{n\to\infty} a_n$ 不存在

(2) 当条件( )成立时,级数 $\sum_{n=1}^{\infty} (a_n + b_n)$ 一定发散.

A. $\sum_{n=1}^{\infty} a_n$ 发散且 $\sum_{n=1}^{\infty} b_n$ 收敛   B. $\sum_{n=1}^{\infty} a_n$ 发散

C. $\sum_{n=1}^{\infty} b_n$ 发散   D. $\sum_{n=1}^{\infty} a_n$ 和 $\sum_{n=1}^{\infty} b_n$ 都发散

(3) 若正项级数 $\sum_{n=1}^{\infty} a_n$ 收敛,则下列级数收敛的是( ).

A. $\sum_{n=1}^{\infty} \sqrt{a_n}$ B. $\sum_{n=1}^{\infty} a_n^2$ C. $\sum_{n=1}^{\infty} (a_n + c)^2$ D. $\sum_{n=1}^{\infty} (a_n + c)$

(4) 若两个正项级数 $\sum_{n=1}^{\infty} a_n, \sum_{n=1}^{\infty} b_n$ 满足 $a_n \leq b_n (n = 1, 2, \cdots)$,则下列结论正确的是( ).

A. $\sum_{n=1}^{\infty} a_n$ 发散,则 $\sum_{n=1}^{\infty} b_n$ 发散   B. $\sum_{n=1}^{\infty} a_n$ 收敛,则 $\sum_{n=1}^{\infty} b_n$ 收敛

C. $\sum_{n=1}^{\infty} a_n$ 发散,则 $\sum_{n=1}^{\infty} b_n$ 收敛   D. $\sum_{n=1}^{\infty} a_n$ 收敛,则 $\sum_{n=1}^{\infty} b_n$ 发散

(5) 展开式 $\dfrac{1}{2-x} = \sum_{n=0}^{\infty} \dfrac{1}{3^{n+1}} (x+1)^n$ 在区间( )上成立.

A. $(-1, 1)$ B. $(-3, 3)$ C. $(-2, 4)$ D. $(-4, 2)$

(6) 若级数 $\sum_{n=1}^{\infty} a_n, \sum_{n=1}^{\infty} b_n$ 都发散,则下列结论正确的是( ).

A. $\sum_{n=1}^{\infty} (a_n + b_n)$ 发散   B. $\sum_{n=1}^{\infty} a_n b_n$ 发散

C. $\sum_{n=1}^{\infty} (a_n + b_n)^2$ 发散   D. 以上三项均不正确

(7) 若级数 $\sum_{n=1}^{\infty} u_n$ 收敛,则下列必收敛的级数是( ).

A. $\sum_{n=1}^{\infty} (-1)^n \dfrac{u_n}{n}$ B. $\sum_{n=1}^{\infty} u_n^2$

C. $\sum_{n=1}^{\infty} (u_{2n-1} - u_{2n})$ D. $\sum_{n=1}^{\infty} (u_n + u_{n+1})$

2. 填空题.

(1) 若数项级数 $\sum_{n=1}^{\infty} a_n$ 收敛,则 $\lim\limits_{n\to\infty} a_n = $ _____.

(2) 若数项级数 $\sum_{n=1}^{\infty} a_n$ 的通项满足 $|a_n| \leq \frac{1}{n}$，则 $\sum_{n=1}^{\infty} a_n$ 是_____级数.

(3) 数项级数 $\sum_{n=1}^{\infty}\left(\frac{1}{2^n}+\frac{1}{\sqrt{n}}\right)$ 是_____级数.

(4) 对于数项级数 $\sum_{n=1}^{\infty} q^n$，当 $|q|$ _____时收敛，当 $|q|$ _____时发散.

(5) 若幂级数 $\sum_{n=0}^{\infty} a_n x^n$ 的收敛区间为 $(-9,9)$，则幂级数 $\sum_{n=0}^{\infty} a_n (x-3)^{2n}$ 的收敛区间为_____.

(6) 若正项级数 $\sum_{n=1}^{\infty} u_n$ 收敛，则级数 $\sum_{n=1}^{\infty}(-1)^n\left(1+\frac{1}{n}\right)^n u_n$ _____.

(7) 若 $\sum_{n=1}^{\infty} a_n (x-2)^n$ 在 $x=-2$ 处收敛，则此级数在 $x=5$ 处_____.

3. 判断下列常数项级数的敛散性.

(1) $\sum_{n=1}^{\infty} \frac{\sqrt{n}}{n+1}$； (2) $\sum_{n=1}^{\infty} \frac{n^2}{e^n}$； (3) $\sum_{n=1}^{\infty} \frac{\cos n\pi}{n}$.

4. 求下列幂级数的收敛区间.

(1) $\sum_{n=1}^{\infty} \frac{2^n}{n^2} x^n$； (2) $\sum_{n=1}^{\infty} \frac{(x-3)^n}{\sqrt{n} \, 4^n}$； (3) $\sum_{n=1}^{\infty} \frac{x^{2n-1}}{n^3 3^n}$.

5. 求下列幂级数的和函数.

(1) $\sum_{n=1}^{\infty} n x^{n-1}$； (2) $\sum_{n=0}^{\infty} \frac{x^{2n+1}}{n!}$； (3) $\sum_{n=1}^{\infty} \frac{x^{2n-1}}{2n-1}$.

6. 将下列函数展开成 x 的幂级数，并求其收敛区间.

(1) $f(x)=\ln(a+x)$； (2) $f(x)=e^{-x^2}$； (3) $f(x)=\dfrac{x}{x^2-2x-3}$.

第十一章 数学实验

众所周知,科学技术是第一生产力. 随着科学技术的发展,数据处理、科学计算、数学建模在众多学科领域中发挥着日益重要的作用,为数学知识的探究与应用赋予了全新的理论价值及实践意义. 众多数学软件的相继研发与推出,为科学家及工程技术人员在解决复杂数学问题方面提供了强大而高效的工具.

数学实验是一种将抽象的数学理论与具体的实验操作紧密结合的研究方式,通过融合现代计算机技术与软件包,实现了对数学模型的精确求解. 结合近年来全国大学生数学建模竞赛的发展趋势,学生学习数学实验具有重要意义. 通过实践操作与问题解决策略,有效提升了学生的数学应用能力,培养学生的创新思维,提高学生的综合素质,并进一步促进学科间的交叉融合.

在数学模型的求解中,MATLAB 是最常用的软件,本章简要介绍数学软件 MATLAB 的基本操作,图形可视化,以及极限、导数、积分、微分方程、线性代数、概率统计以及无穷级数问题的 MATLAB 求解.

☆☆☆**学习目标**

(1) 了解 MATLAB 软件的基本概况与界面介绍;

(2) 掌握 MATLAB 软件的一些数值计算、绘图功能,能用 MATLAB 软件绘制简单曲线及曲面图形;

(3) 掌握利用 MATLAB 软件进行函数的极限、导数、积分等运算,会用

MATLAB 软件求解微分方程的初值问题;

（4）掌握 MATLAB 软件中矩阵的输入方法,能用 MATLAB 软件计算逆矩阵、矩阵的秩,能用 MATLAB 软件计算事件的概率、随机变量的数学期望和方差,能用 MATLAB 软件进行参数估计;

（5）会用 MATLAB 软件解决级数求和问题及函数的幂级数展开问题.

第一节　MATLAB 软件简介

MATLAB 由 MATrix 和 LABoratory 的前三个字母组合而成（含义是矩阵实验室）,是美国 MathWorks 公司于 1984 年推出的一款高性能的数值计算和可视化数学软件,在众多数学软件中,MATLAB 软件凭借运行可靠、功能强大、开放性佳等优势,为工程技术、教育及科研领域提供了数学处理平台. 本书采用的 MATLAB 2024 版.

一、MATLAB 软件的基础知识

1. MATLAB 软件的安装和界面介绍

MATLAB 软件的安装和配置相对简单,用户可以从 MathWorks 官网下载安装程序,并根据提示完成安装. MATLAB 安装成功后,退出安装程序,运行工具正常使用.

MATLAB 2024 版以功能区形式呈现各种常用的功能命令,所有的功能命令分"主页""绘图""APP"三个选项卡,如图 11.1.1 所示.

（1）"主页"选项卡中常用的功能组包括文件功能组和变量功能组,文件功能组主要用于管理脚本、实时脚本以及其他文件,如创建、编辑、保存和打开等操作;变量功能组则专注于在运行程序过程中对变量的管理,包括查看、监视、修改和调试变量等. "主页"选项卡界面如图 11.1.1 所示.

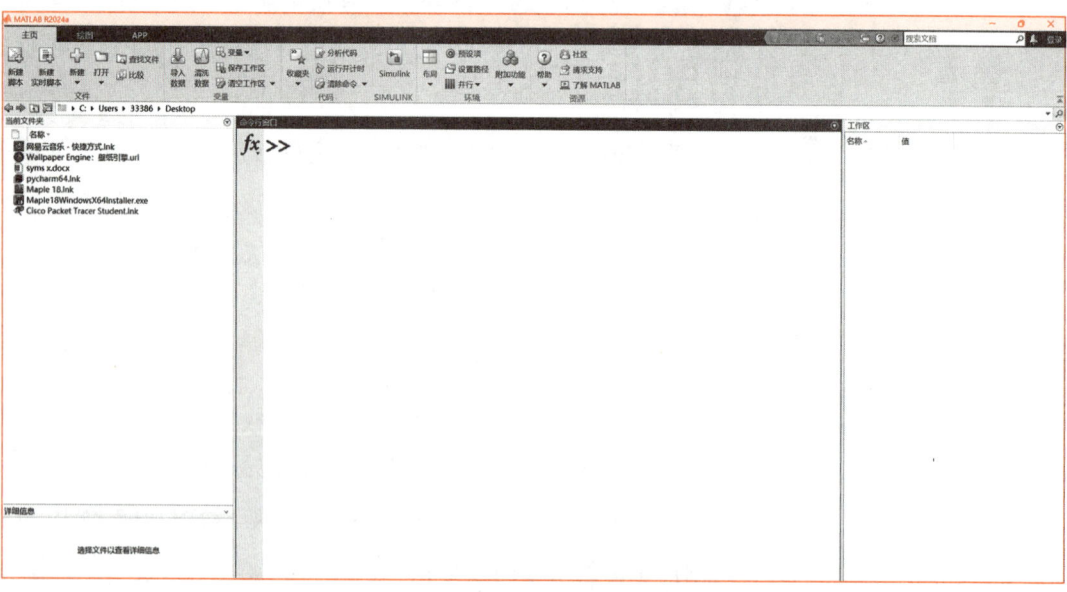

图 11.1.1

（2）"绘图"选项卡提供绘图的类型选择和图形绘制的编辑命令,用于数据建模中图形的可视化操作,用户可以选择适合的图表类型,并对图形进行细致的编辑和调整,"绘图"选项卡界面如图 11.1.2 所示.

图 11.1.2

（3）"APP"（应用程序）选项卡,显示多种内置的应用程序命令,用户可以快速访问并启动这些应用程序,如数据分析、信号处理、图像处理等专用工具."APP"选项卡界面如图 11.1.3 所示.

图 11.1.3

> **小贴士**
> 编辑器窗口是对". m"文件进行编辑调试.

2. MATLAB 软件的基本特点

（1）强大的数值计算能力,能高效执行矩阵运算、优化求解等任务,广泛应用于科研与工程分析中;

（2）丰富的工具箱支持,涵盖信号处理、图像处理、控制系统等多个领域,提供高级函数和工具,极大扩展应用范畴;

（3）便捷的数据可视化功能,支持二维、三维图形生成及自定义,助力用户直观分析数据;

（4）高效灵活的编程环境,支持脚本编写、函数定义及面向对象编程,并引入局部函数等特性,提升编程便捷性;

（5）与云计算、Python 紧密集成,方便云环境运行及代码互操作,为用户提供更加多样化的编程选择.

此外,由于其强大的功能和灵活性,MATLAB 2024 在科研、工程、金融、图像处理、控制系统等领域均有广泛的应用.

二、MATLAB 软件的运算基础

1. MATLAB 软件的变量

在 MATLAB 软件中,变量命名应遵循如下规则：

（1）变量名必须以字母开头,之后可以包含字母、数字和下划线;

（2）变量名区分字母的大小写，如 a 和 A 是不同的变量；

（3）变量名长度不能超过 63 个字符，第 63 个以后的字符将被忽略；

（4）MATLAB 软件中的保留关键字不能用作变量名，如"if""for""end"等；

（5）MATLAB 软件中有些变量名是系统预定义的，不可作为自己命名的变量，如表 11.1.1 所示.

表 11.1.1

变量	含义	变量	含义
ans	预设的计算结果的变量名	i 或 j	虚数单位 $i=j=\sqrt{-1}$
eps	正的极小值 $=2.2204e^{-16}$	NaN	不定值
pi	圆周率 π	inf	无穷大值
realmax	最大正浮点数 $realmax = 1.7977\times10^{308}$	realmin	最小正浮点数 $realmin = 1.7977\times10^{-308}$

小贴士

（1）MATLAB 软件使用等号"="给变量赋值；

（2）clear 用于清除工作空间的所有变量；

（3）clc 清除命令窗口的内容，对工作环境中的全部变量无任何影响.

2. MATLAB 软件中常用的数学函数

MATLAB 软件为用户提供了丰富的函数，常用的基本数学函数如表 11.1.2 所示.

表 11.1.2

函数	名称	函数	名称
sin(x)	正弦函数	asin(x)	反正弦函数
cos(x)	余弦函数	acos(x)	反余弦函数
tan(x)	正切函数	atan(x)	反正切函数
cot(x)	余切函数	acot(x)	反余切函数
abs(x)	绝对值	max(x)	最大值
min(x)	最小值	sum(x)	元素的总和
sqrt(x)	开平方	exp(x)	以 e 为底的指数
log(x)	自然对数	log10(x)	以 10 为底的对数
sign(x)	符号函数	fix(x)	取整
csc(x)	余割函数	pow2	2 的幂

3. MATLAB 软件的基本运算符

MATLAB 软件的运算符分为算术运算符(表 11.1.3)及关系运算符和逻辑运算符(表 11.1.4).

表 11.1.3

算术运算符	功能	运算符	功能
+	相加	-	相减
*	标量数相乘、矩阵相乘	/	标量数右除、矩阵右除
^	标量数乘方、矩阵乘方	\	标量数左除、矩阵左除

表 11.1.4

关系运算符		逻辑运算符	
运算符	含义	运算符	含义
<,>	小于,大于	&.	与、和
<=,>=	小于等于,大于等于	~	非、否
==	等于	|	或
~=	不等于	xor	异或

以上运算符号均具有优先级,如表 11.1.5 所示.

表 11.1.5

优先级	运算符
1	圆括号( )
2	矩阵转置和乘方:转置(.')、共轭转置(')、乘方(.^)、矩阵乘方(^)
3	一元加法(+)、一元减法(-)、取反(~)
4	乘法(.*)、矩阵乘法(*)、右除(./)、左除(.\)、矩阵右除(/)、矩阵左除(\)
5	加法(+)、减法(-)、逻辑非(~)
6	冒号运算符(:)
7	小于(<)、小于等于(<=)、大于(>)、大于等于(>=)、等于(==)、不等于(~=)
8	逐元素逻辑与(&)
9	逐元素逻辑或(|)
10	避绕式逻辑与,或者捷径逻辑与(&&)
11	避绕式逻辑或,或者捷径逻辑或(||)

4. MATLAB 软件的基本赋值和运算

MATLAB 软件支持从简单到复杂的各类运算,包括直接算术运算,自定义函数运算,向量、矩阵及张量运算,以下简要介绍几种基础算术运算、赋值及运算操作.

（1）简单的数学计算．

例如，

```
>>sin(31)        % 求 sin(31)        >>abs(-8)        % 求 -8 的绝对值
ans =                                 ans =
   -0.4040                               8
>>4^5,7^3*(4+3)        % 一行输入多个表达式
ans =
   1024
ans =
   2401
```

> **小贴士**
> （1）在同一行上可以有多条命令，中间必须用逗号分开；
> （2）要对某行命令加以说明和解释，在说明文字前加"%"，MATLAB 对该行"%"后的语句不做处理．

（2）简单的赋值运算．MATLAB 软件中的变量用于存放所赋的值和运算结果，有全局变量与局部变量之分．一个变量如果没有被赋值，MATLAB 会将结果存放到预定义变量 ans 之中．

例如，

```
>>x = 12                  % 将 12 赋值给变量 x
x =
   12
>>y = 3*x^2-8             % 3*x^2-8 赋值给变量 y
y =
   424
>>u = x-y;                % 将 x-y 赋值给变量 u
>>v = x+y;                % 将 x+y 赋值给变量 v
>>tan(4*u/5*v)            % 将 tan(2*u/3*v) 的值
ans =
   0.2797
```

在 MATLAB 软件中，命令行尾的分号用于抑制执行结果的屏幕显示，使运算继续进行而无回显信息．

习题 11.1

A. 基础巩固

1. 安装并打开 MATLAB 程序，熟悉 MATLAB 软件中"主页""绘图""APP"三个选项卡

的功能命令.

2. 掌握数学基本运算符及常用的数学函数.

B. 能力提升

1. 设球半径为 $r=2$,试用 MATLAB 软件求球的体积 $V=\dfrac{4}{3}\pi r^3$.

2. 假设本金 K 以每年 n 次,每次 $p\%$ 的增值率(n 与 p 的乘积为每年增值额的百分比)增加,当增加到 rK 时所花费的时间(单位:年)为

$$T=\dfrac{\ln r}{n\ln(1+0.01p)}.$$

试利用 MATLAB 软件写出该公式并用下列数据计算:$r=2, p=0.5, n=12$.

第二节 MATLAB 图形绘制

一、二维图形绘制

1. 显函数的图形绘制

MATLAB 软件提供了多种绘图函数,帮助用户生成各种类型的二维图形,如线图、散点图、条形图、柱状图、极坐标图等,其命令调用格式为

```
plot(x,y,'c1 c2...')
```

该命令绘制分别以 x 和 y 为横、纵坐标的二维曲线,c1,c2,…用来指定颜色、线型、标记等相关参数,如表 11.2.1~表 11.2.3 所示.

表 11.2.1

标记	描述	生成标记	标记	描述	生成标记	标记	描述	生成标记
"o"	圆圈	○	"—"	水平线条	—	"v"	下三角	▽
"+"	加号	+	"|"	垂直线条	|	">"	右三角	▷
"*"	星号	*	"square"	方形	□	"<"	左三角	◁
"."	点	.	"diamond"	菱形	◇	"pentagram"	五角形	☆
"x"	叉号	×	"^"	上三角	△	"hexagram"	六角形	✲

表 11.2.2

颜色名称	短名称	中文名称	颜色名称	短名称	中文名称
"red"	"r"	红色	"magenta"	"m"	品红色
"green"	"g"	绿色	"yellow"	"y"	黄色
"blue"	"b"	蓝色	"black"	"k"	黑色
"ryan"	"c"	青色	"white"	"w"	白色

表 11.2.3

线型	描述	表示线条
"-"	实线	————
"--"	虚线	- - - - - -
":"	点线	············
"-."	点划线	-·-·-·-·

小贴士

(1) title：图形标题；text：在坐标为(x,y)处添加文本；syms x：声明 x 为变量.

(2) xlabel：加 x 轴标记；ylabel：加 y 轴标记.

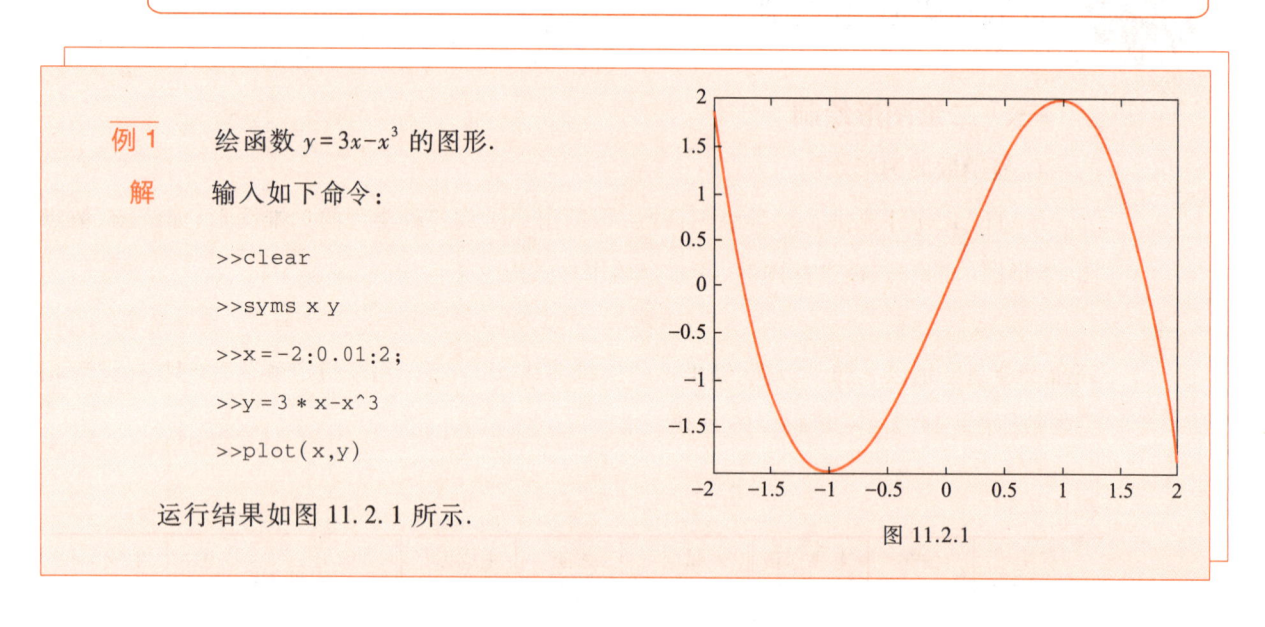

例 1 绘函数 $y=3x-x^3$ 的图形.

解 输入如下命令：

```
>>clear
>>syms x y
>>x=-2:0.01:2;
>>y=3*x-x^3
>>plot(x,y)
```

运行结果如图 11.2.1 所示.

图 11.2.1

说明：例 1 中，"x=-2:0.01:2" 是构造行向量的赋值命令，其一般形式是

"first:increment:last".

这样构造的行向量的元素成等差数列，first 是首项，last 是数列的上（下）界，increment 是公差. 若公差为 1，则可省略. 例如，

```
>>x=0:2:10
输出结果：
x= 0 2 4 6 8 10
```

```
>>x=0:5
输出结果：
x= 0 1 2 3 4 5
```

构造行向量的另一基本方法是，以左方括号开始，逐个输入元素，元素之间以空格（或逗号）分隔，以右方括号结束. 例如，

```
>>x=[0 1 3,5,6,10]
x=
0 1 3 5 6 10
```

MATLAB 可以在一个窗口内同时绘制多条曲线,其命令调用格式为

```
plot(x1,y1,'c1...'x2,y2,'c2...')
```

> **小贴士**
> (1) 多条曲线绘制常用于分段函数或不同函数之间的比较;
> (2) hold on 命令用于保留当前图形,并接受即将绘制的新图形;
> (3) hold off 命令用于不保留当前图形,绘制新图形会刷新原图形.

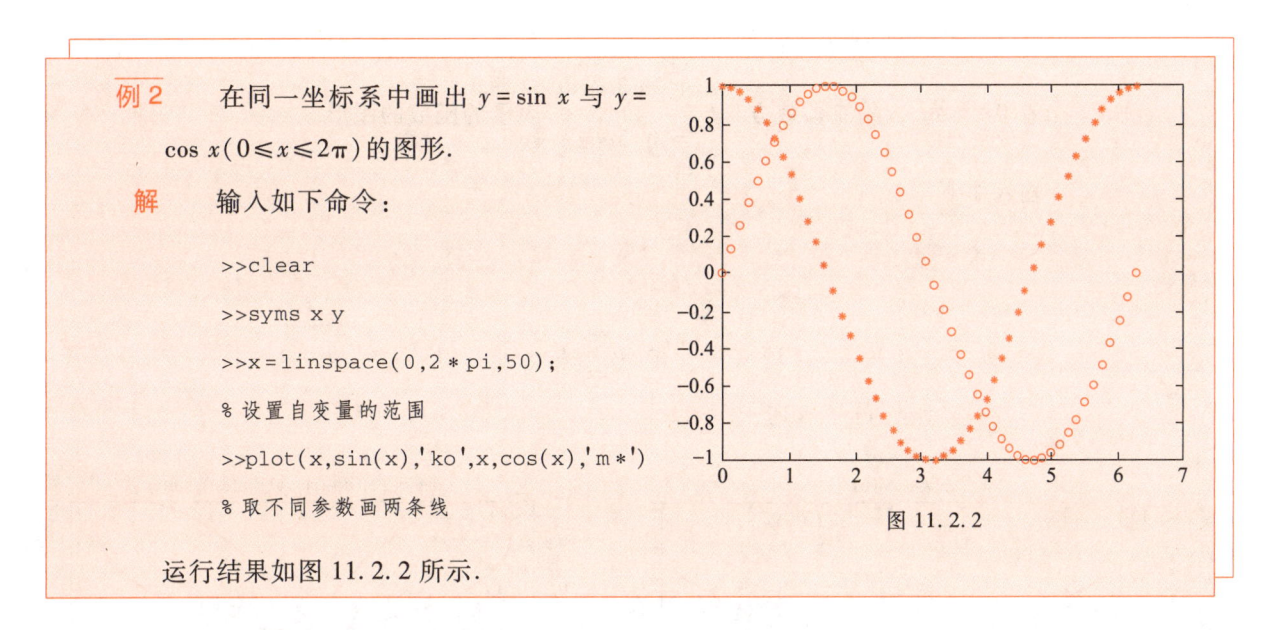

例 2 在同一坐标系中画出 $y=\sin x$ 与 $y=\cos x(0\leqslant x\leqslant 2\pi)$ 的图形.

解 输入如下命令:

```
>>clear
>>syms x y
>>x=linspace(0,2*pi,50);
% 设置自变量的范围
>>plot(x,sin(x),'ko',x,cos(x),'m*')
% 取不同参数画两条线
```

运行结果如图 11.2.2 所示.

图 11.2.2

说明:例 2 中 k 代表黑色,m 代表品红色,函数 linspace(x1,x2 xd)用来产生一个等距向量,从 x1 开始到 x2 为止,共 d 项,若省略 d,则默认是 100 项.

练一练:绘制分段函数 $y=\begin{cases}x+2, & -4<x<-1,\\ x^2, & -1\leqslant x\leqslant 1,\\ 2-x, & 1<x<4\end{cases}$ 的图像.

2. 隐函数和参数曲线的图形绘制

绘制隐函数的图像,其函数调用格式为

$$\text{ezplot('fun',[a,b])}$$

绘制参数曲线的图像,其函数调用格式为

$$\text{ezplot('funx','funy',[a,b])}$$

> **小贴士**
> (1) fun 为隐函数表达式,需用单引号界定.[a,b]用来指定自变量的取值范围,默认范围是 $[-2\pi,2\pi]$.
> (2) 用来画参数曲线时,funx,funy 是单引号界定的 $x(t)$ 和 $y(t)$ 的表达式,[a,b]是参数的取值范围,默认范围是 $[0,2\pi]$.

例3 绘制双曲线 $\dfrac{x^2}{9}-\dfrac{y^2}{4}=1$ 在区间 $[-16,16]$ 上的图形.

解 输入如下命令：

```
>>clear
>>syms x y
>>ezplot('x^2/9-y^2/4=1',[-16,16])
```

运行结果如图 11.2.3 所示.

例4 在 $0 \leqslant t \leqslant \pi$ 内绘制参数方程 $\begin{cases} x=\sin 3t\cos t, \\ y=\sin 3t\sin t \end{cases}$ 表示的函数的图形.

解 输入如下命令：

```
>>clear
>>syms x y t
>>ezplot('sin(3*t)*cos(t)','sin(3*t)*sin(t)',[0,pi])
```

运行结果如图 11.2.4 所示.

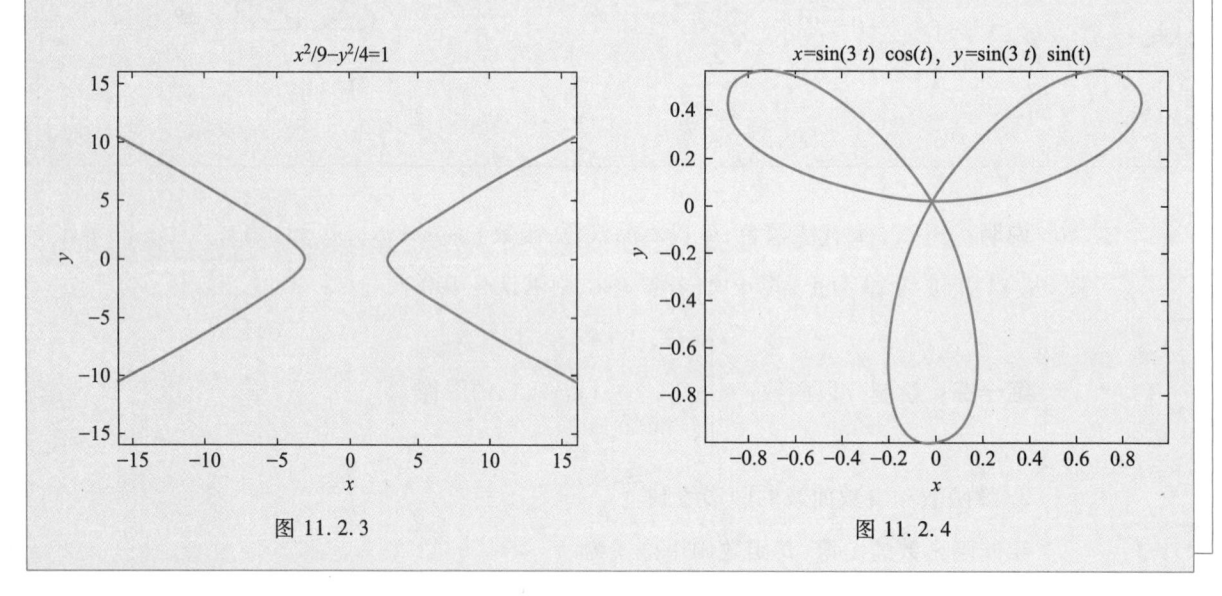

图 11.2.3

图 11.2.4

> **小贴士**
>
> 在图形绘制中 subplot(m,n,p) 命令可以将当前图形窗口分成 $m \times n$ 个绘图区，即每行 n 个，共 m 行，区号按行优先编号，且选定第 p 个区作为当前活动区.

二、三维曲线的绘制

1. 三维曲线的绘制

绘制三维曲线的图形，其函数调用格式为

```
plot3(x,y,z,'c1c2...')
```
绘制以 x 和 y 为自变量的函数 z = f(x,y) 的图形.

例5 在 $[0,10\pi]$ 上绘制参数曲线 $x=\sin t$, $y=\cos t, z=t$ 的图形.

解 输入如下命令：

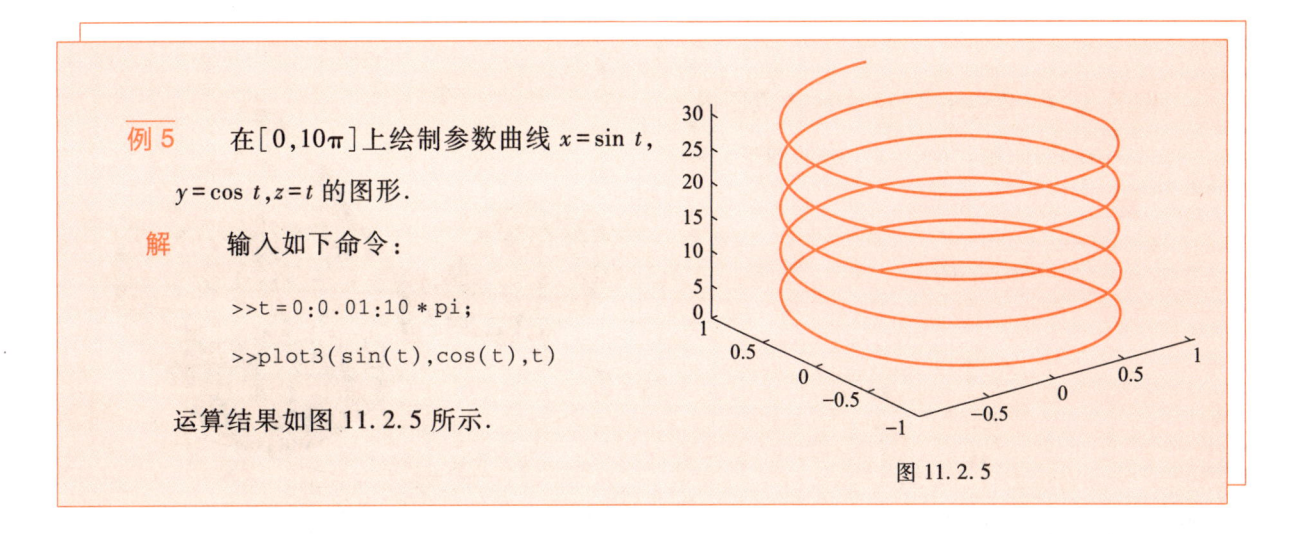

```
>>t=0:0.01:10*pi;
>>plot3(sin(t),cos(t),t)
```

运算结果如图 11.2.5 所示.

图 11.2.5

2. 三维曲面的绘制

绘制三维曲面的函数调用格式如下：

（1） mesh(x,y,z)：绘制立体网状图，其中，x,y,z 是三个数据向量或矩阵，分别表示数据点的横坐标、纵坐标和函数值；

（2） surf(x,y,z)：绘出立体曲面图，其中，x,y,z 是三个数据向量或矩阵，分别表示数据点的横坐标、纵坐标和函数值；

（3） meshgrid(x,y)：生成网络矩阵数据，在使用格式（1）和（2）之前，应将横坐标、纵坐标转化为网络矩阵数据并求得矩阵数据点处的函数值 z.

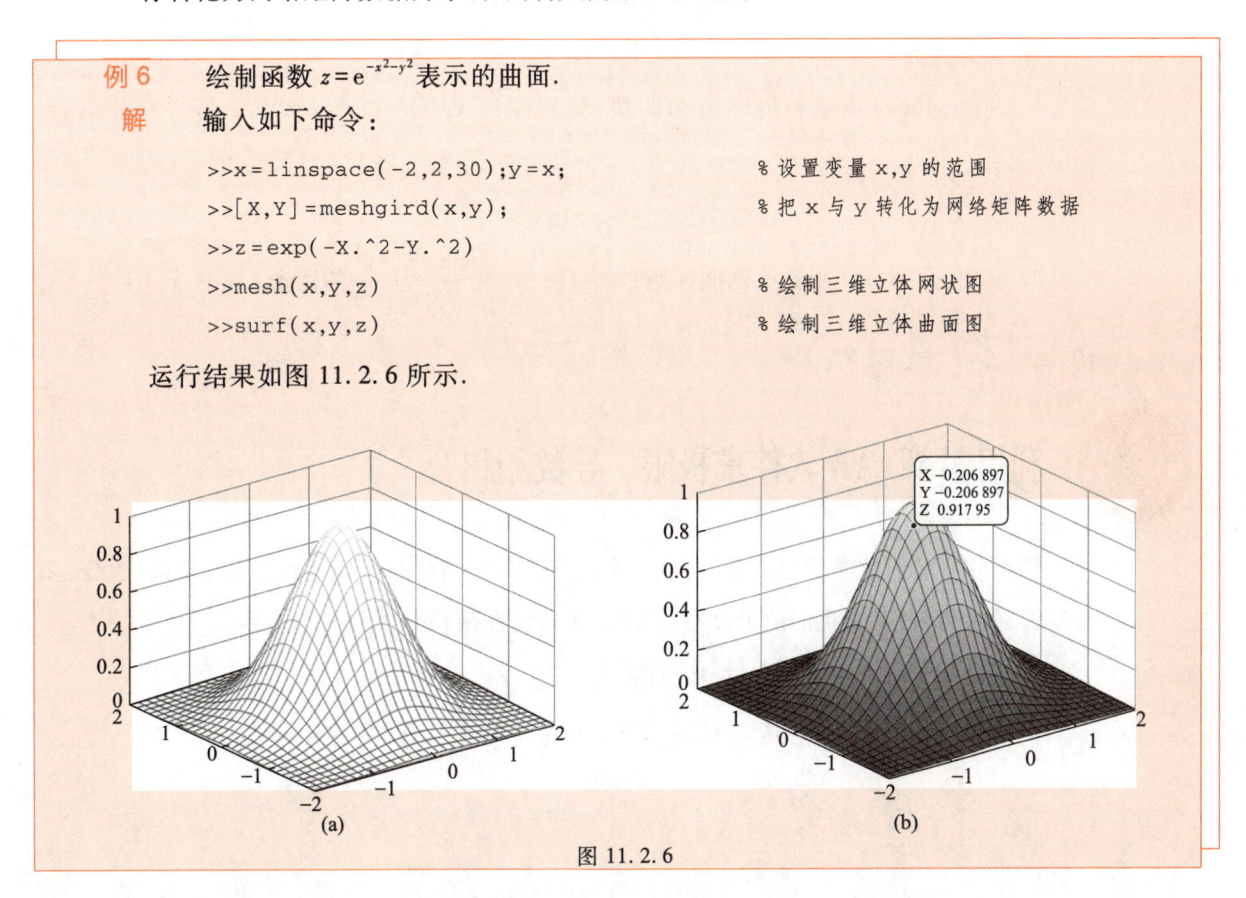

例6 绘制函数 $z=e^{-x^2-y^2}$ 表示的曲面.

解 输入如下命令：

```
>>x=linspace(-2,2,30);y=x;      % 设置变量 x,y 的范围
>>[X,Y]=meshgird(x,y);          % 把 x 与 y 转化为网络矩阵数据
>>z=exp(-X.^2-Y.^2)
>>mesh(x,y,z)                   % 绘制三维立体网状图
>>surf(x,y,z)                   % 绘制三维立体曲面图
```

运行结果如图 11.2.6 所示.

(a)　　　　　　　(b)

图 11.2.6

例 7 在 $-2 \leqslant x \leqslant 2, -2 \leqslant y \leqslant 2$ 范围内绘制双曲抛物面 $z = x^2 - y^2$ 的图形.

解 输入如下命令：

```
>>x=-2:0.1:2;
>>y=x;
>>[X,Y]=meshgrid(x,y);
>>z=X.^2-Y.^2;
>>surf(x,y,z)
```

运行结果如图 11.2.7 所示.

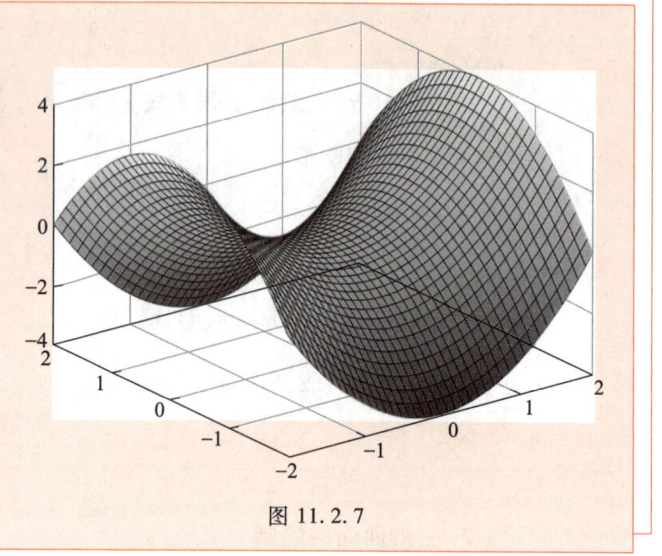

图 11.2.7

习题 11.2

A. 基础巩固

1. 在 $[0, 2\pi]$ 上，用红线绘制 $y = \sin x$ 图形，用绿圈绘制 $y = \cos x$ 图形，并加标注（包括图例、坐标轴及曲线标注）.

2. 利用 ezplot 函数绘制 $y = \dfrac{\sin x}{x} (x \in [-4\pi, 4\pi])$ 的图形.

B. 能力提升

1. 利用 subplot 函数将屏幕分为四块，分别画出 $y = \sin x, z = \cos x, a = \sin x \cos x, b = \dfrac{\sin x}{\cos x}$，并添加图形标题.

2. 利用 mesh、surf 函数绘制曲面函数 $z = f(x, y) = \dfrac{\sin \sqrt{x^2 + y^2}}{\sqrt{x^2 + y^2}}$ 的图形，其中，$x, y \in [-10, 10]$.

第三节 利用 MATLAB 软件求极限、导数和积分

微积分是高职数学学习的基本内容，利用 MATLAB 软件，可以解决极限、导数、微分、积分等方面的问题，下面我们简单介绍 MATLAB 软件在微积分中的简单应用.

一、利用 MATLAB 软件求极限

MATLAB 软件利用 limit 求函数的极限，其命令格式如表 11.3.1 所示.

表 11.3.1

函数	含义	函数	含义
limit(f)	求 $\lim\limits_{x\to 0}f(x)$	limit(f,x,a)	求 $\lim\limits_{x\to a}f(x)$
limit(f,x,a,'left')	求 $\lim\limits_{x\to a^-}f(x)$	limit(f,x,a,'right')	求 $\lim\limits_{x\to a^+}f(x)$
limit(f,x,int,'left')	求 $\lim\limits_{x\to +\infty}f(x)$	limit(f,x,int,'right')	求 $\lim\limits_{x\to -\infty}f(x)$
limit(f,x,int)	求 $\lim\limits_{x\to \infty}f(x)$		

例1 求下列函数的极限.

(1) $\lim\limits_{x\to 0}\dfrac{\sin x}{x}$; (2) $\lim\limits_{x\to +\infty}\left(1+\dfrac{1}{x}\right)^x$.

解 (1) 输入如下命令:

```
>>clear
>>syms x
>>f=sin(x)/x;
>>limit(f)
ans=1
```

(2) 输入如下命令:

```
>>clear
>>syms x
>>f=(1+1/x)^x;
>>limit(f,x,inf,'left')
ans =
    exp(1)
```

例2 求函数 $y=\begin{cases}x^2-1, & x<0,\\ x, & x\geqslant 0\end{cases}$ 在点 $x=0$ 处的左右极限.

解 输入如下命令:

```
>>syms x;
>>limit(x^2-1,x,0,'left')
ans =
    -1
>>limit(x,x,0,'right')
ans =
    0
```

第十一章 数学实验

输出结果表示为

$$\lim_{x \to 0^-} y = -1, \quad \lim_{x \to 0^+} y = 1.$$

在 MATLAB 软件中,对于极限不存在的表达式也有一些相应的结果输出,不会提示错误,例如,

```
>>syms x
>>limit(sin(x),x,x+Inf)
ans =
    NAN  % 表示极限不存在
```

再如,

```
>>limit(1/x,x,0,'right')
ans =
    Inf    % 表示函数趋近于无穷大
```

二、利用 MATLAB 软件求导数

【情境与问题】

引例　近年来,随着人工智能的发展,新能源汽车的智能化程度越来越高,自动泊车功能已成为车辆的重要智能配置之一. 观察智驾中自动泊车规划的倒车路径的关键点,如图 11.3.1 所示.

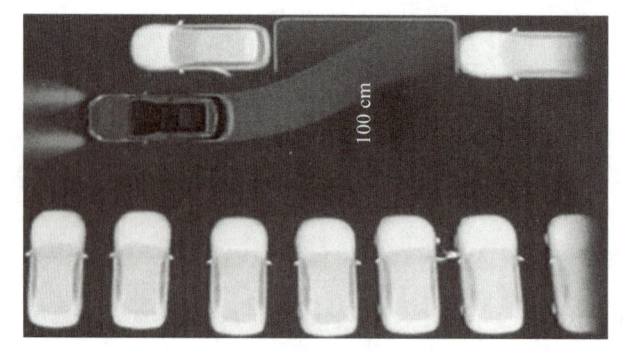

图 11.3.1

分析　自动泊车车辆转向点是区分函数凹凸区间的点,通过模拟路径曲线计算函数的拐点并且判断函数的凹凸性,即通过 MATLAB 得出拟合曲线,并对曲线求一阶、二阶导数.

MATLAB 软件利用 diff( ) 函数求导数的运算,其命令格式如表 11.3.2 所示.

表 11.3.2

函数	含义
diff(f)或 diff(f,x)	求一阶导数 $\dfrac{d}{dx}f(x)$ 或一阶偏导数 $\dfrac{\partial f}{\partial x}$
diff(f,2)或 diff(f,x,2)	求二阶导数 $\dfrac{d^2}{dx^2}f(x)$ 或二阶偏导数 $\dfrac{\partial^2 f}{\partial x^2}$
diff(f,n)或 diff(f,x,n)	求 n 阶导数 $\dfrac{d^n}{dx^n}f(x)$ 或 n 阶偏导数 $\dfrac{\partial^n f}{\partial x^n}$
diff(diff(f,x),y)	求二阶偏导数 $\dfrac{\partial^2 f}{\partial x \partial y}$

例 3 求下列导数的函数.

(1) $f(x)=\cos^3 x - \cos 3x$; (2) $f(x)=\sin(ax+b)$.

解 (1) 输入如下命令:

```
>>clear
>>syms x
>>f=(cos(x))^3-cos(3*x);
>>diff(f,x)
  ans =
     -3^cos(x)^2*sin(x)+3*sin(3*x)
```

(2) 输入如下命令:

```
>>clear
>>syms x a b
>>f=sin(a*x+b);
>>diff(f,x)
ans =
    a*cos(a*x+b)
```

练一练：求下列函数的二阶函数.

(1) $f(x)=x^n$;

(2) $f(x)=e^{2x-1}$.

例4 有一个边长为60 cm的正方形铁皮,在其四角各截去一块面积相等的小正方形,将剩下部分做成无盖铁盒.问:截去部分的小正方形边长为多少时,做出的铁盒容积最大?最大容积为多少?(见《应用数学 基础模块》112页)

解 设截去的小正方形的边长为 x cm,铁盒容积为 V cm³,则有
$$V = x(60-2x)^2 \quad (0<x<30).$$
于是,问题转化为求函数 $V=f(x)$ 在区间 $(0,12)$ 内的最大值问题.

输入如下命令:

```
>>f=@ x'-x*(60-2*x)^2;
>>[x,V]=fminbnd(f,0,30)
   x =
      10.0000
   V =
      -1.6000e+04
```

输出结果表示截去的小正方形边长为 10 cm 时,铁盒容积取得最大值,最大值为 1 600 cm³.

> **小贴士**
> fminbnd(f,a,b) 表示函数 $f(x)$ 在区间 (a,b) 上的极小值.

三、利用 MATLAB 软件求积分

MATLAB 软件利用 int 求积分,其命令格式如表 11.3.3 所示.

表 11.3.3

函数	含义
int(f,x)	对 $f(x)$ 求不定积分
int(f,x,a,b)	对 $f(x)$ 求从 a 到 b 的定积分
int(int(f,x,a,b),y,c,d)	计算重积分 $\int_c^d dy \int_a^b f(x,y) dx$

练一练:求下列函数的一个原函数.

(1) x^n;

(2) $\sec x(\sec x - \tan x)$.

例5 计算下列定积分.

(1) $\int_4^9 \sqrt{x}(1+\sqrt{x}) dx$;

(2) $\int_0^1 e^x(1+\sin x) dx$.

解 （1）输入如下命令：

```
>>clear
>>syms x
>>f=sqrt(x)*(1+sqrt(x));
>>int(f,x,4,9)
ans =
  271/6
```

（2）输入如下命令：

```
>>clear
>>syms x
>>f=exp(x)*(1+sin(x));
>>int(f,x,0,1)
ans =
exp(1)-1/2*exp(1)*cos(1)+1/2*exp(1)*sin(1)-1/2
```

当实际问题中要求求出具体数值时，可以引用 vpa 命令求出任意精度的结果，即

```
>>vpa(exp(1)-1/2*exp(1)*cos(1)+1/2*exp(1)*sin(1)-1/2,5)
ans =
  2.6276
```

例6 计算二重积分 $\iint_D x^2 y \mathrm{d}x\mathrm{d}y$，其中，积分区域 $D=\{(x,y)\,|\,0\leqslant x\leqslant 1, 3x\leqslant y\leqslant x^2+2\}$.

解 输入如下命令：

```
>>clear
>>syms x y
>>f=x^2*y;
>>y1=3*x;
>>y2=x^2+2;
>>f1=int(f,y,y1,y2);
>>int(f1,x,0,1)
ans =
  5/21
```

练一练：计算二重积分：$\int_{-1}^{2}\int_{x^2}^{x+2} 2x^2 y \mathrm{d}y\mathrm{d}x$.

习题 11.3

A. 基础巩固

1. 求下列极限.

(1) $\lim\limits_{x\to 0}\dfrac{\sqrt{1+x}-1}{x}$;

(2) $\lim\limits_{x\to 1}\dfrac{x^2-3x+2}{x-1}$;

(3) $\lim\limits_{x\to 0}\dfrac{\tan 2x}{\sin 3x}$.

2. 求函数 $y=x^4+e^{-x}$ 的三阶导数.

3. 求下列各函数的偏导数.

(1) 设 $z=(\ln x)^{xy}$,求 $\dfrac{\partial z}{\partial x},\dfrac{\partial z}{\partial y}$;

(2) 设 $e^x=xyz$,求 $\dfrac{\partial z}{\partial x},\dfrac{\partial z}{\partial y}$.

B. 能力提升

1. 计算下列定积分.

(1) $\displaystyle\int_0^1 \dfrac{xe^x}{(1+x)^2}dx$;

(2) $\displaystyle\int_0^1 \sqrt{(1-x^2)^3}\,dx$.

2. 新能源汽车通过电控系统精确控制电机的转速和扭矩,使电动车能够实现更为智能化的动力输出.智能汽车在山路行驶中存在电池能量储存的变化,上坡会消耗电池能量,而下坡会储存电池能量.假设电池能量消耗函数曲线为 $y=x^3-3x^2+2$,利用 MATLAB 软件绘制函数的曲线,并求函数的拐点.

第四节 利用 MATLAB 软件求解微分方程

【情境与问题】

逻辑斯蒂(Logistic)方程是数学生物学家韦吕勒提出的著名的人口增长模型,为马尔萨斯人口模型的推广,它是一个广泛应用于多领域的数学模型.以小树的增长为例,该模型描述了树生长速度的特性:小树初期生长缓慢,随后加速,达到某一高度后生长速度趋于稳定并逐步减慢.这一生长过程既不完全取决于树当前的高度,也不完全取决于树当前高度与最大高度之差,而是假定生长速度与这两者均成正比.

设树生长的最大高度为 H(单位:m),在 t(单位:年)时的高度为 $h(t)$,则有

$$\dfrac{dh(t)}{dt}=kh(t)[H-h(t)], \tag{11.4.1}$$

其中,$k>0$ 是比例常数.这个方程为逻辑斯蒂方程.它是可分离变量的一阶常微分方程.式(11.4.1)分离变量,得

$$\dfrac{dh}{h(H-h)}=k\,dt.$$

两边积分,得
$$\int \frac{\mathrm{d}h}{h(H-h)} = \int k\mathrm{d}t,$$

所以
$$\frac{1}{H}[\ln h - \ln(H-h)] = kt + C_1 \quad 或 \quad \frac{h}{H-h} = \mathrm{e}^{kHt+C_1H} = C_2\mathrm{e}^{kHt}.$$

因此,所求的通解为
$$h(t) = \frac{C_2 H \mathrm{e}^{kHt}}{1 + C_2 \mathrm{e}^{kHt}} = \frac{H}{1 + C\mathrm{e}^{-kHt}}$$

其中,$C\left(C = \dfrac{1}{C_2} = \mathrm{e}^{-C_1 H} > 0\right)$ 是正常数.

函数 $h(t)$ 的图形如图 11.4.1 所示,它是一条典型的逻辑斯蒂曲线.因它的形状像 S,故一般也称为 S 曲线.可以看到,它基本符合树的生长特点.另外还可以算得
$$\lim_{t \to +\infty} h(t) = H.$$

这说明树的生长有一个限制,因此也称为限制性增长模式.

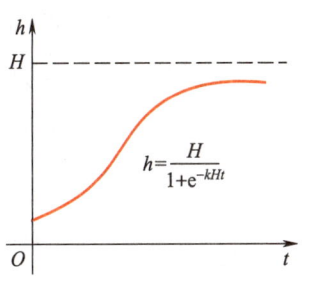

图 11.4.1

MATLAB 软件利用 dsolve() 函数求微分方程的解,其命令调用格式如下.

通解:dsolve('方程1','方程2',…'方程n','自变量')

特解:dsolve('方程1','方程2',…'方程n','初始条件','自变量')

在 MATLAB 软件中,用大写字母 D 表示微分方程的导数.例如,Dy 表示 y';D2y 表示 y'';D2y+Dy+ X-10=0 表示微分方程 $y'' + y' + x - 10 = 0$;Dy(0) = 3 表示 $y'(0) = 3$;D2y=0 表示 $\dfrac{\mathrm{d}^2 y}{\mathrm{d}x^2} = 0$. 任何 D 后所跟的字母为因变量,自变量可以指定或由系统规则选定为默认,默认自变量是 t.

例 1　求解微分方程 $\dfrac{\mathrm{d}y}{\mathrm{d}x} + 2xy = x\mathrm{e}^{-x^2}$,并加以验证.

解　输入如下命令:

```
>>syms x y                                    % line1
>>y=dsolve('Dy+2*x*y=x*exp(-x^2)','x');       % line2
>>diff(y,x)+2*x*y-x*exp(-x^2);                % line3
>>simplify(diff(y,x)+2*x*y-x*exp(-x^2))       % line4
```

说明:

(1) 行 line1 是用命令定义 x,y 为符号变量.这里可以不写,但为确保正确性,建议写上;

（2）行 line2 是用命令求出微分方程的解：

1/2 * exp(-x^2) * x^2+exp(-x^2) * C1

（3）行 line3 是使用所求得的解，这里是将解代入原微分方程，结果应该为 0，但这里给出：

-x^3 * exp(-x^2)-2 * x * exp(-x^2) * C1+2 * x * (1/2 * exp(-x^2) * x^2+exp(-x^2) * C1)

（4）行 line4 用 simplify( )（simple( )）函数对上式进行化简，结果为 0，表明 $y=y(x)$ 的确是微分方程的解.

例 2 求微分方程 $xy'+y-e^x=0$ 的通解，再求在初始条件 $y(1)=2e$ 下的特解，并画出特解函数的图形.

解 输入如下命令：

```
>>syms x y
>>y=dsolve('x*Dy+y-exp(x)=0','x')
y=-(C1 - exp(x))/x
```

求特解的两个方法：

法一
```
>>y=dsolve('x*Dy+y-exp(x)=0','y(1)=2*exp(1)','x')
y=(exp(x)+exp(1))/x
```

法二
```
>> C1=solve(2*exp(1)==-C1+exp(1),C1)
C1 =-exp(1)
>>y=(exp(x)+exp(-x^2)
(exp(x)+exp(1))/x
ezplot(y)
```

例 3 求微分方程组 $\begin{cases}\dfrac{dx}{dt}+5x+y=e^t,\\ \dfrac{dy}{dt}-x-3y=0\end{cases}$ 在初始条件 $x|_{t=0}=1, y|_{t=0}=0$ 下的特解，并画出解函数的图形.

解 输入如下命令：

```
>>syms x y t
>>[x,y]=dsolve('Dx+5*x+y=exp(t)','Dy-x-3*y=0','x(0)=1','y(0)=0','t')
>>a=dsolve('Dx+5*x+y=exp(t)','Dy-x-3*y=0','x(0)=1','y(0)=0','t');
>>x=a.x
>>y=a.y
>>simplify(x);
>>simplify(y);
>>ezplot(x,y,[0,1.3]);
>>axis auto   % 坐标刻度选默认值
```

练一练： 先求微分方程 $\begin{cases}\dfrac{d^2y}{dx^2}+4\dfrac{dy}{dx}+29y=0,\\ y(0)=0, y'(0)=15\end{cases}$ 的通解，再求微分方程的特解．

习题 11.4

A. 基础巩固

1. 求下列微分方程的解．

(1) $y'=ay+b$；

(2) $y''=\sin(2x)-y, y(0)=0, y'(0)=1$；

(3) $(x^2-1)y'+2xy-\sin x=0$．

2. 求解微分方程初值问题 $\begin{cases}\dfrac{dy}{dx}=-2y+2x^2+2x,\\ y(0)=1\end{cases}$ 的数值解，求解范围为区间 $[0,15]$．

B. 能力提升

朴树，为大麻科朴属落叶乔木，分布于中国的淮河流域、秦岭以南至华南各省区等地，一般最大生长高度为 10 m．现假设有一棵朴树初始高度 h_0 为 1 m，生长的最大高度为 10 m，在 t 年时的高度为 $h(t)$，生产情形满足逻辑斯蒂方程 $\dfrac{dh(t)}{dt}=kh(t)[H-h(t)]$，其中，$k=0.1$ 是比例常数，请用此模型预测该朴树 0~20 年的生长情形．

第五节 MATLAB 软件在线性代数中的应用

【情境与问题】

（人口迁徙模型） 设在一个大城市中的总人口是固定的，但人口的分布则因居民在市区和郊区之间迁徙而变化．每年大约有 6% 的市区居民搬到郊区居住，2% 的郊区居民搬到市区居住．假如开始时有 30% 的居民住在市区，70% 的居民住在郊区，问：10 年后市区和郊区的居民人口比例是多少？30 年后、50 年后呢？

分析 这个问题利用矩阵的运算来求解，把人口变量用市区和郊区两个分量表示，即 $x_k=\begin{bmatrix}x_{sk}\\ x_{jk}\end{bmatrix}$，其中，$x_{sk}$ 为市区人口所占比例，x_{jk} 为郊区人口所占比例，k 表示年份的次序．

在 $k=0$ 时，初始状态

$$x_0=\begin{pmatrix}x_{s0}\\ x_{j0}\end{pmatrix}=\begin{pmatrix}0.3\\ 0.7\end{pmatrix}.$$

在 $k=1$ 时，市区人口 $x_{s1}=(1-0.02)x_{s0}+0.06x_{j0}$，郊区人口 $x_{j1}=0.02x_{s0}+(1-0.06)x_{j0}$，用

矩阵乘法来描述,可写成

$$x_1 = \begin{pmatrix} x_{c1} \\ x_{s1} \end{pmatrix} = \begin{pmatrix} 0.94 & 0.02 \\ 0.06 & 0.98 \end{pmatrix} \begin{pmatrix} 0.3 \\ 0.7 \end{pmatrix} = Ax_0 = \begin{pmatrix} 0.2960 \\ 0.7040 \end{pmatrix}.$$

此关系可以从初始时间到 k 年,扩展为

$$x_k = Ax_{k-1} = A^2 x_{k-2} = \cdots = A^k x_0.$$

用 MATLAB 程序计算如下:

```
A=[0.94,0.02;0.06,0.98]
x0=[0.3;0.7]
x1=A*x0,
x10=A^10*x0
x30=A^30*x0
x50=A^50*x0
```

结果为

$$x_1 = \begin{pmatrix} 0.2960 \\ 0.7040 \end{pmatrix}, \quad x_{10} = \begin{pmatrix} 0.2717 \\ 0.7283 \end{pmatrix}, \quad x_{30} = \begin{pmatrix} 0.2541 \\ 0.7459 \end{pmatrix}, \quad x_{50} = \begin{pmatrix} 0.2508 \\ 0.7492 \end{pmatrix}$$

无限增加时间 k,市区和郊区人口之比将趋于一组常数 0.25/0.75,可以看出,这个过程最终会趋于一个稳态值.

一、利用 MATLAB 软件生成矩阵及矩阵的运算

1. 利用 MATLAB 软件生成矩阵

MATLAB 软件利用直接赋值法输入矩阵,其命令调用格式如下:

$$A=[a11,a12,\ldots a1n;a21,a22,\ldots a2n;\ldots;am1,am2,\ldots amn]$$

例如,在 MATLAB 环境中表示矩阵 $A = \begin{pmatrix} 1 & 2 & 3 \\ 4 & 5 & 6 \\ 7 & 8 & 0 \end{pmatrix}$ 时,则输入:

$$>>A=[1,2,3;4,5,6;7,8,0]$$

> **小贴士**
>
> (1) ">>" 为 MATLAB 的提示符,由软件自动给出,在提示符下可以输入各种各样的 MATLAB 命令;
>
> (2) 矩阵中同一行的元素用逗号或者空格隔开,不同行的用分号隔开.

例如,>> A=[1,2,3;4,5,6;7,8,0];　　　　%不显示结果,但进行赋值.

MATLAB 软件中除直接赋值法生成矩阵外,还有丰富的特殊矩阵命令函数,如表 11.5.1 所示.

表 11.5.1

函数调用格式	表示意义
ones(m,n)	生成 $m×n$ 维的元素全为 1 的矩阵
zero(m,n)	生成 $m×n$ 维的零矩阵
eye(n)	生成 n 阶的单位矩阵
randn(m,n)	生成 $m×n$ 维的标准正态分布的随机矩阵
rand(m,n)	生成 $m×n$ 维的 0~1 间均匀分布的随机矩阵
magic(n)	生成 n 阶魔方矩阵
pascal(n)	生成 n 阶的对称正定帕斯卡(Pascal)矩阵
vander(v)	生成以向量 v 为基础向量的范德蒙矩阵

2. 矩阵的运算

MATLAB 软件针对矩阵的四则运算、逆运算等均有命令函数,如表 11.5.2 所示.

表 11.5.2

矩阵运算	表示意义
A'	求矩阵 A 的转置矩阵
A+B	求矩阵 A 与 B 的和
A−B	求矩阵 A 与 B 的差
k∗A 或 A∗k	求实数 k 与矩阵 A 的积
A∗B	求矩阵 A 和 B 的积
A.∗B	求同型矩阵 A 和 B 对应元素相乘后的矩阵,成为向量的点乘运算 类似地还有点除运算(./)、点乘方运算(.^)等
det(A)	求方阵 A 的行列式
inv(A)	求矩阵 A 的逆矩阵
inv(A)∗B	解矩阵方程 $AX=B$
A\B	解矩阵方程 $AX=B$
D∗inv(C)	解矩阵方程 $XC=D$

练一练:(1) 设 $A=\begin{pmatrix} 1 & 2 & 0 \\ 2 & 5 & -1 \\ 4 & 10 & -1 \end{pmatrix}$,求 A 的行列式;

(2) 设 $x=(3,10,5,6,19)$,$y=(6,2,9,12,9)$,求 $z=x+y$;

(3) 设 $x=\begin{pmatrix} 1 & 3 \\ 4 & 6 \end{pmatrix}$,$y=\begin{pmatrix} 6 & 1 \\ 9 & 3 \end{pmatrix}$,求 $z=xy$;

(4) 设 $x=\begin{pmatrix} 1 & 3 \\ 4 & 6 \end{pmatrix}$,$y=\begin{pmatrix} 6 & 1 \\ 9 & 3 \end{pmatrix}$,求 $z=x\backslash y$;

（5）设 $A = \begin{pmatrix} 1 & 2 & 0 \\ 2 & 5 & -1 \\ 4 & 10 & -1 \end{pmatrix}$，求 A 的逆矩阵.

> **小贴士**
>
> MATLAB 软件利用函数 rank( ) 求矩阵的秩. 例如,
>
> A=[1,2,0;2,5,-1;4,10,-1];
> B=rank(A).
>
> 输出结果为
>
> B = 3

例1 求矩阵 $A = \begin{pmatrix} 2 & 1 & 0 \\ 1 & 1 & 0 \\ 2 & -3 & 5 \end{pmatrix}$ 的逆矩阵.

解 输入如下命令：

```
>>A=[2 1 0;1 1 0;2 -3 5];
>>B=inv(A)
B =
    1.0000   -1.0000         0
   -1.0000    2.0000         0
   -1.0000    1.6000    0.2000
```

所以 A 的逆矩阵为

$$B = \begin{pmatrix} 1 & -1 & 0 \\ -1 & 2 & 0 \\ -1 & 1.6 & 0.2 \end{pmatrix}.$$

例2 已知矩阵 $A = \begin{pmatrix} 3 & 4 \\ -2 & -3 \end{pmatrix}$，$B = \begin{pmatrix} 2 \\ -1 \end{pmatrix}$，解矩阵方程 $AX = B$.

解 输入如下命令：

```
>>A=[3 4;-2 -3];
>>B=[2;-1];
>>inv(A)*B
ans =
    2.0000
   -1.0000
```

或

```
>>A/B
ans =
    2.0000
   -1.0000
```

所得矩阵方程的解为 $X = \begin{pmatrix} 2 \\ -1 \end{pmatrix}$.

二、利用 MATLAB 软件解线性方程组

考虑下面给出的线性方程组:

$$AX = B.$$

其中, A 和 B 均为给定的矩阵. 这里可以不加证明地给出线性方程组有解的判定定理:

(1) 当 $m = n$, 且 $\mathrm{rank}(A) = n$ 时, 方程组 $AX = B$ 有唯一解:

$$X = A^{-1}B.$$

为了方便起见, 我们将 A 的增广矩阵记为 C, 用 MATLAB 语言可以立即得出该方程的解为

$$X = \mathrm{inv}(A) * B.$$

例 3 求线性方程组 $\begin{cases} x_1 + 2x_2 - 3x_3 = 13, \\ 2x_1 + 3x_2 + x_3 = 4, \\ 3x_1 - x_2 + 2x_3 = -1, \\ x_1 - x_2 + 3x_3 = -8. \end{cases}$

解 输入如下命令:

```
>>A=[1,2,-3;2,3,1;3,-1,2;1,-1,3];
>>B=[13;4;-1;-8];
>>C=[A   B];
>>rank(A),    rank(C)
```

通过检验秩的方法得出矩阵 A 和 C 的秩相同, 都等于 3, 与未知量的个数相同, 由此可知方程组有唯一解.

(2) 当 $\mathrm{rank}(A) = \mathrm{rank}(C) = r < n$ 时, 方程组 $AX = B$ 有无穷多解, 可以构造出线性方程组的 $n-r$ 个自由向量 $x_i (i=1, 2, \cdots, n-r)$, 原方程组对应的齐次方程组的解 x 可由 x_i 的线性组合来表示, 在 MATLAB 语言中可由 null( ) 函数直接求出, 其调用格式为

$$Z = \mathrm{null}(\mathrm{sym}(A)).$$

例4 求解线性方程组 $\begin{cases} x_1+2x_2+3x_3+4x_4=1, \\ 2x_1+2x_2+x_3+x_4=3, \\ 2x_1+4x_2+6x_3+8x_4=2, \\ 4x_1+4x_2+2x_3+2x_4=6. \end{cases}$

解 输入如下命令:

```
>>A=[1,2,3,4;2,2,1,1;2,4,6,8;4,4,2,2];
B=[1;3;2;6];
C=[A  B];
rank(A), rank(C)
```

通过检验秩的方法得出矩阵 A 和 C 的秩相同,都等于 2,小于未知量的个数 4,由此可知,原线性方程组有无穷多解. 为了求原方程组的解,可以先求出化零空间 Z,并得出满足方程组的一个特解 x_0.

```
>> Z=null(sym(A))          % 解出规范化的化零空间
x0 = sym(pinv(A)) * B      % 得出一个特解
syms a1 a2;
x = z * [a1; a2]+x0
E=A * x-B
C=[A  B];    D=rref(C)
```

于是得出

$$D = \begin{pmatrix} 1 & 0 & -2 & -3 & 2 \\ 0 & 1 & 2.5 & 3.5 & -0.5 \\ 0 & 0 & 0 & 0 & 0 \\ 0 & 0 & 0 & 0 & 0 \end{pmatrix}.$$

若选择任意数值 $x_3=b_1, x_4=b_2$,这样方程的通解为

$$\begin{cases} x_1 = 2b_1+3b_2+2, \\ x_2 = -2.5b_1-3.5b_2-0.5, \end{cases}$$

可以验证,这样得出的解满足原方程组.

(3) 若 $\text{rank}(A)<\text{rank}(C)$,则方程组 $AX=B$ 无解.

例5 如果将例 4 中的常数项矩阵改成 $B=(1,2,3,4)^T$,则线性方程组的解有什么变化?

解 将例 4 中的命令修改如下:

```
>>B=[1:4];
C=[A  B];
rank(A),  rank(C)
```

这样,$\text{rank}(A)=2 \neq \text{rank}(C)=3$,故原方程组无解.

习题 11.5

A. 基础巩固

1. 设 $A = \begin{pmatrix} 1 & 2 & 0 \\ 2 & 5 & -1 \\ 4 & 10 & -1 \end{pmatrix}$,求:(1) $|A|$;(2) $r(A)$.

2. 已知矩阵 $C = \begin{pmatrix} 1 & -2 \\ 3 & 2 \end{pmatrix}$,$D = \begin{pmatrix} 1 & 3 \\ 2 & 0 \end{pmatrix}$,解矩阵方程 $XC = D$.

3. 设 $A = \begin{pmatrix} 2 & 1 & -5 & 1 \\ 1 & -3 & 0 & 6 \\ 0 & 2 & -1 & 2 \\ 1 & 4 & -7 & 6 \end{pmatrix}$,求 A^{-1}.

B. 能力提升

1. 设 $A = \begin{pmatrix} 1 & 0 & -1 & 3 \\ 2 & -1 & 1 & 4 \\ 3 & 2 & 1 & 0 \end{pmatrix}$,$B = \begin{pmatrix} 2 & -1 & 0 & 4 \\ 1 & -3 & 2 & 0 \\ -3 & 2 & 5 & 7 \end{pmatrix}$,$C = \begin{pmatrix} 1 & 2 \\ -2 & 0 \\ 3 & 8 \\ -5 & -7 \end{pmatrix}$,求 $(A+3B)C$ 的值.

2. (维修点的设置)为适应日益扩大的旅游事业的需要,某城市的甲、乙、丙三个照相馆组成一个联营部,联合经营出租相机的业务. 游客可由甲、乙、丙三处任何一处租出相机,用完后,还在三处中的任意一处即可. 表 11.5.3 给出了租与还相机地点的转移概率,如其中 0.3 表示从丙处租相机的游客大约 30% 会还到乙处. 现计划在三个照相馆中选择一个附近设立相机维修点,问:维修点应设在哪一个照相馆附近?

表 11.5.3

		还相机处		
		甲	乙	丙
租相机处	甲	0.2	0.8	0
	乙	0.8	0	0.2
	丙	0.1	0.3	0.6

第六节 MATLAB软件在概率统计中的简单应用

一、常见分布的概率计算

1. 离散型随机变量的分布

常见离散型随机变量分布包括二项分布、泊松分布、几何分布等,MATLAB软件中提供了分析各种离散型随机变量的函数,其命令调用格式如表11.6.1所示.

表 11.6.1

函数名	对应的分布	分布列	调用格式
binopdf	二项分布	$y=f(x,n,p)=C_n^x p^x q^{(1-x)}$	Y = binopdf(X,N,P)
poisspdf	泊松分布	$y=f(x,\lambda)=\dfrac{\lambda^x}{x!}e^{-\lambda}$	Y = poisspdf(X,LAMBDA)

> **小贴士**
> (1) 二项分布 Y = binopdf(X,N,P) 中,N 为试验次数,P 为事件发生的概率,x 为事件发生的次数;
> (2) 泊松分布 Y = poisspdf(X,LAMBDA) 中,LAMBDA 等于 np,X 为事件发生的次数.

例 1 按规定,某种型号电子元件的使用寿命超过 1500 h 的为一级品.已知某一大批产品的一级品率为 0.2,现从中随机地抽查 20 只,问:20 只元件中恰有 k 只($k=0,1,2,\cdots,20$)为一级品的概率是多少?

解 根据题意,假设 X 为 20 只元件中一级品的个数,则 X 是一个服从二项分布的随机变量,且 $X \sim B(20,0.2)$.

输入以下命令:

```
>>function same1
X = 1:21
for k = 1:21
    y(k) = binopdf(k-1,20,0.2);
end
y
```

保存该文件以后,输入如下命令:

```
>>same1
Y =
Columns 1 through 8
0.0115   0.0576   0.1369   0.2182   0.1746   0.1091   0.0545
Columns 9 through 16
0.0222   0.0074   0.0020   0.0005   0.0001   0.0000   0.0000
Columns 17 through 21
0.0000   0.0000   0.0000   0.0000   0.0000
```

例2 已知一电话总机每分钟收到呼唤的次数服从参数为4的泊松分布. 求：

(1) 某一分钟恰好收到8次呼唤的概率；

(2) 某一分钟收到的呼唤次数大于3的概率.

解 设 X 为某一分钟收到的呼唤次数，则 $X \sim P(4)$. 收到的呼唤次数大于3的概率等于1减去收到的呼唤次数为 0~3 的概率.

输入如下命令：

```
>>function same2
lambda = 4;         % 参数 lambda
k_vals = 0:3;       % 取值范围从 0 到 3
p = 1-sum(poisspdf(k_vals,lambda));
disp(p);
end
```

保存该文件以后，在命令窗口输入如下命令：

```
>>same2
p8 =          p =
0.0298        0.5665
```

因此，某一分钟恰好收到8次呼唤的概率为0.0298，某一分钟收到的呼唤次数大于3的概率为0.5665.

2. 连续型随机变量的分布

常见连续型随机变量分布包括均匀分布、指数分布和正态分布等. MATLAB 中提供了分析各种连续型随机变量的函数，其命令调用格式如表 11.6.2 所示.

表 11.6.2

函数名	累加函数对应的分布	调用格式
weibcdf	均匀分布	P = unifcdf(X,A,B)
expcdf	指数分布	P = expcdf(X,MU)
rormcdf	正态分布	P = normcdf(X,MU,SIGMA)

小贴士

(1) 均匀分布 Y = unifpdf(X,A,B) 中，A，B 为参数，A<B，X 介于 A 和 B 之间；

(2) 指数分布 Y = exppdf(X,MU) 中，MU 为参数，X 为指定的位置；

(3) 正态分布 Y = normpdf(X,MU,SIGMA) 中，MU 和 SIGMA 为参数，X 为指定的位置.

例3 设随机变量 X 的概率分布密度函数为

$$f(x) = \begin{cases} 2(1-1/x^2), & 1 \leq x \leq 2, \\ 0, & 其他. \end{cases}$$

求 X 的分布函数 $F(x)$.

解 当 $1 \leq x \leq 2$ 时,X 的分布函数为

$$F(x) = \int_1^x f(t) \, dt.$$

输入以下命令:

```
>>function same3
syms x;
result=int(2 - 2/x^2);
disp(result);
end
```

保存该文件后,在命令窗口输入以下命令:

```
>>same3
ans =
2*X+2/X
```

因此当 $1 \leq x \leq 2$ 时,

$$F(x) = 2x + \frac{2}{x} - (2 \times 1 + 2) = 2(x + 1/x - 2).$$

所以 X 的分布函数为

$$F(x) = \begin{cases} 0, & x<1, \\ 2\left(x + \dfrac{1}{x} - 2\right), & 1 \leq x \leq 2, \\ 1, & x>2. \end{cases}$$

例4 求某矿山发生导致10人或10人以上死亡的事故的频繁程度,已知相继两次事故之间的时间 T(单位:天)服从指数分布,其概率分布密度函数为

$$f_T(t) = \begin{cases} \dfrac{1}{240} e^{-t/240}, & t>0, \\ 0, & 其他. \end{cases}$$

求两次事故之间的时间 T 在 50 天到 100 天之间的概率.

解 $P\{50 < T < 100\} = \int_{50}^{100} \dfrac{1}{240} e^{-t/240} dt.$

输入以下命令:

```
function same4
syms x;
result=int(1/240*exp(-x/240),x,50,100);
disp(result);
end
```

保存文件后,在命令窗口输入以下命令:

```
>>same4
p =
exp(-5/24)-exp(-5/24).
```

例5 由某机器生产的螺栓的长度(单位:cm)服从参数为 $\mu=10.05, \sigma=0.06$ 的正态分布,规定长度在范围 10.05 ± 0.12 内为合格品. 求某一螺栓为不合格品的概率.

解 $P=\{9.93<x<10.17\}=\int_{9.93}^{10.17}\frac{1}{\sqrt{2\pi}\times 0.06}e^{\frac{(x-10.05)^2}{2\times 0.06^2}}dx.$

输入以下命令:

```
>>function same5
syms x;
fx=x;      % 假设 fx 是一个已知的表达式,这里以 x 为例
result=1 - int(fx,x,9.93,10.17);
disp(result);
end
```

保存该文件以后,在命令窗口输入以下命令:

```
>>same5
P =
1-5/157*erf(2^(1/2))*157^(1/2)*pi^(1/2)*2^(1/2)
```

因此,$P=0.0453$,所以某一螺栓为不合格品的概率为 0.0453.

二、随机变量数字特征的计算

1. 数学期望

1) 离散型随机变量的数学期望

例6 根据客车到站情况,某乘客候车时间的概率分布如表 11.6.3 所示.

表 11.6.3

X	10	30	50	70	90
p_k	1/2	1/3	1/36	1/12	1/18

求该乘客的候车时间的数学期望.

解 根据离散型随机变量数学期望的定义,输入以下命令:

```
>>function same6
X=[10,30,50,70,90];
p=[1/2  1/3  1/36  1/12  1/18];    % 检查X和p的长度是否一致
if length(X) ~= length(p)
    error('X 和 p 的长度不一致 .');
end
EX=sum(X.*p);
disp(EX);
end
```

保存该文件以后,在命令窗口输入以下命令:

```
>>same6
EX =
27.2222
```

因此,该乘客的候车时间的数学期望是 27.2222.

2) 连续性随机变量的数学期望

例7 设随机变量 X 服从参数为 a,b 的均匀分布,求 $E(X)$.

解 根据题意,X 的概率分布密度函数为

$$f(x)=\begin{cases}\dfrac{1}{b-a}, & a<x<b,\\ 0, & \text{其他}.\end{cases}$$

根据连续型随机变量数学期望的定义,X 的数学期望为

$$E(X)=\int_a^b \dfrac{x}{b-a}\mathrm{d}x.$$

输入如下命令:

```
>>function same7
syms x a b;        % 注意这里应该同时声明三个符号变量
result=simplify(int(x/(b-a),x,a,b));
disp(result);
end
```

保存该文件以后,在命令窗口输入如下命令:

```
>>same7
ans=1/2*a+1/2*b
```

因此,服从参数 a,b 的均匀分布的数学期望:$E(X)=\dfrac{a+b}{2}$.

2. 方差

设 X 是一个随机变量,若 $E\{[X-E(X)]\}^2$ 存在,则称 $E\{[X-E(X)]\}^2$ 为 X 的方差,记为 $D(X)$,即 $D(X)=E\{[X-E(X)]^2\}=E(X^2)-[E(x)]^2$.

> **例 8** 设随机变量 X 服从参数为 a,b 的均匀分布,求 $D(X)$.
>
> **解** X 的概率分布密度函数为
>
> $$f(x)=\begin{cases}\dfrac{1}{b-a}, & a<x<b, \\ 0, & \text{其他}.\end{cases}$$
>
> 由例 7,得 $E(X)=\dfrac{a+b}{2}$,所以方差为
>
> $$D(X)=E(X^2)-[E(x)]^2=\int_a^b x^2\dfrac{1}{b-a}\mathrm{d}x-\left(\dfrac{a+b}{2}\right)^2.$$
>
> 输入如下命令:
>
> ```
> >>function same8
> syms x a b;
> integral_result = simplify(int(x*x/(b - a),x,a,b));    % 计算积分
> mean_square = ((a+b)/2)^2;                             % 计算((a+b)/2)^2
> result = simplify(integral_result-mean_square);        % 相减并化简
> disp(result);
> end
> ```
>
> 保存文件后,在 MATLAB 命令窗口输入如下命令:
>
> ```
> >>same8
> ans =
>  (a-b)^2/12
> ```

习题 11.6

A. 基础巩固

1. 随机抽取 6 个滚珠测得直径数据(单位:mm)如下:

$$14.70,\quad 15.21,\quad 14.90,\quad 14.91,\quad 15.32,\quad 15.32.$$

试求样本均值.

2. 已知随机变量 X 的概率分布密度函数为 $f(x)=\begin{cases}3x^2, & 0<x<1, \\ 0, & \text{其他}.\end{cases}$ 求 $E(X)$ 和 $E(4X-1)$.

3. 求参数为 7 的泊松分布的期望和方差.

B. 能力提升

按规定,某型号的电子元件的使用寿命超过 1500 h 为一级品,已知某样品 20 只,一级品率为 0.2,问:样品中一级品元件数量的期望和方差为多少?

第七节 利用 MATLAB 软件求级数运算

【情境与问题】

引例 巴塞尔问题是由意大利数学家蒙哥利在 1644 年提出的,主要内容是求自然数平方的倒数之和,即求级数 $\sum_{n=1}^{\infty}\frac{1}{n^2}=1+\frac{1}{2^2}+\frac{1}{3^2}+\frac{1}{4^2}+\cdots$,许多数学家都对这个问题展开了研究,其中包括雅各布·伯努利等著名数学家,最终是由瑞士数学家莱昂哈德·欧拉在 1735 年成功解决了巴塞尔问题. 欧拉的解法非常巧妙,他运用了三角函数的一些性质以及类比、猜测等创新性的思维方式.

一、级数求和

收敛的数项级数和函数项级数均有求和问题. MATLAB 软件利用 symsum( ) 函数求级数的和,巴塞尔问题命令调用格式如下:

$$\mathrm{symsum}(1/k^2,\mathrm{inf})$$

例1 求级数 $1+2+3+\cdots+(k-1)$ 的和.

解 输入如下命令:

```
>>clear
>>syms k
>>symsum(k)
ans =
 1/2 * k^2-1/2 * k
```

练一练:$1+2+3+\cdots+(k-1)+\cdots$ 的和.

小贴士

字符 inf 表示无穷大,说明此级数是发散的. 因此,可以用函数 symsum( ) 来判断常数项级数的敛散性.

例 2 求幂级数 $\sum_{n=0}^{\infty} \dfrac{x^n}{n+1}$ 的和函数.

解 输入如下命令:

```
>>clear
>>syms x n
>>symsum( x^n/(n+1),n,0,inf)
ans =
   -1/x * log(1-x)
```

二、函数的幂级数

MATLAB 软件利用 taylor( ) 函数进行泰勒展开,其命令调用格式如下:

```
taylor(f,n)          % 给出函数 f(x)在点 x=0 处的 n 阶麦克劳林展开式
taylor(f,n,a)        % 给出函数 f(x)在点 x=a 处的泰勒展开式中的前面 n 个非零项
```

例 3 将函数 $f(x)=\dfrac{1}{x^2}$ 展开为关于 $x-2$ 的最高次为 4 的幂级数.

解 输入如下命令:

```
>>syms x
>>f=1/x^2;
>>taylor(f,4,x,2);
>>pretty(taylor( f,4,x,2))
ans =
   3/4-1/4x+3/16(x-2)²-1/8(x-2)
```

例 4 将函数 $f(x)=e^x$ 展开成 5 阶麦克劳林级数(即 $x_0=0$),并在点 $x_0=1$ 的 x 展开到前 5 个非零项.

解 输入如下命令:

```
>> clear
>> syms x n
>> taylor(exp( x),5)
 ans =
     1+x+1/2 * x^2+1/6 * x^3+1/24 * x^4
>> taylor(exp( x),5,1)
ans =
exp(1)+exp(1) * ( x-1)-1/2 * exp(1) * ( x-1)^2-1/6 * exp(1) * ( x-1)^3+1/24 * exp(1) * ( x-1)^4
```

习题 11.7

A. 基础巩固

1. 求下列级数的和.

(1) $\sum_{n=0}^{\infty} \frac{2^{n-1}}{2^n}$； (2) $\sum_{n=1}^{\infty} \sin \frac{\pi}{4^n}$.

2. 求下列函数在指定点处的泰勒级数.

(1) $f(x)=\ln(5+x)$ 在点 $x=0$ 处展开成 3 阶的泰勒级数；

(2) $f(x)=\frac{1}{3-x}$ 在点 $x=2$ 处展开成 12 阶的泰勒级数.

B. 能力提升

求函数 $y=\sin x$ 的不同阶数的麦克劳林展开式，并作图观察不同阶数展开式对函数的近似程度，再计算 $\sin \frac{\pi}{8}$ 的近似值.

【阅读与提高】

MATLAB 发展史

在当今科技飞速发展的时代，MATLAB 作为一款强大的科学计算软件，在工程、科学研究、金融等众多领域都发挥着举足轻重的作用．它的发展历程，犹如一部波澜壮阔的科技史诗，见证了计算机技术与科学计算的不断进步．

20 世纪 70 年代，美国新墨西哥大学计算机系主任克里夫·莫勒尔在给学生讲述线性代数课程时，为了让学生更方便地调用 EISPACK（矩阵特征系统软件包）和 LINPACK（用于解线性方程的程序包），他利用业余时间编写了这两个程序库的接口程序，并将其命名为 MATLAB（即 Matrix Laboratory，意为"矩阵实验室"）．起初，它只是一个简单的交互式矩阵计算器，没有复杂的程序、工具箱和图形功能．然而，这个小小的软件在多所大学里作为教学辅助软件免费流传开来，为其未来的发展奠定了基础．

20 世纪 80 年代初期，莫勒尔等一批数学家与软件学家一起，用 C 语言开发了 MATLAB 的商业版本，并成立了 MathWorks 软件开发公司，于 1984 年推出了第一个 MATLAB 版本．这一版本是 MATLAB 的第一个商业化版本，它以其强大的数值计算能力、优秀的绘图功能、易于理解、便于使用的特点，成为世界上科学研究和工程设计方面优秀的数学工具．

1993 年，MathWorks 公司推出了基于 Windows 平台的 MATLAB 4.0 版本，该版本除继续保持在大型数据处理和图形可视化方面的特长外，又推出了 simulink 模块，使其在动态仿真方面得到了很大的加强，而且与字处理软件 word 建立了连接，从而使 MATLAB 进入了一个全新的发展时期.随着 MATLAB 符号数学与计算的进一步完善、应用领域的进一步拓展,以 MATLAB 5.0 系列为代表,它可以在 UNIX,Windows,Linux 等多种平台上使用,在符号计算方面已完全可以和擅长符号计算的数学软件 Mathematica 相抗衡,并开发了多种工具箱,使其应用的领域更为广泛.

从 2000 年起,随着大硬盘、大内存、高速 CPU(center processing unit,中央处理器)等计算机硬件的发展,MATLAB 除在应用领域进一步扩展、功能方面进一步增加外,在时间序列分析、动态系统仿真、面向对象的编程方面也得到了进一步的发展.

经过四十多年的研究与不断完善,MATLAB 已成为国际上流行的科学计算与工程计算软件工具之一,现在的 MATLAB 已经不仅仅是最初的"矩阵实验室"了,它已发展成为一种具有广泛应用前景的、全新的数学编程语言.

附录

附录 1 全国大学生数学建模竞赛专科组竞赛题（2022—2024 年）

1. CUMCM 2022 D 气象报文信息卫星通信传输

在某些紧急救援任务中，需要进行物资空投．在地面通信系统瘫痪的情形下，为了更好地获得准确完整的地面气象观测信息，通常对任务区域的重要目标点采用派遣气象分队的方式来获取实时气象数据，然后通过卫星通信传输数据，从而保障救援任务的顺利完成．

现需派遣多支气象分队前往多个区域进行地面气象观测保障任务．一支气象分队在一个区域的三个不同地点设立 1 个观测主站，2 个观测副站（主站编号 1,2,3,…；副站编号 1a,1b,2a,2b,3a,3b,…）．主站部署车载型卫星通信设备 1 套，副站各部署便携型卫星通信设备 1 套．两类卫星通信设备相关性能指标如下：

（1）所有观测站之间只能依靠卫星通信设备进行点到点通信，且通信不受空间距离限制．

（2）由于受到周边电磁环境的干扰，便携型卫星通信设备发送和接收消息的成功率均为 80%，但车载型卫星通信设备发送和接收消息的成功率不受影响，均为 100%．

（3）收发消息的主要内容为气象报文信息（简称气象报文），一条气象报文内容（含所属站点编号）包含 100 个字符，每条消息最多可包含 158 个字符．同一条气象报文可分割成上下两个半段分别传输．

（4）每部卫星通信设备每次只能发送一条消息，发送两条消息的时间间隔不能小于 1 min；收发通道相互独立，在发送消息时，可同时接收任意多条消息；发送和接收消息的时间非常短可忽略．

（5）副站不知道本站所发送的消息是否被成功接收．

现拟派遣 N 支分队执行任务，要求每小时各分队所属主副站对所在地点的气象信息进行一次采集，并按下列要求通过卫星通信设备进行气象报文的信息共享，这里，气象报文的信息共享是指任意一个观测站采集的气象信息应被成功转发到其他所有观测站．

问题1　（1）要求在 K 分钟内完成 $N(\geqslant 5)$ 支分队主站间气象报文的信息共享，请研究 K 的最小值与 N 的关系，并建立 K 分钟内实现 N 个主站间气象报文信息共享的一般传输模型．

（2）在上述模型中，取 $N=9$，给出 K 的相应最小值，并根据一般传输模型给出此时主站间气象报文的信息共享方案，将结果按附表 1.1 的格式填报．填报结果时，注意信息的完整性，例如，在"发送信息所属站点序号"一栏中填写"5"，表示本轮所发送的信息来自第 5 号主站,是一条完整的气象信息;而填写"5(1)""5(2)"则分别表示本轮所发送消息来自第5号主站的上半段与下半段气象信息.

附表1.1　主站气象报文的传输方案（$N=\cdots,K=\cdots$）

传属轮数序号	发送站点序号	接收站点序号	发送信息所属站点序号（含信息完整性）	此轮后接收站点已有信息所属站点序号（含信息完整性）
1	1			
...	...	...	...	...
1	N			
...	...	...	...	...
K	1			
...	...	...	...	...
K	N			

问题2　为了提高气象信息的地理密度,除了实现主站间气象报文的信息共享外,还需要使用副站气象信息加以补充.

（1）若要求在K分钟内完成N个主站间气象报文的信息共享,且每个主站满足条件:对每支分队,成功接收该分队至少一个副站的气象报文的概率不低于0.9.请就$K(\geqslant 5)$的情形,研究N的最大值与K的关系,并建立K分钟内满足以上条件的信息传输的一般模型.若主站间气象报文信息共享的传输方案与问题1相同,则只需给出副站气象报文的传输方案.

（2）对于$K=7$,给出N的最大值,并根据一般传输模型给出此时副站气象报文的传输方案,将结果按附表1.2的格式填报.求出在你们的传输方案下平均有多少个主站能成功接收每支分队至少一个副站的气象报文,以及任一主站平均能成功接收多少个副站的气象报文.

附表1.2　副站气象报文的传输方案（$N=\cdots,K=\cdots$）

传输轮数序号	发送站点序号	接收站点序号	发送信息所属站点序号（含信息完整性）
1			
...	...	...	...
1			
...	...	...	...
K			
...	...	...	...
K			

问题3 若要求在 $K=8$ 分钟内完成 N 个主站间气象报文的信息共享,且每个主站满足条件:对每支分队,成功接收该分队至少一个副站的气象报文的概率不低于 0.97,请给出 N 的最大值,并给出此时主站间气象报文信息共享的传输方案与副站气象报文信息的传输方案,将前者按附表1.1的格式填报,后者按附表1.2的格式填报.求出在你们的传输方案下平均有多少个主站能成功接收每支分队至少一个副站的气象报文,以及任一个主站平均能成功接收多少个副站的气象报文.

2. CUMCM 2022 E 小批量物料的生产安排

某电子产品制造企业面临以下问题:在多品种小批量的物料生产中,事先无法知道物料的实际需求量.企业希望运用数学方法,分析已有的历史数据,建立数学模型,帮助企业合理地安排物料生产.

附件 2019—2022 年的需求数据

问题1 请对附件(见二维码)中的历史数据进行分析,选择6种应当重点关注的物料(可从物料需求出现的频数、数量、趋势和销售单价等方面考虑),建立物料需求的周预测模型(即以周为基本时间单位,预测物料的周需求量,见说明(1)),并利用历史数据对预测模型进行评价.

问题2 如果按照物料需求量的预测值来安排生产,可能会产生较大的库存,或者出现较多的缺货,给企业带来经济和信誉方面的损失.企业希望从需求量的预测值、需求特征、库存量和缺货量等方面综合考虑,以便更合理地安排生产.

请提供一种制订生产计划的方法,从第101周(见说明(1))开始,在每周初,制订本周的物料生产计划(见说明(2)),安排生产,直至第177周为止,使得平均服务水平不低于85%(见说明(3)).这里假设本周计划生产的物料,只能在下周及以后使用.为便于统一计算结果,进一步假设第100周末的库存量和缺货量均为零,第100周的生产计划数恰好等于第101周的实际需求数.

请在问题1选定的6种物料中选择一种物料,将其第101—110周的生产计划数、实际需求量、库存量、缺货量(见说明(4))和服务水平按附表1.3的形式填写,放在正文中.

附表1.3 XXXX物料第101—110周的生产计划、实际需求、库存、缺货量及服务水平

周	生产计划/件	实际需求量/件	库存量/件	缺货量/件	服务水平
101					
⋮					

请将问题1中选定的6种物料的全部计算结果(第101—177周)按附表1.3的形式填写在Excel文件中,并通过支撑材料提交;请将6种物料的综合结果(第101—177周的平均值)按附表1.4的形式填写,放在正文中.

附表1.4 6种物料的综合结果

物料编码	平均生产计划数/(件/周)	平均实际需求量/(件/周)	平均库存量/(件/周)	平均缺货量/(件/周)	平均服务水平
XXXX					
⋮					

问题3 考虑到物料的价格,物料的库存需要占用资金.为了在库存量与服务水平之间达到某种平衡,如何调整现有的周生产计划,并说明理由.请根据新的周生产计划,对问题1选定的6种物料重新计算,将全部计算结果以附表1.3的形式填写在 Excel 表中,并通过支撑材料提交;将综合结果按附表1.4的形式填写,放在正文中.对问题2选择的1种物料,将其第101—110周的生产计划数、实际需求量、库存量、缺货量和服务水平按附表1.3的形式填写,放在正文中.

问题4 如果本周计划生产的物料只能在两周及以后使用,请重新考虑问题2和问题3.能否将你们的方法推广到一般情况,即如果本周计划生产的物料只能在 $k(\geq 2)$ 周及以后使用,应如何制订生产计划.

3. CUMCM 2023 D 圈养湖羊的空间利用率

规模化的圈养养殖场通常根据牲畜的性别和生长阶段分群饲养,适应不同种类、不同阶段的牲畜对空间的不同要求,以保障牲畜的安全和健康;与此同时,也要尽量减少空间闲置所造成的资源浪费.在实际运营中,还需要考虑市场上饲料价格和产品销售价格的波动以及气候、疾病、种畜淘汰、更新等诸多复杂且关联的因素,但空间利用率是相对独立并影响养殖场经营效益的重要问题.

说明:

(1)将附件数据第1次出现的时间(2019年1月2日)所在的周设定为第1周,以后的每周从周一开始至周日结束,例如,2019年1月7日至13日为第2周,以此类推.

(2)在制订本周的生产计划时,可以使用任何历史数据、需求特征以及预测数据,但不能使用本周及本周以后的实际需求数据.

(3)服务水平 $= 1 - \dfrac{缺货量}{实际需求量}$.

(4)库存量和缺货量分别指物料在周末的库存量和缺货量.

湖羊是国家级绵羊保护品种,具有早期生长快、性成熟早、四季发情并且可以圈养等优良特性.湖羊养殖场通常建有若干标准羊栏,每一标准羊栏所能容纳的羊只数量是由羊的性别、大小、生长阶段所决定的.

湖羊养殖的生产过程主要包括繁殖和育肥两大环节.人工授精技术要求高,因此湖羊繁殖大多采用种公羊和基础母羊自然交配的方式.怀孕母羊分娩后给羔羊哺乳,羔羊断奶后独立喂饲,育肥长成后出栏.自然交配时,将若干基础母羊与一只种公羊关在一个羊栏中,自然交配期约为3周,然后将种公羊移出.受孕母羊的孕期约为5个月,每胎通常产羔2只.母羊分娩后哺乳期通常控制在6周左右,断奶后将羔羊移至育肥羊栏喂饲.一般情况下,羔羊断奶后经过7个月左右育肥就可以出栏.母羊停止哺乳后,经过约3周的空怀休整期,一般会很快发情,可以再次配种.按上述周期,正常情况下,每只基础母羊每2年可生产3胎.在不考虑种公羊配种能力差异的情况下,种公羊与基础母羊一般按不低于1∶50的比例配置.种公羊和母羊在非交配期原则上不关在同一栏中.

某湖羊养殖场设置标准羊栏,规格是:空怀休整期每栏基础母羊不超过14只;非交配期的种公羊每栏不超过4只;自然交配期每栏1只种公羊及不超过14只基础母羊;怀孕期每栏不超过8只待产母羊;分娩后的哺乳期,每栏不超过6只母羊及它们的羔羊;育肥期每栏不超过14只羔羊.原则上不同阶段的羊只不能同栏.

养殖场的经营管理者为保障效益,需要通过制订生产计划来优化养殖场的空间利用率.这里的生产计划,主要是决定什么时间开始对多少可配种的基础母羊进行配种,控制羊只的繁育期,进而调节对羊栏的需求量,以确保有足够多的羊栏,同时尽量减少羊栏闲置.当羊栏不够时,可以租用其他场地.

请建立数学模型讨论并解决以下问题.

问题1 不考虑不确定因素和种羊的淘汰更新,假定自然交配期20天,母羊都能受孕,孕期149天,每胎产羔2只,哺乳期40天,羔羊育肥期210天,母羊空怀休整期20天.该湖羊养殖场现有112个标准羊栏,在实现连续生产的条件下,试确定养殖场种公羊与基础母羊的合理数量,并估算年化出栏羊只数量的范围.若该养殖场希望每年出栏不少于1 500只羊,试估算现有标准羊栏数量的缺口.

问题2 在问题1的基础上,对112个标准羊栏给出具体的生产计划(包括种公羊与基础母羊的配种时机和数量、羊栏的使用方案、年化出栏羊只数量等),使得年化出栏羊只数量最大.

问题3 问题1和问题2中用到的数据都没有考虑不确定性,一旦决定了什么时间开始对多少可配种的基础母羊进行配种,后续对羊栏的安排和需求也就随之确定.例如,用3个羊栏给42只母羊进行配种,孕期需要6个羊栏,哺乳期需要7个羊栏给怀孕母羊分娩和哺乳,哺乳期结束就需要给84只断奶羔羊和42只母羊共安排9个羊栏进行育肥和休整.但实际情况并非如此,配种成功率、分娩羔羊的数目和死亡率等都有不确定性,哺乳时间也可以调控,这些都会影响空间需求.

现根据经验做以下考虑:

(1) 母羊通过自然交配受孕率为85%,交配期结束后30天可识别出是否成功受孕.

(2) 在自然交配的20天中受孕母羊的受孕时间并不确知,而孕期会在147~150天内波动,这些因素将影响到预产期范围.

(3) 怀孕母羊分娩时一般每胎产羔2只,少部分每胎产羔1只或3只以上,目前尚没有实用手段控制或提前得知产羔数.羔羊出生时,有夭折的可能,多羔死亡率高于正常.通常可以按平均每胎产羔 2.2 只、羔羊平均死亡率 3% 估算.

（4）母羊哺乳期过短不利于羔羊后期的生长,通常是羔羊体重达到一定标准后断奶;而哺乳期越长,母羊的身体消耗就越大,早点断奶,有利于早恢复、早发情配种.一种经验做法是将哺乳期控制在 35~45 天内,以 40 天为基准,哺乳期每减少 1 天,羔羊的育肥期增加 2 天;哺乳期每增加 1 天,羔羊的育肥期减少 2 天.除此之外,母羊的空怀休整期可在不少于 18 天的前提下灵活调控.

此外,如有必要,允许分娩日期相差不超过 7 天的哺乳期母羊及所产羔羊同栏,允许断奶日期相差不超过 7 天的育肥期羔羊同栏,允许断奶日期相差不超过 7 天的休整期母羊同栏.为简化问题,不考虑母羊流产、死亡以及羔羊在哺乳期或育肥期夭折和个体发育快慢等情况.

在以上不确定性的考虑下,生产计划的制订与问题 1 和问题 2 将有较大的不同.一旦作出了"什么时间开始对多少可配种的基础母羊进行配种"的决定,后续羊栏的需求和安排不再是随之确定的,而是每一步都会出现若干种可能的情况需要做相应的并遵从基本规则的安排处理,但无法改变或调整上一步.因此,某种意义上,本问题要讨论研究的生产计划将是一个应对多种可能情况的"预案集".

请综合考虑可行性和年化出栏羊只数量,制订具体的生产计划,使得整体方案的期望损失最小.其中,整体方案的损失由羊栏使用情况决定,当羊栏空置时,每栏每天的损失为 1;当羊栏数量不够时,所缺的羊栏每栏每天的损失(即租用费)为 3.

4. CUNMCM 2023 E　黄河水沙监测数据分析

黄河是中华民族的母亲河.研究黄河水沙通量的变化规律对沿黄流域的环境治理、气候变化和人民生活的影响,以及对优化黄河流域水资源分配、协调人地关系、调水调沙、防洪减灾等方面都具有重要的理论指导意义.

附件 1 给出了位于小浪底水库下游黄河某水文站近 6 年的水位、水流量与含沙量的实际监测数据,附件 2 给出了该水文站近 6 年黄河断面的测量数据,附件 3 给出了该水文站部分监测点的相关数据.请建立数学模型研究以下问题：

问题 1　研究该水文站黄河水的含沙量与时间、水位、水流量的关系,并估算近 6 年该水文站的年总水流量和年总排沙量.

问题 2　分析近 6 年该水文站水沙通量的突变性、季节性和周期性等特性,研究水沙通量的变化规律.

问题 3　根据该水文站水沙通量的变化规律,预测分析该水文站未来两年水沙通量的变化趋势,并为该水文站制订未来两年最优的采样监测方案(采样监测次数和具体时间等),使其既能及时掌握水沙通量的动态变化情况,又能最大限度地减少监测成本资源.

问题 4　根据该水文站的水沙通量和河底高程的变化情况,分析每年 6~7 月小浪底水库进行"调水调沙"的实际效果.如果不进行"调水调沙",10 年以后该水文站的河底高程会如何？

5. CUMCM 2024 D 反潜航空深弹命中概率问题

应用深水炸弹(简称深弹)反潜,曾是二战时期反潜的重要手段,而随着现代军事技术的发展,鱼雷已成为现代反潜作战的主要武器.但是,在海峡或浅海等海底地形较为复杂的海域,由于深水炸弹反潜技术价格低、抗干扰能力强,所以仍有一些国家在研究和发展深水炸弹反潜技术.

反潜飞机攻击水下目标前,先由侦察飞机通过电子侦察设备发现水下潜艇目标的大致位置,然后召唤反潜飞机前来进行攻击.当潜艇发现被侦察飞机电子设备跟踪时,通常会立即关闭电子设备及发动机,采取静默方式就地隐蔽.

本问题采用目标坐标系:潜艇中心位置的定位值在海平面上的投影为原点 O,正东方向为 X 轴正向,正南方向为 Y 轴正向,垂直于海平面向下方向为 Z 轴正向.正北方向顺时针旋转到潜艇航向的方位角记为 β,假定在一定条件下反潜攻击方可获知该航向(附图1.1).

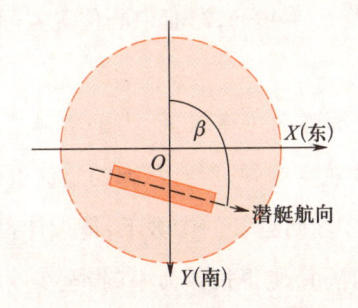

附图 1.1 水平面目标定位误差及潜艇航向示意图

由于存在定位误差,潜艇中心实际位置的3个坐标是相互独立的随机变量,其中 X, Y 均服从正态分布 $N(0, \sigma^2)$,Z 服从单边截尾正态分布 $N(h_0, \sigma_z^2, l)$,其概率分布密度函数为

$$f_{h_0, \sigma_z, l}(v) = \frac{1}{\sigma_z} \cdot \frac{\phi\left(\dfrac{v-h_0}{\sigma_z}\right)}{1-\Phi\left(\dfrac{l-h_0}{\sigma_z}\right)} \quad (l < v < +\infty),$$

这里,h_0 是潜艇中心位置深度的定位值,l 是潜艇中心位置实际深度的最小值,ϕ 和 Φ 分别是标准正态分布的概率分布密度函数与分布函数.

将潜艇主体部分简化为长方体,深弹在水中垂直下降.假定深弹采用双引信(触发引信+定深引信)引爆,定深引信事先设定引爆深度,深弹在海水中的最大杀伤距离称为杀伤半径.深弹满足以下情形之一,视为命中潜艇:

(1) 航空深弹落点在目标平面尺度范围内,且引爆深度位于潜艇上表面的下方,由触发引信引爆;

(2) 航空深弹落点在目标平面尺度范围内,且引爆深度位于潜艇上表面的上方,同时潜艇在深弹的杀伤范围内,由定深引信引爆;

(3) 航空深弹落点在目标平面尺度范围外,则到达引爆深度时,由定深引信引爆,且此时潜艇在深弹的杀伤范围内.

请建立数学模型,解决以下问题:

问题 1 投射一枚深弹,潜艇中心位置的深度定位没有误差,两个水平坐标定位均服从正态分布.分析投弹最大命中概率与投弹落点的平面坐标及定深引信引爆深度之间的关系,并给出使得投弹命中概率最大的投弹方案,以及相应的最大命中概率表达式.

针对以下参数值给出最大命中概率:潜艇长 100 m,宽 20 m,高 25 m,潜艇航向方位角为 90°,深弹杀伤半径为 20 m,潜艇中心位置的水平定位标准差 $\sigma = 120$ m,潜艇中心位置的深度定位值为 150 m.

问题 2 任意投射一枚深弹,潜艇中心位置各方向的定位均有误差.请给出投弹命中概率的表达式.

针对以下参数,设计定深引信引爆深度,使得投弹命中概率最大:潜艇中心位置的深度定位值为 150 m,标准差 $\sigma_z = 40$ m,潜艇中心位置实际深度的最小值为 120 m,其他参数同问题 1.

问题 3 由于单枚深弹命中率较低,为了增强杀伤效果,通常需要投掷多枚深弹.若一架反潜飞机可携带 9 枚航空深弹,所有深弹的定深引信引爆深度均相同,投弹落点在平面上呈阵列形状(附图 1.2).在问题 2 的参数下,请设计投弹方案(包括定深引信引爆深度,以及投弹落点之间的平面间隔),使得投弹命中(指至少一枚深弹命中潜艇)的概率最大.

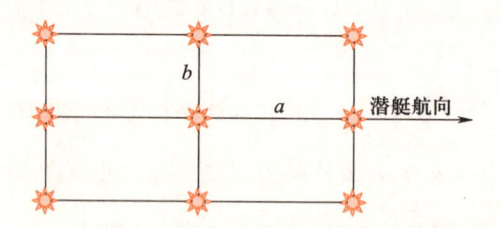

附图 1.2 多枚投弹落点平面分布示意图

附录2 常用分布表

附表2.1 泊松分布表

$$P\{X=i\}=\frac{\lambda^i e^{-\lambda}}{i!}$$

i	λ							
	0.5	1	2	3	4	5	8	10
0	0.6065	0.3679	0.1353	0.0498	0.0183	0.0067	0.0003	0.0000
1	0.3033	0.3679	0.2707	0.1494	0.0733	0.0337	0.0027	0.0005
2	0.0758	0.1839	0.2707	0.2240	0.1465	0.0842	0.0107	0.0023
3	0.0126	0.0613	0.1804	0.2240	0.1954	0.1404	0.0286	0.0076
4	0.0016	0.0153	0.0902	0.1680	0.1954	0.1755	0.0573	0.0189
5	0.0002	0.0031	0.0361	0.1008	0.1563	0.1755	0.0916	0.0378
6	0.0000	0.0005	0.0120	0.0504	0.1042	0.1462	0.1221	0.0631
7	0.0000	0.0001	0.0034	0.0216	0.0595	0.1044	0.1396	0.0901
8	0.0000	0.0000	0.0009	0.0081	0.0298	0.0653	0.1396	0.1126
9	0.0000	0.0000	0.0002	0.0027	0.0132	0.0363	0.1241	0.1251
10	0.0000	0.0000	0.0000	0.0008	0.0053	0.0181	0.0993	0.1251
11	0.0000	0.0000	0.0000	0.0002	0.0019	0.0082	0.0722	0.1137
12	0.0000	0.0000	0.0000	0.0001	0.0006	0.0034	0.0481	0.0948
13	0.0000	0.0000	0.0000	0.0000	0.0002	0.0013	0.0296	0.0729
14	0.0000	0.0000	0.0000	0.0000	0.0001	0.0005	0.0169	0.0521
15	0.0000	0.0000	0.0000	0.0000	0.0000	0.0002	0.0090	0.0347
16	0.0000	0.0000	0.0000	0.0000	0.0000	0.0000	0.0045	0.0217
17	0.0000	0.0000	0.0000	0.0000	0.0000	0.0000	0.0021	0.0128
18	0.0000	0.0000	0.0000	0.0000	0.0000	0.0000	0.0009	0.0071
19	0.0000	0.0000	0.0000	0.0000	0.0000	0.0000	0.0004	0.0037
20	0.0000	0.0000	0.0000	0.0000	0.0000	0.0000	0.0002	0.0019
21	0.0000	0.0000	0.0000	0.0000	0.0000	0.0000	0.0001	0.0009
22	0.0000	0.0000	0.0000	0.0000	0.0000	0.0000	0.0000	0.0004
23	0.0000	0.0000	0.0000	0.0000	0.0000	0.0000	0.0000	0.0002
24	0.0000	0.0000	0.0000	0.0000	0.0000	0.0000	0.0000	0.0001

附表2.2 标准正态分布表

$$\Phi(x) = \int_{-\infty}^{x} \frac{1}{\sqrt{2\pi}} e^{-\frac{t^2}{2}} dt$$

	0.00	0.01	0.02	0.03	0.04	0.05	0.06	0.07	0.08	0.09
0.0	0.5000	0.5040	0.5080	0.5120	0.5160	0.5199	0.5239	0.5279	0.5319	0.5359
0.1	0.5398	0.5438	0.5478	0.5517	0.5557	0.5596	0.5636	0.5675	0.5714	0.5753
0.2	0.5793	0.5832	0.5871	0.5910	0.5948	0.5987	0.6026	0.6064	0.6103	0.6141
0.3	0.6179	0.6217	0.6255	0.6293	0.6331	0.6368	0.6406	0.6443	0.6480	0.6517
0.4	0.6554	0.6591	0.6628	0.6664	0.6700	0.6736	0.6772	0.6808	0.6844	0.6879
0.5	0.6915	0.6950	0.6985	0.7019	0.7054	0.7088	0.7123	0.7157	0.7190	0.7224
0.6	0.7257	0.7291	0.7324	0.7357	0.7389	0.7422	0.7454	0.7486	0.7517	0.7549
0.7	0.7580	0.7611	0.7642	0.7673	0.7703	0.7734	0.7764	0.7794	0.7823	0.7852
0.8	0.7881	0.7910	0.7939	0.7967	0.7995	0.8023	0.8051	0.8078	0.8106	0.8133
0.9	0.8159	0.8186	0.8212	0.8238	0.8264	0.8289	0.8315	0.8340	0.8365	0.8389
1.0	0.8413	0.8437	0.8461	0.8485	0.8508	0.8531	0.8554	0.8577	0.8599	0.8621
1.1	0.8643	0.8665	0.8686	0.8708	0.8729	0.8749	0.8770	0.8790	0.8810	0.8830
1.2	0.8849	0.8869	0.8888	0.8907	0.8925	0.8944	0.8962	0.8980	0.8997	0.9015
1.3	0.9032	0.9049	0.9066	0.9082	0.9099	0.9115	0.9131	0.9147	0.9162	0.9177
1.4	0.9192	0.9207	0.9222	0.9236	0.9251	0.9265	0.9279	0.9292	0.9306	0.9319
1.5	0.9332	0.9345	0.9357	0.9370	0.9382	0.9394	0.9406	0.9418	0.9429	0.9441
1.6	0.9452	0.9463	0.9474	0.9484	0.9495	0.9505	0.9515	0.9525	0.9535	0.9545
1.7	0.9554	0.9564	0.9573	0.9582	0.9591	0.9599	0.9608	0.9616	0.9625	0.9633
1.8	0.9641	0.9649	0.9656	0.9664	0.9671	0.9678	0.9686	0.9693	0.9700	0.9706
1.9	0.9713	0.9719	0.9726	0.9732	0.9738	0.9744	0.9750	0.9756	0.9761	0.9767
2.0	0.9772	0.9778	0.9783	0.9788	0.9793	0.9798	0.9803	0.9808	0.9812	0.9817
2.1	0.9821	0.9826	0.9830	0.9834	0.9838	0.9842	0.9846	0.9850	0.9854	0.9857
2.2	0.9861	0.9865	0.9868	0.9871	0.9875	0.9878	0.9881	0.9884	0.9887	0.9890
2.3	0.9893	0.9896	0.9898	0.9901	0.9904	0.9906	0.9909	0.9911	0.9913	0.9916
2.4	0.9918	0.9920	0.9922	0.9925	0.9927	0.9929	0.9931	0.9932	0.9934	0.9936
2.5	0.9938	0.9940	0.9941	0.9943	0.9945	0.9946	0.9948	0.9949	0.9951	0.9952
2.6	0.9953	0.9955	0.9956	0.9957	0.9959	0.9960	0.9961	0.9962	0.9963	0.9964
2.7	0.9965	0.9966	0.9967	0.9968	0.9969	0.9970	0.9971	0.9972	0.9973	0.9974
2.8	0.9974	0.9975	0.9976	0.9977	0.9977	0.9978	0.9979	0.9979	0.9980	0.9981
2.9	0.9981	0.9982	0.9982	0.9983	0.9984	0.9984	0.9985	0.9985	0.9986	0.9986
3.0	0.9987	0.9987	0.9987	0.9988	0.9988	0.9989	0.9989	0.9989	0.9990	0.9990
3.2	0.9993	0.9993	0.9994	0.9994	0.9994	0.9994	0.9994	0.9995	0.9995	0.9995
3.4	0.9997	0.9997	0.9997	0.9997	0.9997	0.9997	0.9997	0.9997	0.9998	0.9998
3.6	0.9998	0.9999	0.9999	0.9999	0.9999	0.9999	0.9999	0.9999	0.9999	0.9999
3.8	0.9999	0.9999	0.9999	0.9999	0.9999	0.9999	0.9999	1.0000	1.0000	1.0000

附表 2.3 χ^2 分布表

$$P\{\chi^2(n) > \chi^2_\alpha(n)\} = \alpha$$

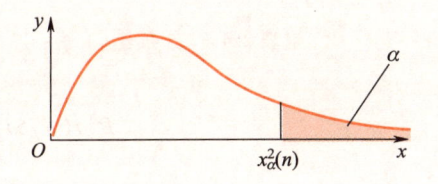

n	α											
	0.995	0.99	0.975	0.95	0.90	0.75	0.25	0.10	0.05	0.025	0.01	0.005
1	—	—	0.001	0.004	0.016	0.102	1.323	2.706	3.841	5.024	6.635	7.879
2	0.010	0.020	0.051	0.103	0.211	0.575	2.773	4.605	5.991	7.378	9.210	10.597
3	0.072	0.115	0.216	0.352	0.584	1.213	4.108	6.251	7.815	9.348	11.345	12.838
4	0.207	0.297	0.484	0.711	1.064	1.923	5.385	7.779	9.488	11.143	13.277	14.860
5	0.412	0.554	0.831	1.145	1.610	2.675	6.626	9.236	11.070	12.833	15.086	16.750
6	0.676	0.872	1.237	1.635	2.204	3.455	7.841	10.645	12.592	14.449	16.812	18.548
7	0.989	1.239	1.690	2.167	2.833	4.255	9.037	12.017	14.067	16.013	18.475	20.278
8	1.344	1.646	2.180	2.733	3.490	5.071	10.219	13.362	15.507	17.535	20.090	21.955
9	1.735	2.088	2.700	3.325	4.168	5.899	11.389	14.684	16.919	19.023	21.666	23.589
10	2.156	2.558	3.247	3.940	4.865	6.737	12.549	15.987	18.307	20.483	23.209	25.188
11	2.603	3.053	3.816	4.575	5.578	7.584	13.701	17.275	19.675	21.920	24.725	26.757
12	3.074	3.571	4.404	5.226	6.304	8.438	14.845	18.549	21.026	23.337	26.217	28.299
13	3.565	4.107	5.009	5.892	7.042	9.299	15.984	19.812	22.362	24.736	27.688	29.819
14	4.075	4.660	5.629	6.571	7.790	10.165	17.117	21.064	23.685	26.119	29.141	31.319
15	4.601	5.229	6.262	7.261	8.547	11.037	18.245	22.307	24.996	27.488	30.578	32.801
16	5.142	5.812	6.908	7.962	9.312	11.912	19.369	23.542	26.296	28.845	32.000	34.267
17	5.697	6.408	7.564	8.672	10.085	12.792	20.489	24.769	27.587	30.191	33.409	35.718
18	6.265	7.015	8.231	9.390	10.865	13.675	21.605	25.989	28.869	31.526	34.805	37.156
19	6.844	7.633	8.907	10.117	11.651	14.562	22.718	27.204	30.144	32.852	36.191	38.582
20	7.434	8.260	9.591	10.851	12.443	15.452	23.828	28.412	31.410	34.170	37.566	39.997
21	8.034	8.897	10.283	11.591	13.240	16.344	24.935	29.615	32.671	35.479	38.932	41.401
22	8.643	9.542	10.982	12.338	14.041	17.240	26.039	30.813	33.924	36.781	40.289	42.796
23	9.260	10.196	11.689	13.091	14.848	18.137	27.141	32.007	35.172	38.076	41.638	44.181
24	9.886	10.856	12.401	13.848	15.659	19.037	28.241	33.196	36.415	39.364	42.980	45.559
25	10.520	11.524	13.120	14.611	16.473	19.939	29.339	34.382	37.652	40.646	44.314	46.928
26	11.160	12.198	13.844	15.379	17.292	20.843	30.435	35.563	38.885	41.923	45.642	48.290

附表2.4 t 分布表

$P\{t(n)>t_\alpha(n)\}=\alpha$

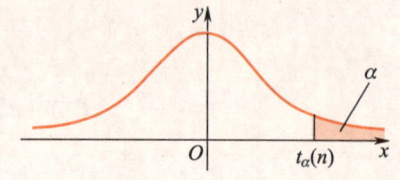

n	α					
	0.25	0.10	0.05	0.025	0.01	0.005
1	1.0000	3.0777	6.3138	12.7062	31.8027	63.6574
2	0.8165	1.8856	2.9200	4.3027	6.9646	9.9248
3	0.7649	1.6377	2.3534	3.1824	4.5407	5.8409
4	0.7407	1.5332	2.1318	2.7764	3.7469	4.6041
5	0.7267	1.4759	2.0150	2.5706	3.3649	4.0322
6	0.7176	1.4398	1.9432	2.4469	3.1427	3.7074
7	0.7111	1.4149	1.9846	2.3646	2.9980	3.4995
8	0.7064	1.3968	1.8595	2.3060	2.8965	3.3554
9	0.7027	1.3830	1.8331	2.2622	2.8214	3.2498
10	0.6998	1.3722	1.8125	2.2281	2.7638	3.1693
11	0.6974	1.3634	1.7959	2.2010	2.7181	3.1058
12	0.6955	1.3562	1.7823	2.1788	2.6810	3.0545
13	0.6938	1.3502	1.7709	2.1604	2.6503	3.0123
14	0.6924	1.3450	1.7613	2.1448	2.6245	2.9768
15	0.6912	1.3406	1.7531	2.1315	2.6025	2.9467
16	0.6901	1.3368	1.7459	2.1199	2.5835	2.9208
17	0.6892	1.3334	1.7396	2.1098	2.5669	2.8982
18	0.6684	1.3304	1.7341	2.1009	2.5524	2.8784
19	0.6876	1.3277	1.7291	2.0930	2.5395	2.8609
20	0.6870	1.3253	1.7247	2.0860	2.5280	2.8453
21	0.6864	1.3232	1.7207	2.0796	2.5177	2.8314
22	0.6858	1.3212	1.7171	2.0739	2.5083	2.8188
23	0.6853	1.3195	1.7139	2.0687	2.4999	2.8073
24	0.6848	1.3178	1.7109	2.0639	2.4922	2.7969
25	0.6844	1.3163	1.7081	2.0595	2.4851	2.7874
26	0.6840	1.3150	1.7056	2.0555	2.4786	2.7787
27	0.6837	1.3137	1.7033	2.0518	2.4727	2.7707
28	0.6834	1.3125	1.7011	2.0484	2.4671	2.7633
29	0.6830	1.3114	1.6991	2.0452	2.4620	2.7564
30	0.6828	1.3104	1.6973	2.0423	2.4573	2.7500
31	0.6825	1.3095	1.6955	2.0395	2.4528	2.7440

续表

n	α					
	0.25	0.10	0.05	0.025	0.01	0.005
32	0.6822	1.3086	1.6939	2.0369	2.4487	2.7385
33	0.6820	1.3077	1.6924	2.0345	2.4448	2.7333
34	0.6810	1.3070	1.6909	2.0322	2.4411	2.7284
35	0.6816	1.3062	1.6896	2.0301	2.4377	2.7238
36	0.6814	1.3055	1.6883	2.0281	2.4345	2.7195
37	0.6812	1.3049	1.6871	2.0262	2.4314	2.7154
38	0.6819	1.3042	1.6860	2.0244	2.4286	2.7116
39	0.6808	1.3036	1.6849	2.0227	2.4258	2.7079
40	0.6807	1.3031	1.6839	2.0211	2.4233	2.7045
41	0.6805	1.3025	1.6829	2.0195	2.4208	2.7012
42	0.6804	1.3020	1.6820	2.0181	2.4185	2.6981
43	0.6802	1.3016	1.6811	2.0167	2.4163	2.6951
44	0.6801	1.3011	1.6802	2.0154	2.4141	2.6923
45	0.6800	1.3006	1.6794	2.0141	2.4121	2.6896

参考文献

[1] 同济大学数学科学学院.高等数学(上册)[M].8版.北京:高等教育出版社,2023.

[2] 欧阳光中,朱学炎,金福临,等.数学分析(上册)[M].4版.北京:高等教育出版社,2018.

[3] 吕同富.高等数学及其应用[M].4版.北京:高等教育出版社,2024.

[4] 颜超,单娟.高等数学[M].北京:人民邮电出版社,2017.

[5] 侯风波.高等数学(基础模块)[M].6版.北京:高等教育出版社,2023.

[6] 骈俊生,黄国建,蔡鸣晶.高等数学基础模块[M].北京:高等教育出版社,2023.

[7] 陈笑缘.经济数学[M].4版.北京:高等教育出版社,2023.

[8] 卓春英,孙文鑫,李兴龙.应用高等数学[M].北京:高等教育出版社,2023.

[9] 梁树星,陈忠,杨积凤.高等数学基础教程[M].2版.北京:高等教育出版社,2023.

[10] 冯翠莲.经济应用数学[M].4版.北京:高等教育出版社,2023.

[11] 王洋.工程数学[M]北京:高等教育出版社,2023.

[12] 严树林,陈莉敏.工程数学基础[M].北京:高等教育出版社,2022.

[13] 马凤敏,李娟,宋从芝.高等数学[M].5版.北京:高等教育出版社,2022.

[14] 孙建波,王建辉,范洪军.高等数学(上册)[M].北京:中国人民大学出版社,2021.

郑重声明

高等教育出版社依法对本书享有专有出版权。任何未经许可的复制、销售行为均违反《中华人民共和国著作权法》，其行为人将承担相应的民事责任和行政责任；构成犯罪的，将被依法追究刑事责任。为了维护市场秩序，保护读者的合法权益，避免读者误用盗版书造成不良后果，我社将配合行政执法部门和司法机关对违法犯罪的单位和个人进行严厉打击。社会各界人士如发现上述侵权行为，希望及时举报，我社将奖励举报有功人员。

反盗版举报电话　（010）58581999　58582371
反盗版举报邮箱　dd@hep.com.cn
通信地址　北京市西城区德外大街4号　高等教育出版社知识产权与法律事务部
邮政编码　100120

读者意见反馈

为收集对教材的意见建议，进一步完善教材编写并做好服务工作，读者可将对本教材的意见建议通过如下渠道反馈至我社。

咨询电话　400-810-0598
反馈邮箱　gjdzfwb@pub.hep.cn
通信地址　北京市朝阳区惠新东街4号富盛大厦1座　高等教育出版社总编辑办公室
邮政编码　100029

资源服务提示

授课教师如需获得本书配套教学资源，请登录"高等教育出版社产品信息检索系统"（https://xuanshu.hep.com.cn）搜索本书并下载资源，首次使用本系统的用户，请先注册并进行教师资格认证。